FLORE FRANÇOISE,

OU

DESCRIPTION SUCCINTE

DE

TOUTES LES PLANTES

Qui croiſſent naturellement EN FRANCE,

Diſpoſée ſelon une nouvelle méthode d'Analyſe, & à laquelle on a joint la citation de leurs vertus les moins équivoques en Médecine, & de leur utilité dans les Arts.

Par le C. LAMARCK.

SECONDE ÉDITION.

Tome Premier.

A PARIS,

Chez H. AGASSE, rue des Poitevins, N°. 18.

L'an 3e. de la République.

EXTRAIT DES REGISTRES

DE

L'ACADÉMIE ROYALE DES SCIENCES.

Du 6 Février 1779.

M^{RS} DUHAMEL & GUETTARD ayant rendu compte de l'Ouvrage de M. le Chevalier de Lamarck, intitulé : *Flore Françoise*, l'Académie a jugé cet Ouvrage digne de paroître avec son Approbation ; en foi de quoi j'ai signé le présent certificat. Le 10 Février. 1779.

> *Signé* le Marquis DE CONDORCET, *Secrétaire perpétuel de l'Académie Royale des Sciences.*

---

* *Extrait du Rapport fait par MM. Duhamel & Guettard, de l'Ouvrage de M. de Lamarck, intitulé :* Flore Françoise.

NOUS Commissaires, M. Duhamél & moi, avons été nommés par l'Académie, pour examiner un Ouvrage de M. le Chevalier de Lamarck, intitulé : *Flore Françoise, ou Description succinte de toutes les Plantes qui croissent naturellement en France, disposées selon une*

---

*. J'ai cru devoir faire connoître au Public, l'idée que MM. Duhamel & Guettard ont donnée à l'Académie de mon Ouvrage, dans le rapport qu'ils en ont fait. J'ai seulement supprimé quelques détails, qui renfermoient le précis & l'analyse des principes, que l'on trouvera exposés au long & développés dans l'Ouvrage même.

nouvelle méthode d'Analyse, & à laquelle on a joint la citation de leurs vertus les moins equivoques en Médecine, & de leur utilité dans les Arts.

Cet Ouvrage eſt diviſé en 3 volumes *in-*8º : le premier renferme le Diſcours préliminaire, & des Principes élémentaires de Botanique. Les deux autres, une Méthode analytique des Plantes dont M. de Lamarck fait mention dans ſon Ouvrage.

Le Diſcours préliminaire eſt diviſé en quatre parties. Dans la première, M. de Lamarck parle de l'état actuel de la Botanique. Dans la ſeconde, il examine d'une façon plus particulière les moyens qu'on a employés juſqu'ici pour faciliter l'étude de la Botanique. La troiſième traite de la meilleure manière de voir & de travailler en Botanique. Les principes de la nouvelle méthode imaginée par l'Auteur, ſont détaillés dans la quatrième.

La première, celle où il s'agit de l'état actuel de la Botanique, renferme deux articles. Dans le premier, l'Auteur examine ſi les Botaniſtes conviennent des noms que l'on a donnés à certaines parties des Plantes, & dans le ſecond, s'il exiſte réellement des familles que l'on puiſſe iſoler les unes des autres, &c.

La ſeconde partie du Diſcours préliminaire eſt diviſée, comme la première, en deux articles. Il s'agit dans le premier, des différens arrangemens qui ont été imaginés pour faire connoître les Plantes ; & dans le ſecond, des ſyſtêmes & des méthodes, &c.

La troiſième partie du Diſcours préliminaire eſt, comme on l'a dit, employée à examiner quelle eſt la meilleure manière de voir & de travailler en Botanique. Il réſulte de ce qui eſt dit dans cette partie,

1°. que ce n'eſt pas en faiſant de grandes généralités de Plantes, mais au contraire, en les diviſant & ſous-diviſant, qu'on pourra parvenir facilement à les connoître, &c.

La quatrième partie du Diſcours, qui renferme les moyens que l'Auteur a employés pour faciliter l'étude de la Botanique, eſt diviſée en deux articles. L'Auteur s'occupe dans le premier, d'une méthode artificielle, dont l'objet unique eſt de faire connoître le nom des Plantes obſervées ; dans le ſecond, il traite de l'ordre naturel.

« Le but d'un ordre naturel, dit M. de Lamarck,
» eſt d'enchaîner toutes nos idées, de nous faire ſaiſir
» tous les points communs par leſquels les êtres ſe
» tiennent les uns aux autres, de n'offrir aucun objet
» à nos regards, ſans nous montrer en même temps
» tout ce qui exiſte en-deçà & au-delà, &c. ».

L'idée que nous avons tâché de donner du Diſcours préliminaire de M. de Lamarck, eſt, nous l'avouons, bien ſuccinte ; il faut en faire la lecture, pour en ſentir l'ordre, la clarté & la préciſion.

A la ſuite de ce Diſcours, ſont placés les Principes de Botanique. M. de Lamarck réduit ces Principes à la connoiſſance exacte de toutes les parties des Plantes ; ce qui l'a engagé à donner une explication des termes employés dans la Botanique. Il y a joint de temps en temps des obſervations propres à jeter des lumières ſur l'objet dont il s'agit, & qui eſt déſigné par le terme dont il donne l'explication, &c.

Le ſecond & le troiſième volumes, renferment la Méthode analytique, que M. de Lamarck emploie pour reconnoître les Plantes déjà connues, & déterminer quels font les noms qu'elles portent dans les Auteurs, &c.

Ceux qui voudront fentir l'étendue du travail qu'il a fallu entreprendre pour exécuter ce que M. de Lamarck a fait dans fon Ouvrage, doivent confulter cet Ouvrage, qui n'eft cependant, fi l'on peut parler ainfi, qu'une efquiffe de celui que M. de Lamarck fe propofe de donner au Public dans quelques années, & pour lequel il a déjà, comme il le dit dans fon Livre, beaucoup de matériaux de recueillis. Cet Ouvrage qu'il annonce, doit être intitulé : *Théâtre univerfel de Botanique.* Il fera fait fur le plan de fa Flore Françoife. Nous croyons que l'Académie ne peut qu'applaudir au projet de M. de Lamarck, que l'engager à l'exécuter, & que la Flore Françoife mérite de paroître avec fon approbation. Cet Ouvrage annonce dans M. de Lamarck, beaucoup de connoiffances en Botanique, un efprit d'ordre, d'analyfe & de précifion ; & la Flore Françoife eft exécutée de façon à ne pas laiffer douter que le Théâtre univerfel de Botanique fera un excellent Ouvrage. Ce qui rend cette prévention encore mieux fondée, c'eft que M. de Lamarck eft déjà connu de l'Académie, par un Mémoire fur les vapeurs de l'atmofphère, qu'elle a d'autant plus accueilli, que les obfervations renfermées dans ce Mémoire, ont paru à l'Académie de nature à être fuivies, & qu'elle a engagé M. de Lamarck à fe livrer à ce travail, & à lui faire part de fes nouvelles obfervations.

Signé DUHAMEL & GUETTARD.

Je certifie cet Extrait conforme au rapport de MM. les Commiffaires de l'Académie.

Signé le Marquis DE CONDORCET.

DISCOURS

DISCOURS

PRÉLIMINAIRE.

PARMI les différentes parties qu'embrasse l'étude de l'Histoire Naturelle, cette étude si noble, si intéressante, & qui depuis un siècle a fait des progrès si rapides, aucune n'a été aussi généralement cultivée que la Botanique, c'est-à-dire, la science dont l'objet est la connoissance des végétaux. Les secours multipliés que les Plantes offrent à l'homme, soit en fournissant aux besoins les plus essentiels de la vie, soit en calmant la violence des maladies qui menacent d'en abréger le cours, soit en enrichissant de leurs tributs les Arts les plus utiles à la société ; la facilité d'ailleurs de se procurer ces productions de la terre qui naissent de tous côtés sous nos pas, avec une profusion qui répare sans cesse leur durée passagère ; l'attrait enfin qu'inspire par soi-même ce point de vue si gracieux de la Nature, cette diversité de scènes qui semblent s'être partagé toutes

les faisons de l'année pour les embellir tour-
à-tour, & toutes les parties du Globe pour
en varier l'aspect, tout invite en effet le Na-
turaliste à tourner particuliérement son attention
vers cette branche aussi utile qu'agréable des
connoissances humaines.

Mais cette science qui offre à la curiosité
des aiguillons si puissans, est peut-être en même
temps la plus difficile de toutes; & indépendamment des causes particulières qui en ont
compliqué l'étude, & dont je parlerai plus bas,
les obstacles qui naissent du fond même de la
science, semblent se multiplier à proportion
des motifs qui doivent exciter l'avidité d'observer & de connoître.

Il ne faut, pour sentir cette vérité, que jetter
un coup d'œil sur le jardin immense de la
Nature. Nous serons frappés d'abord de cette
multitude de végétaux répandus de toutes parts
avec une sorte de prodigalité, & nous verrons
toutes les parties du Globe plus ou moins fécondes depuis la cîme des plus hautes montagnes
jusqu'au fond des fleuves & de l'Océan. Si nous
observons ensuite de plus près & avec plus
d'attention, nous verrons par-tout la variété

le difputer à la profufion; nous verrons d'une part des nuances de grandeur, de port, de figure & de couleur multipliées à l'infini; de l'autre, les végétaux les plus difparates placés les uns à côté des autres, fouvent même confondant leurs tiges entrelacées. En comparant les grandeurs, nous verrons encore les extrêmes fe toucher, & les mouffes les plus délicates croître au pied & fur le tronc même de ces arbres qui élèvent avec majefté leur tête dans les airs. Enfin, comme fi toutes les faifons exiftoient à la fois, à côté de quelques feuilles naiffantes, fe préfentera fouvent une tige ornée de fleurs nouvellement épanouies, tandis qu'un peu plus loin, des graines prêtes à s'échapper de leur enveloppe defféchée, nous offriront à la fois & les fignes d'un dépériffement prochain, & les gages multipliés de la reproduction qui doit fuivre.

La première impreffion que cette vue fera fur nous, fera fans doute un fentiment d'admiration pour cette Puiffance fouverainement libre & indépendante, qui fe joue dans cette immenfe variété d'êtres, où l'uniformité & la fymmétrie auroient femblé plutôt annoncer la marche gênée & timide d'une caufe limitée.

Mais l'efprit de l'homme eft borné, & fe trouve comme accablé fous cette multitude prodigieufe d'individus de toute efpèce, dont les modèles fe rangent fans confufion dans une intelligence infinie; parmi ceux de toutes les créatures poffibles. Auffi n'a-t-on trouvé jufqu'ici d'autre moyen pour parvenir à bien connoître le tableau de l'Univers, que de le divifer, d'y tracer par-tout des lignes de féparation, & de déplacer même par l'imagination, les parties qui le compofent, pour les foumettre à des arrangemens méthodiques & proportionnés aux limites de nos conceptions. De-là ces diftributions de plantes par claffes, par familles, par genres, &c. de-là, en un mot, ces nombreux fyftêmes qui ont tant exercé la fagacité de l'efprit humain, mais qui ne font au fond qu'un aveu de fa foibleffe, déguifé fous un appareil impofant & fcientifique.

Ces divifions euffent été fans doute de la plus grande utilité, fi on les eût réduites à leur véritable ufage, en ne les employant que comme des moyens artificiels propres à fuppléer aux bornes de notre efprit, & à nous aider dans l'étude immenſe de la Nature. Mais le grand mal eſt que les Naturaliſtes ont preſque toujours perdu de vue leur objet, qu'ils ont mis, ſi j'oſe ainſi parler, ſur le compte de la Nature ce qui étoit leur propre ouvrage, & ont prétendu juger, par leurs diviſions factices & arbitraires, des loix eſſentielles auxquelles tous les êtres ſont ſoumis, & des vrais rapports qui peuvent ſervir à les rapprocher. En un mot, ſéduits par une erreur conſidérable de métaphyſique qui a retardé leurs progrès & fait perdre à leur travail la plus grande partie de ſa valeur, ils ont toujours confondu le moyen qui peut perfectionner & agrandir nos vues pour nous faire juger des productions de la Nature, & établir entre elles une juſte comparaiſon, avec celui qui doit ſervir ſeulement à nous les indiquer & à nous en apprendre les noms, qui ne ſont que de pures conventions néceſſaires, à la vérité, pour nous entendre, mais abſolument étrangères à la marche de la Nature.

C'eſt pour faire connoître, & j'oſe dire démontrer la différence eſſentielle de ces deux moyens, la néceſſité abſolue de ne jamais les confondre ; en un mot, celle de les employer l'un & l'autre; mais toujours féparément, que je me propofe d'examiner certaines opinions qui ont été regardées jufqu'ici comme des loix en Botanique ; opinions qui me paroiffent très-défectueufes, & même contraires aux progrès de nos connoiffances dans cette partie intéref-fante de l'Hiftoire Naturelle.

Pour mettre dans un plus grand jour ce que j'ai à dire fur cette matière, je diviferai ce Difcours en quatre parties.

Dans la première, je parlerai de l'état actuel de la fcience que j'entreprends de traiter, & je ferai voir que les difficultés que l'on éprouve par-tout en l'étudiant, font rebutantes & prefque infurmontables.

La feconde fera deftinée à un examen plus particulier des moyens que l'on a employés jufqu'ici pour faciliter l'étude de la Botanique. Je ferai voir que l'infuffifance de ces moyens & l'incertitude qui en réfulte de toutes parts font les fuites néceffaires des opinions mal fon-dées par lefquelles les Botaniftes fe font laiffés dominer.

La troifième partie traitera de la meilleure

manière de voir & de travailler en Botanique. J'y exposerai les objets qu'il est indispensable de se proposer dans cette science, & le véritable point de vue sous lequel on doit les envisager.

Enfin dans la quatrième partie, je détaillerai les principes de la nouvelle méthode que j'ai imaginée, & j'établirai les raisons qui me paroissent lui assurer une préférence marquée sur toutes celles qui ont paru jusqu'ici, comme étant plus simple, plus facile & plus propre à conduire avec certitude à la connoissance des plantes. Cette partie sera terminée par l'exposition des principes auxquels on doit s'attacher dans la formation d'un ordre naturel.

PREMIÈRE PARTIE.

DE l'état actuel de la Botanique, & des difficultés qu'on éprouve dans l'étude de cette Science.

JE suis bien éloigné de vouloir déprimer tant d'hommes célèbres qui se sont occupés de la Botanique. Personne ne rend plus sincérement que moi justice à leurs lumières, & ne sent

mieux le prix de leurs travaux : perſonne ſur-
tout ne ſouſcrira plus volontiers aux éloges que
les ſavans ont accordés à M. de Tournefort,
qui a ſu le premier ramener la Botanique à
ces principes ſimples & lumineux qui mettent
de l'ordre dans nos idées, & diſtinguent la
ſcience de la ſimple nomenclature.

Après lui, le Chevalier Linné profitant des
découvertes & des fautes de ſon illuſtre pré-
déceſſeur, s'eſt frayé une route nouvelle, & a
enrichi la Botanique de cette foule d'obſervations auſſi neuves qu'ingénieuſes, & de ces rapports étonnans & variés qui naiſſent de la conſidération des ſexes dans les plantes.

Mais ſi les travaux de ces grands hommes
& de tant d'autres Naturaliſtes ont conſidé-
rablement reculé les bornes de nos connoiſſances dans cette partie, il me paroît qu'ils
n'ont pas également contribué à en faciliter
l'étude. La Botanique, dans l'état où elle eſt,
ſe trouve comme ſurchargée d'une multitude
d'obſtacles que les Naturaliſtes ont ajoûtés à
ceux que la multitude & la variété des individus préſentent déjà par eux-mêmes.

Parmi les cauſes qui contribuent le plus à

faire naître ces obſtacles, on doit placer les variations perpétuelles dans les principes conſtitutifs; les termes ſcientifiques trop nombreux & trop rarement définis dont on a hériſſé la nomenclature; les ſyſtêmes multipliés, mais tous inſuffiſans, qu'on a vus ſe ſuccéder les uns aux autres, & dont les loix ſont preſque toujours en contradiction avec la Nature; le trop grand nombre d'exceptions dans les caractères génériques; & enfin les définitions vagues que l'on a faites des parties les plus eſſentielles des plantes, & d'après leſquelles il eſt impoſſible de fixer d'une manière préciſe la notion de ces mêmes parties.

Voilà ſans doute des reproches très-graves & qui exigent des preuves convaincantes; mais j'oſe me flatter que quiconque lira avec un eſprit libre de préjugés les détails dans leſquels je vais entrer ſur ces différens objets, y verra que ce n'eſt pas la ſéduction des mes propres principes qui m'a fait attaquer toutes les opinions qui les combattent, mais plutôt l'expérience que j'ai des vices eſſentiels de tous les ſyſtêmes qui, après m'avoir fait long-temps ſouhaiter qu'un autre pût mieux faire, m'a en-

gagé dans des tentatives pour réalifer par moi-
même ce defir.

ARTICLE PREMIER.

*Du peu de fixation des noms que l'on a donnés
à certaines parties des Plantes, & de la mauvaife déterminaifon de plufieurs expreffions employées pour exprimer leurs caractères.*

S'IL y a dans les plantes des parties dont
la définition doive avoir été foignée par les
Botaniftes, ce font fans doute celles qui fervent
comme de bafe à leurs différens fyftêmes, &
qui devoient les conduire aux caractères les
moins variables, & en même temps les plus
propres à leur fournir un grand nombre de
divifions. Prenons pour exemple la corolle &
les étamines, d'après lefquelles M. de Tournefort, d'une part, & le Chevalier Linné de
l'autre, ont établi leurs grandes divifions, &
formé leurs claffes.

Il eft aifé de s'appercevoir d'abord que la
corolle eft une partie fi mal déterminée, que
prefque par-tout on eft embarraffé pour reconnoître fon exiftence; les uns donnant ce nom

dans certaines plantes à des parties de la fleur, que d'autres regardent simplement comme son calice, tandis que dans d'autres plantes ceux-là même donnent le nom de calice à des parties de la fleur que ceux-ci prennent pour la corolle.

C'est ainsi que M. de Tournefort prend pour corolle dans le *juncus*, l'*amaranthus*, le *kali*, le *tamnus*, &c. les parties que M. Linné nomme *calice*, & que d'un autre côté le premier auteur donne le nom de *calice* dans le *rumex*, le *buxus*, l'*empetrum*, &c. à des parties que M. Linné prend pour *corolle*. On démontre actuellement au Jardin royal de Paris, sous le nom de *calice*, dans toutes les *liliacées*, les *ellébores*, les *nielles*, les *aconits*, &c. des parties que MM. de Tournefort & Linné appellent très-décidément *corolle*.

Il y a plus, il ne faut qu'ouvrir les ouvrages de M. Linné, pour y appercevoir que dans un grand nombre de cas, il laisse au choix de son lecteur d'appeller *calice* ou *corolle* une même partie de la plante. C'est ainsi que, selon lui, dans le *laurus*, le *phytolacca*, le *medeola*, le *melanthium*, &c. les fleurs n'ont pas de ca-

lice, à moins, dit-il, qu'on ne prenne pour
tel, la corolle qui les environne ; & que dans
d'autres plantes, comme le *polygonum*, le *chrysosplenium*, le *thesium*, &c. la corolle est nulle ;
à moins, dit-il encore, qu'on ne regarde comme
tel le calice de leurs fleurs : preuve bien évi-
dente qu'il n'attache point lui-même aux termes
de *corolle* & de *calice* des idées fixes & précises
qui puissent fournir un moyen sûr de reconnoître l'existence de l'un ou de l'autre.

Les étamines font dans le même cas ; tantôt
les filamens stériles ne font comptés pour rien,
lorsqu'il s'agit de déterminer leur nombre : ainsi
le *gratiola* est placé dans la diandrie, & l'*herniaria* dans la pétandrie ; & tantôt, au contraire, ces mêmes filamens font nombre avec
les étamines : ainsi, l'*albuca* se trouve placé
dans l'hexandrie ; & l'*anacardium* dans la décandrie (*a*).

Quelquefois le nombre des étamines est fixé
par celui des anthères, sans avoir égard aux filamens, comme dans le *monniera*, le *fumaria*, &c.

––––––––––––

(*a*) M. Murrai a replacé avec raison ce dernier genre
dans l'ennéandrie. *Murr. Syst. végét.*

d'autres fois, ce font les filamens qui déterminent les étamines ; & le nombre des anthères eft négligé, comme dans le *dianthera*, le *theobroma*, le *ftemodia*, &c.

On trouve très-fouvent dans les fleurs de certaines plantes, des parties très-différentes les unes des autres par leur nature, mais qui peuvent fournir d'excellens caractères pour diftinguer ces plantes. Ce font tantôt des appendices ou des prolongemens finguliers de la corolle, en forme de cornet ou d'éperon poftérieur ; tantôt des rainures, des foffettes ou des enfoncemens fur les pétales, ou fur l'ovaire ; tantôt des écailles, des folioles, ou des cornets intérieurs ; tantôt des glandes, des filets ou des poils ; & tantôt enfin, des portions même de la corolle qui s'avancent un peu plus que d'autres.

Toutes ces parties qui n'ont aucune reffemblance, aucun rapport entre elles, ont reçu, malgré cela, le nom vague de nectaire : il faut l'avouer, cette manière de trancher d'un mot la difficulté, eft très-commode pour l'auteur qui fait un fyftême : mais dans quel embarras ne jette-t-elle pas ceux qui, d'après de pareilles notions, entreprennent d'étudier la Nature !

En effet, on trouve souvent plusieurs de ces nectaires, très-différens, réunis dans la même fleur : & alors comment déterminer lequel doit conserver son nom aux dépens des autres ?

C'est ainsi que le prolongement en forme d'éperon, que l'on observe derrière les fleurs de violette, de capucine, &c. conserve sans difficulté le nom de nectaire, tandis qu'on le refuse à un pareil éperon dans les orchis, pour l'accorder au pétale inférieur de leur corolle.

Les divisions, soit de la corolle, soit du calice, sont encore si mal déterminées, qu'on ne sait très-souvent si l'on doit regarder ces enveloppes comme étant d'une seule ou de plusieurs pièces dans telle ou telle plante que l'on observe. La corolle des mauves est monopétale selon M. de Tournefort, & polypétale selon M. Linné. D'un autre côté, ces deux auteurs s'accordent à regarder la corolle de la tulipe & celle du lys, comme composées de six pétales très-distincts ; & ces corolles sont démontrées au Jardin royal, comme n'étant qu'un calice monophyle à six divisions.

Il seroit trop long de rapporter toutes les déterminations embarrassantes des noms que l'on a donnés aux différentes parties des plantes ; mais ce n'eſt point aſſez d'avoir montré l'incertitude & l'obſcurité répandues de toutes parts ſur ces premières notions faites pour éclairer l'entrée de la Botanique. Nous allons voir les difficultés ſe multiplier à meſure que nous pénétrerons plus avant dans cette ſcience. C'eſt ce qui fera la matière d'une diſcuſſion importante ſur la formation vicieuſe des genres & des familles par les Botaniſtes, & ſur le peu de ſoin qu'ils ont pris de diſtinguer entre le caractère conſtant qui détermine l'eſpèce, & la nuance locale qui donne la ſimple variété.

ARTICLE II.

Des Familles, des Genres, des Espèces & des Variétés.

IL y a des plantes qui diffèrent entiérement & dans toutes leurs parties; il y en a d'autres qui diffèrent seulement dans beaucoup de leurs parties : d'autres ensuite ne diffèrent que dans quelques-unes de leurs parties ; & enfin il y en a qui ne diffèrent absolument dans aucunes de leurs parties.

Voilà ce qui est bien certain & bien connu ; mais en rapprochant les plantes en raison de leurs ressemblances , & en les éloignant à mesure qu'elles diffèrent, peut-on former des groupes particuliers séparés par des limites bien marquées & bien circonscrites ? Peut-on, après cela, diviser, & même sous-diviser ces groupes considérables, & en former d'autres moins composés , mais toujours déterminés par des caractères saillans, sans rompre aucun rapport essentiel ? en un mot , existe-t-il bien réellement des familles que l'on puisse isoler les unes des autres ? existe-t-il des genres dont les limites ne soient jamais confondues ?

Enfin

Enfin, peut-on diftinguer fans équivoque, les efpèces, des variétés, & celles-ci des individus?

Ce font-là fans doute les problêmes les plus intéreffans de la Botanique; mais il y a beaucoup d'apparence qu'on ne pourra de long-temps en trouver la folution affirmative.

On a cependant agi comme fi ces queftions n'exiftoient point, ou n'étoient point propofables; on a regardé comme certain, ce qui pouvoit à peine être fuppofé; & en conféquence on a effayé de former des familles du premier ordre, auxquelles on a donné le nom de genre : on s'eft enfuite retourné de mille manières pour faire avec les genres des familles du fecond ordre, que l'on a nommées *familles naturelles ;* on a même été jufqu'au point de vouloir réunir plufieurs de ces prétendues familles, pour former des claffes, c'eft-à-dire, des divifions générales que l'on regardoit auffi comme naturelles ; mais la Nature, qui ne fe plie nulle part à ces règles que l'on prétend établir fur la marche de fes productions, forme tantôt des interruptions fubites ou des retours frappans dans fes rapports, tantôt des nuances

Tome I.   b

imperceptibles qui refufent toute efpèce de divifion : la Nature en un mot rejette les claffes & les familles, & contrarie prefque par-tout les genres même les moins compofés.

Les loix qui conftituent ces familles & ces genres, font fans ceffe fujettes à des exceptions deftructives (*a*) ; à mefure que l'on examine plus attentivement, on eft forcé de former de nouveaux genres aux dépens de ceux que l'on avoit formés d'abord ; réduction qui deviendra de jour en jour plus néceffaire, à mefure que les obfervations fe multiplieront, ou que nous découvrirons de nouvelles plantes dont les caractères mi-partis mettront des entraves à toutes nos règles ; & nous finirons fans doute par n'avoir dans chaque genre qu'une feule efpèce, multipliée fouvent en autant de variétés que d'individus (*b*).

(*a*) L'*alyffon fpinofum*, le *cnicus eryfithales*, l'*arctium carduelis*, l'*œfculus pavia*, le *peplis tetrandra*, le *convallaria bifolia*, le *linum radiola*, le *tordylium authrifcus*, &c. &c. n'ont pas le caractère de leur genre.

(*b*) Des obfervations nouvelles ont engagé M. Linné à retirer du genre des plantains, le *littorella lacuftris*, de

Je fais combien ces principes s'éloignent des idées reçues, & même combien de noms illuſtres on pourroit m'oppofer. Mais fi les autorités doivent être appréciées plutôt que comptées, quel avantage n'eſt-ce pas pour moi de pouvoir citer en ma faveur un témoignage d'un auffi grand poids que celui de M. de Buffon ? Voici comme il s'exprime en parlant des différens fyſtêmes imaginés par les Naturaliſtes.

« Prenons pour exemple la Botanique, cette
» belle partie de l'Hiſtoire Naturelle, qui, par
» fon utilité, a mérité de tout temps d'être la
» plus cultivée ; & rappellons à l'examen les
» principes de toutes les méthodes que les Bo-
» taniſtes nous ont données ; nous verrons avec
» quelque furprife qu'ils ont eu tous en vue

---

celui de l'*aƈtæa*, le *cimicifuga fœtida* ; de celui du *campanula*, le *canarina campanula* ; de celui du *gentiana*, le *chlora perfoliata* ; de celui du *glycine*, l'*abrus precatorius*, &c. S'il redoubloit encore d'attention, peut-être retrancheroit-il de leur genre l'*æfcluus pavia*, le *valeriana fibirica*, le *gratiola monnieria*, l'*adonis capenfis*, le *gentiana heteroclita*, le *barleria prionitis*, & tant d'autres qui refufent de fe foumettre aux loix de leur claffe, de leur feƈtion & de leur genre.

» de comprendre dans leurs méthodes généra-
» lement toutes les efpèces de plantes, &
» qu'aucun d'eux n'a parfaitement réuffi ; il
» fe trouve toujours dans chacune de ces mé-
» thodes un certain nombre de plantes anomales
» dont l'efpèce eft moyenne entre deux genres,
» & fur laquelle il ne leur a pas été poffible de
» prononcer jufte, parce qu'il n'y a pas plus
» de raifon de rapporter cette efpèce à l'un
» plutôt qu'à l'autre de ces deux genres : en
» effet, fe propofer de faire une méthode par-
» faite, c'eft fe propofer un travail impoffible ;
» il faudroit un ouvrage qui repréfentât exac-
» tement tous ceux de la Nature ; & au con-
» traire, tous les jours il arrive qu'avec toute
» les méthodes connues, & avec tous les fe-
» cours qu'on peut tirer de la Bótanique la
» plus éclairée, on trouve des efpèces qui ne
» peuvent fe rapporter à aucun des genres com-
» pris dans ces méthodes, &c. (*a*) ».

Il eût été cependant bien avantageux, pour
faciliter l'étude de la Botanique, d'avoir des

(*a*) **Hift. Nat.** premier Difcours, *page 18 & fuiv.*

genres bien faits & déterminés par des caractères certains & à l'abri de toute équivoque, afin de n'être pas obligé de donner à chaque plante un nom particulier, ce qui furchargeroit infiniment la mémoire ; & afin de faciliter l'analyfe, qui me paroît être le feul moyen que l'on puiffe employer pour parvenir à la connoiffance d'une plante ou de tout autre objet appartenant à l'Hiftoire Naturelle. Mais il falloit pour cela, regarder ces genres comme artificiels, & n'avoir aucun égard aux rapports des plantes en les formant ; car on fait que l'on peut fouvent rapprocher un très-grand nombre de plantes par des rapports affez marqués, fans pouvoir les circonfcrire par des caractères déterminés & tranchans.

Malheureufement les chofes, même encore à préfent, font vues fous un afpect tout-à-fait différent. La formation des genres par les Botaniftes modernes doit être plutôt regardée comme une recherche fur les rapports des plantes, que comme un moyen de les connoître & de les indiquer fans erreur.

De pareils genres ne peuvent être qu'infiniment arbitraires, parce que la Nature, comme

je l'ai obfervé, marche tantôt par des rapports
fi extraordinaires, que l'on défefpère de pouvoir
lier enfemble les individus que l'on veut comparer en vertu de ces rapports, & tantôt par
des nuances fi délicates de variétés, qu'il paroît
impoffible de les faifir; d'où il arrive qu'au milieu de cette multitude de points communs &
de routes qui femblent fe fuir, on ne trouve
fans ceffe qu'incertitudes & difficultés ; on ne-
fait pour l'ordinaire à quel genre rapporter telle
ou telle plante que l'on obferve. Auffi comme-
chaque Auteur place cette plante à fon gré, ou
en raifon du fyftême qu'il a formé, quelle confufion ne voit-on pas naître de tant de principes
différens qui la font voltiger fans ceffe de genre
en genre, lui donnant chaque fois un nouveau
nom, & qui finiffent très-fouvent par lui conf-
tituer un genre propre à elle feule (*a*) ?

Qui ignore les révolutions nombreufes que
la plupart des ombellifères ont éprouvées de la
part des Auteurs qui ont écrit fur les plantes?

. (*a*) Parmi les douze cens vingt-huit genres qu'a formés
M. Linné, il s'en trouve quatre cens qui ne renferment
qu'une feule efpèce.

On pourroit prefque compter le nombre des fynonymes de chacune d'elles , par celui des Botaniftes qui ont fait des fyftêmes. Le *filer alterum pratenfe* de Dodonée, a été rangé parmi les *fefeli* par G. Bauhin, replacé enfuite avec les angéliques par M. de Tournefort, & réuni après cela au *peucedanum* par M. Linné ; mais comme fes femences n'ont pas tout-à-fait le caraĉtère du *peucedanum*, des Botaniftes plus modernes en font un *ligufticum*, d'où peut-être d'autres le retireront encore pour le replacer ailleurs. Le *daucus montanus apii folio major* de Bauhin, eft nommé *cervaria* par Rivin ; *oreofelinum* par Tournefort ; *athamanta* par le Chevalier Linné ; & M. Scopoli le rapporte au *felinum*.

Les plantes ombellifères ne font pas les feules qui fourniffent des exemples de ces tranfports multipliés, & de la mauvaife déterminaifon des genres.

En effet, la plupart des compofées font dans le même cas ; les *cnicus*, *carduus*, *ferratula*, *carthamus*, *atraĉtylis*, &c. font fort mal diftingués les uns des autres. On aura fouvent de la peine à faifir la différence qui fait que le *ferratula arvenfis* n'eft point un *carduus*, puifque le calice alongé du *carduus pycnocephalus*, du *carduus crispus*, &c. ne les a pas fait rapporter au *serratula*. On ne sait sur-tout pourquoi le *carduus serratuloides* n'est point un *serratula*, ainsi que tant d'autres dont le calice un peu alongé n'est presque point épineux. On pourra aussi prendre le *carduus Syriacus*, le *C. stellatus*, le *C. eriophorus*, & bien d'autres, pour des *cnicus*, tandis que le *cnicus erysithales* sort du caractère de son genre : enfin, beaucoup d'espèces de *centaurea* seront pareillement confondues avec les *carthamus*, *cnicus*, &c. non pas par les Botanistes que l'usage de se communiquer entre eux, a mis au fait des conventions reçues, mais par ceux qui, se trouvant réduits à consulter les règles même, n'auront pas occasion d'être avertis des exceptions nombreuses auxquelles elles sont sujettes.

J'aurois pu, pour prouver ce que je viens de dire, faire un très-grand nombre de citations, sur-tout si j'avois voulu rappeller les limites incertaines & trop souvent violées des genres qui comprennent les plantes à demi-fleurons, tels que sont ceux des *hieracium*, *crepis*, *sonchus*, *lactuca*, *scorzonera*, &c. tels encore ceux des

alyſſon, *draba*, *cochlearia*, *lepidium*, *thlaſpi*, &c.
tels enfin ceux de beaucoup de labiées, graminées, &c. &c. Mais ce que j'ai dit eſt plus que
ſuffiſant pour faire voir combien l'idée de con-
ſerver des rapports a gêné les Botaniſtes dans
la formation des genres, & combien l'opiniâ-
treté avec laquelle ils ont tout ſacrifié à ce préjugé, jette d'irrégularités dans leurs principes,
& porte atteinte à la ſtabilité de leurs règles,
qui ſe perd dans la multitude des exceptions :
ils n'ont pas ſenti qu'il y auroit eu bien moins
d'inconvénient à ſe mettre peu en peine des
rapports, pour former des loix ſaillantes, des
diviſions nettes & circonſcrites, démenties, à
la vérité, par la marche libre & infiniment va-
riée de la Nature, mais bien plus propres à
nous conduire avec certitude à la connoiſſance
de chaque individu.

Il me ſera facile de montrer que tout ce que
je viens de dire à l'égard des familles & des
genres, a auſſi parfaitement lieu pour les eſpèces,
& que l'étude de la Botanique à cet égard eſt
encore embarraſſée de mille incertitudes & de
difficultés inſurmontables : car, au lieu de chercher à diſtinguer les eſpèces par des caractères

tranchans, toujours confirmés par la conſtance dans la réproduction, & ſans jamais employer le plus ou le moins, preſque tous les Botaniſtes à préſent multiplient infiniment les eſpèces aux dépens de leurs variétés, ils ne connoiſſent plus de bornes à ce deſir de créer de nouveaux êtres; la moindre nuance dans la grandeur, dans la couleur ou dans la conſiſtance de deux individus, leur ſuffit pour former deux eſpèces particulières. Ils ne font pas attention que les ſemences d'une même plante portées dans deux endroits diffé-rens, expoſées & cultivées dans des circonſ-tances tout-à-fait contraires, produiront néceſ-ſairement, au bout de quelques années, deux plantes qui différeront beaucoup par leur aſpect extérieur; c'eſt-à-dire, que l'une pourra être vigoureuſe, ſucculente, d'un vert plus foncé, plus garnie dans toutes ſes parties, &c. tandis que l'autre ſera maigre, dure, blanchâtre, moins élevée, quelquefois même un peu penchée, moins glabre & moins garnie de feuilles ou de fleurs; mais ce ſera toujours du plus ou du moins, & les caractères ne ſeront point vrai-ment tranchans. Cependant ſi l'on fait de ces deux plantes deux eſpèces différentes, & qu'on les place comme telles dans le catalogue des espèces de leur genre, que va devenir la Botanique fondée sur de pareils principes ? quel cahos, & comment se reconnoître ? sur-tout si, à l'exemple de M. de Tournefort, on entame une fois les variétés des anémones, des tulipes, des narcisses, des oreilles-d'ours, des pommiers & poiriers, &c. &c. nous verrons continuellement naître & disparoître tour-à-tour des milliers d'espèces qui jetteront de la confusion dans nos connoissances, & rendront nos travaux beaucoup plus pénibles, sans que nous puissions espérer d'en recueillir aucun fruit.

En effet, les deux plantes dont je parlois dans l'instant, cultivées par la suite dans un même jardin, pour l'usage des démonstrations, partageront alors des circonstances à-peu-près semblables dans leur culture, leur exposition, &c. Ainsi, leurs différences disparoîtront insensiblement, & nos catalogues seuls conserveront une espèce que la Nature auroit perdue, si elle n'eût été plûtôt notre ouvrage que le sien.

Il est donc constant, par tout ce que je viens de dire, que quoique les travaux des Naturalistes modernes aient doublé & même triplé la collection des plantes obſervées juſqu'à ce jour, & que leurs obſervations aient prodigieuſement enrichi cette partie de l'Hiſtoire Naturelle; avec tout cela, le peu d'efforts qu'ils ont faits pour faciliter la connoiſſance de leurs découvertes; la foibleſſe & l'inſuffiſance des moyens qu'ils ont employés pour donner de la ſtabilité aux principes qu'ils ont admis; la mauvaiſe déterminaiſon des caractères génériques & ſpécifiques; & en un mot, les ſyſtêmes nombreux, tous plus ingénieux qu'utiles, confirment parfaitement ce que j'avois annoncé ſur les obſtacles inſurmontables que l'on trouve à chaque pas dans l'étude d'une ſcience auſſi importante.

D'ailleurs, les ſyſtêmes ou les méthodes artificielles qui devroient toujours nous conduire par une voie également aiſée & certaine à la dénomination des plantes que nous cherchons à connoître ou à nous rappeller, font, outre leur inſuffiſance, ſi difficiles à ſaiſir & à concevoir, que l'on ne peut guère parvenir à en avoir la clef ſans s'être rompu dans l'habitude d'obſerver les plantes, & par conſéquent ſans en connoître déjà un grand nombre. De-là il arrive que la plupart de ceux qui étudient les syſtêmes, ſe bornent à les vérifier ſur les individus qu'ils connoiſſent déjà, ou s'expoſent à tomber dans des mépriſes groſſières, & ne tirent d'autre fruit de ces recherches ſcientifiques dans leſquelles ils s'engagent, que de s'égarer avec plus de confiance.

Ainſi, cette étude précieuſe, appliquée autrefois avec tant de ſuccès au profit de l'économie animale, par des hommes célèbres, à qui, ſans le ſecours des méthodes & des ſyſtêmes, un coup d'œil très-exercé & des obſervations éxaĉtes ſuffiſoient au milieu du petit nombre d'individus connus alors; cetté étude, dis-je, devenue immenſe de nos jours, n'eſt prcſque plus compatible avec tant d'autres objets indiſpenſables auxquels s'étend l'art de guérir. L'impoſſibilité de ſe rendre habile en peu de temps, étouffe l'ardeur de s'inſtruire, retarde les progrès de la ſcience, & nous prive de mille tentatives heureuſes, de mille découvertes intéreſſantes, auxquelles des connoiſſances plus certaines, plus faciles à acquérir, plus généralement répandues, ne manqueroient pas de donner naiſſance. La difficulté des ſyſtêmes épaiſſit le

voile qui nous cache les secrets de la Nature,
& l'étude approfondie de la Botanique n'est
plus que le partage d'un petit nombre de Naturalistes, que leur aisance met à portée de se
livrer tout entiers à une inclination louable, à
la vérité, mais stérile pour le bien de l'huma-
nité, & qui presque toujours annonce plutôt
l'amateur qui cherche à occuper son loisir, que
le citoyen jaloux de se rendre utile.

SECONDE PARTIE.

*De l'insuffisance des moyens que l'on a employés
pour faciliter l'étude de la Botanique.*

LA Botanique ne consiste pas, comme bien
des gens se l'imaginent, dans l'habitude de
considérer telle ou telle plante, & d'appliquer
à l'idée qu'on se forme de son port un nom
quelconque, indiqué par une étiquette ou par
un Professeur. Cette façon d'étudier les plantes,
qui est peut-être la plus commune, pourroit
suffire jusqu'à un certain point, si le règne
végétal se trouvoit réduit à un nombre borné
d'individus qui eussent entre eux des diffé-

rences tranchantes. Mais la prodigieuſe quantité des plantes, les reſſemblances fréquentes d'une eſpèce avec l'autre dans le port extérieur & le plus grand nombre des parties, compliquent extrêmement le travail de l'obſervateur obligé de repaſſer ſans ceſſe ſur les mêmes traces, pour ſe familiariſer avec les objets, & expoſent l'œil même le plus exercé, à des erreurs ſouvent inévitables. Et quels dangers ne réſulteront pas d'une pareille étude, ſi, d'après des connoiſſances ſi vagues, on oſe faire uſage des vertus des plantes ? Que n'aura-t-on pas à craindre de ces mépriſes, peut-être plus ordinaires qu'on ne le penſe, & dont le moindre inconvénient eſt d'être indifférentes, & de laiſſer ſubſiſter dans toute leur violence des maux qui exigent ſouvent les ſecours les plus prompts & les plus actifs ?

Les vrais principes de la Botanique conſiſtent donc dans l'étude approfondie des caractères conſtans qui diſtinguent les plantes les unes des autres, dans l'obſervation exacte de tout ce qu'elles ont de commun & de particulier, & dans la recherche de tout ce qu'elles offrent d'intéreſſant pour l'Hiſtoire Naturelle ou la Médecine.

On a senti que pour remplir ces différentes
vues, pour suppléer aux bornes. trop resserrées
de la mémoire, se reconnoître au milieu de
la multitude immense des végétaux, & être
plus à portée de transmettre aux générations
futures le dépôt précieux des connoissances ac-
quises en ce genre, il falloit un ordre général,
une distribution méthodique, où le tableau particulier de chaque individu eût une place marquée & facile à retrouver, d'après l'inspection
même de l'individu. Or, ce sont les tentatives
faites par les Botanistes pour exécuter ce vaste
projet, que j'entreprends ici de soumettre à
l'examen, & dont j'espère démontrer le peu
de succès relativement à l'objet qu'ils se sont
proposé.

A R T I C L E

ARTICLE PREMIER.

Des différens arrangemens qui ont été imaginés pour faire connoître les Plantes.

LE besoin fut, pour ainsi dire, le premier guide qui conduisit l'homme à la connoissance du règne végétal. Les alimens que les plantes lui offrirent, les remèdes que des essais heureux lui découvrirent dans plusieurs d'entre elles, les lui firent regarder avec plus ou moins d'intérêt, à raison de l'utilité plus ou moins marquée qu'il retiroit de chacune. Il les nomma d'après leurs vertus ou propriétés, & ramenant de même à son propre avantage la division qu'il en fit, il les distribua selon les différens services qu'elles lui rendoient, & les divers genres de maladie contre lesquelles elles lui offroient des ressources ; ensorte que les premiers ouvrages sur cette matière furent proprement des Traités de Botanique usuelle.

On remarqua ensuite que certaines plantes affectionnoient des climats particuliers ; que dans le même climat, les lieux aquatiques, les terreins fecs ou montagneux, les bois & les champs préfentoient chacun une fcène à part, qui fe renouvelloit à-peu-près d'une faifon à l'autre. Quelques obfervateurs diftribuèrent les plantes d'après ce point de vue général de la Nature, & leurs Traités furent comme l'hiftoire de leurs voyages.

On fentit dans la fuite, que ni les propriétés des plantes, qui ne fe manifeftent en quelque forte que par la deftruction même de l'individu, ni des circonftances purement locales, ne pouvoient fournir aucune diftribution exacte & méthodique. On imagina donc des divifions fondées fur ce que les plantes préfentoient de plus frappant aux yeux, fur leur grandeur, leur confiftance, leur durée. On employa la confidération des racines, des tiges, des feuilles, quelquefois même celle de la fleur & du fruit. Ces ébauches, d'abord très-imparfaites, fe perfectionnèrent peu-à-peu, & préparèrent, comme par degrés, l'heureufe révolution qui s'eft faite depuis environ un fiècle dans la Botanique.

C'eft alors que des hommes célèbres, convaincus de l'infuffifance de tous les caractères employés par ceux qui les avoient précédés, tournèrent toute leur attention du côté des parties de la fructification, & crurent même appercevoir l'indication de la Nature dans l'importance de ces organes deſtinés à la reproduction des individus. Ils raſſemblèrent les différentes plantes qui leur parurent avoir pluſieurs de ces caractères communs entre elles, & formèrent, comme je l'ai déjà dit, de petites familles détachées, connues ſous le nom de *genres*. La moindre différence qui parut conſtante dans les plantes qui compoſoient un genre, ſervit à former les eſpèces, & les différences accidentelles & peu conſtantes firent, ou du moins durent faire les variétés.

Mais ce travail, plus ou moins heureuſement exécuté, ne ſuffiſoit pas; la multiplicité des genres exigeoit à ſon tour un arrangement & une diſtribution particulière qui pût nous conduire plus facilement juſqu'à chacun d'eux. Auſſi en raſſembla-t-on pluſieurs dont on forma des grouppes qui furent nommés *ordres*, *ſections*, ou, ſelon d'autres, *familles naturelles*. Enfin, on crut devoir encore réunir les ordres & les ſections, & on en compoſa

des divisions plus générales auxquelles on donna
le nom de *claſſes*.

L'enſemble ou la totalité des claſſes reçut
la dénomination de *ſyſtême* où de *méthode*, ſelon
la nature des principes conſtitutifs poſés, par
les auteurs qui ſe ſont occupés de ce travail.
Et tel a été le dernier réſultat des efforts que
l'on a faits de ſiècle en ſiècle pour faciliter
l'étude & la connoiſſance des plantes. C'eſt auſſi
à ce point de vue que je m'arrête, pour eſſayer
de faire voir combien il nous laiſſe encore de
choſes à deſirer, & combien les mains ſavantes
qui ſe ſont efforcées de poſer la borne de nos
progrès en ce genre, ſont reſtées en-deçà du
terme où il eût été poſſible d'arriver.

ARTICLE II.

Des ſyſtêmes & des méthodes.

Un ſyſtême en Botanique eſt, ſelon l'accep-
tion commune, un arrangement, un ordre
général, fondé par-tout ſur les mêmes principes. Il réſulte de cette définition, que dans
un ſyſtême, on ne doit faire uſage que d'une

feule partie, quelle qu'elle foit, ou du moins d'un très-petit nombre de parties qui aient entre elles une analogie marquée. Ainfi, un ordre fondé uniquement fur la confidération du fruit, ou des organes fexuels, ou de la corolle, ou même des feuilles, doit être regardé comme un fyftême.

Une méthode, au contraire, eft un arrangement fondé fur des principes moins fixes, moins déterminés, & dont on peut s'écarter toutes les fois que cela eft néceffaire ou avantageux pour remplir l'objet que l'on fe propofe.

Or, il eft aifé de s'appercevoir qu'un fyftême qui fourniroit affez de divifions pour conduire par une voie également fûre & facile à la connoiffance de toutes les plantes dont il renfermeroit la defcription, mériteroit d'être préféré à une méthode, quelque bien faite que celle-ci pût être : car un pareil fyftême auroit fur la méthode l'avantage important d'offrir des vues générales, ramenées toutes au principe fondamental comme à leur centre commun, & qu'il feroit aifé de faifir & de graver dans fa mémoire : au lieu qu'une méthode que l'on suppose s'écarter souvent des principes sur lesquels elle est établie, c'est-à-dire, faire usage de caractères pris dans toutes sortes de parties différentes, pourroit, à la vérité, conduire avec sureté jusqu'à la plante que l'on cherche à connoître, mais ne présenteroit à l'esprit qu'un ensemble mal lié, que des divisions disparates & peu propres à être retenues par cœur.

Il reste maintenant à examiner s'il est possible de faire un systême qui remplisse véritablement son objet. Or, je me suis convaincu par les différentes tentatives que j'ai faites, & plus encore par des réflexions qui me paroissent décisives & sans réplique, qu'une pareille entreprise est absolument impraticable, & sera toujours l'écueil des talens même les plus décidés.

Premièrement, il est certain qu'aucun des caractères que l'on pourroit choisir pour être la base du systême, n'est assez fécond pour fournir seul un nombre suffisant de divisions, avantage qu'il est cependant très-important de se procurer, pour n'avoir point à choisir dans chaque division entre une trop grande multitude d'objets à la fois. Mais en second lieu, il eft facile de démontrer que tous les caractères, dans quelque partie qu'on les prenne, font fufceptibles de varier ou d'être conftans, felon les plantes dans lefquelles on les obferve : c'eft ce qui fait, pour le dire en paffant, que les principes qui établiffent des caractères du premier, du fecond ou du troifième ordre, font fi fouvent démentis par la Nature. Mais je m'arrête à une confidération plus générale ; & je vais effayer de montrer, par plufieurs exemples, qu'il ne peut y avoir aucun fyftême dont le fondement ne foit ruineux.

Suppofons d'abord que l'on veuille former un ordre général d'après la confidération unique du calice ; il fe trouvera que cette partie eft d'une forme très-avantageufe dans les mauves & beaucoup d'autres efpèces de plantes. Mais bientôt le caractère deviendra inconftant, équivoque, ou même s'évanouira dans prefque toutes les ombellifères, les valériannes, les protées, &c.

La même difficulté a lieu pour la corolle prife féparément ; on fait l'inconftance de cette partie dans le *peplis*, le *fagina*, le *farothra*, quelques efpèces de *lepidium*, &c. quoiqu'elle foit très-fixe & très-conftante dans mille autres plantes qui en font ornées. Les étamines & les piftils, employés dans la même vue, ne réuffiront pas mieux. Rien de plus incertain que le nombre des premières dans l'*alfine*, le *blitum*, quelques efpèces de *gallium*, le *laurier*, l'*euphorbia*, &c. & des feconds, dans les *fedum*, le *pœnia*, l'*helleborus*, le *polygonum*, &c. En vain fe flatteroit-on de tirer un meilleur parti du fruit ; outre qu'une diftribution fondée uniquement fur la confidération de cet organe tardif feroit très-incommode, & tiendroit trop long-temps l'obfervateur en fufpens ; elle offriroit de plus des exceptions & des variations per-pétuelles, & le *campanula*, le *gentiana*, le *valeriana*, le *clufia*, &c. prendroient à chaque inftant, le fyftême en défaut par le nombre in-conftant des loges qui renferment les femences, & par les circonftances fréquentes qui modi-fient la figure des femences elles-mêmes.

Le fyftême fexuel fait le plus grand hon-neur à la fagacité & au génie de fon illuftre auteur. Quelle adreffe à profiter en même temps du nombre, de la pofition & de la grandeur refpective des étamines, pour multiplier les divifions fans s'écarter du principe! quel heureux rapprochement ménagé entre les claffes & les ordres par le rapport intime qui fe trouve entre les étamines, d'où fe tirent les premières, & les piftils qui déterminent la plupart des feconds! quelle fubordination dans les parties qui fourniffent les caractères des divifions inférieures! quelle attention à n'employer, autant qu'il eft poffible, que des parties qui exiftent toutes à la fois dans la plante, & cela dans la circonftance où elle offre aux yeux le point le plus flatteur & le plus intéreffant de fon développement! voilà ce qui féduit au premier examen. Mais que l'on parcoure un jardin de Botanique, le fyftême à la main, on fentira bientôt combien il perd dans l'application, & ces principes, dont on avoit d'abord admiré la fécondité, décéleront par-tout leur infuffifance, dès qu'on les rapprochera du plan immenfe & merveilleufement gradué, fur lequel la Nature a travaillé.

On ne doit point reprocher à cet ouvrage, les féparations extraordinaires de beaucoup de

genres, dont les rapports font très-prochains,
comme ceux du *chenopodium* & de l'*atriplex*,
du *poterium* & du *fanguiforba*, de la moitié
des liliacées, & de la plupart des graminées.
La réunion des rapports n'eft point fon objet;
ce n'eft point un ordre naturel, & l'auteur
ne l'a jamais donné pour tel. Bornons-nous
donc à le confidérer comme un moyen artificiel, deftiné à nous faire connoître d'une manière fûre & facile, toutes les efpèces de plantes
auxquelles il s'étend.

Sans parler de mille exceptions auxquelles
les Tables du *Syftema Naturæ* ne fuppléent point
d'une manière fuffifante, la didynamie angiof-
permie contient un nombre confidérable de
genres, dans lefquels la différence de grandeur
entre les étamines eft fouvent infenfible, & les
plantes qui appartiennent à ces genres, font
alors vainement cherchées dans la tétrandrie.
Beaucoup de plantes de la tétradynamie font
dans le même cas, & feroient par erreur rap-
portées à l'hexandrie.

La monadelphie & la diadelphie font encore
deux fources perpétuelles de méprifes. Une in-

finité de genres compris dans ces deux claffes, ont les étamines libres, ou fi elles font réunies, c'eft avec une nuànce fi délicate, que l'on eft fouvent embarraffé pour fixer le point auquel doit commencer ou finir la réunion. Tel eft le cas de beaucoup de *geranium*, de l'*hermannia*, & de tant d'autres plantes que l'on négligera de rapporter à la monadelphie, tandis que l'on y cherchera par erreur plufieurs liliacées, telles que le *fritillaria imperialis*, le *galanthus*, &c. ainfi que beaucoup de pentandriques.

La réunion des anthères eft certainement auffi marquée dans plufieurs *folanum*, dans le *dodecatheon*, le *cyclamen*, le *primula*, &c. que dans le *viola* & l'*impatiens*, qui font partie de la fyngénéfie. Plus de la moitié des légumineufes s'accordent fort mal avec le titre de la diadelphie; & enfin la monæcie, la diæcie & la polygamie fourniffent une infinité de doubles emplois qui ne font point indiqués.

Je fuppofe en effet que j'examine les fleurs d'un pied hermaphrodite du *panax*, du *nyffa*, du *aiofpyros*, &c. il eft certain que fi je n'ai pas en même temps occafion d'obferver le

pied qui porte des fleurs unisexuelles ou mélangées, l'idée ne me viendra pas de faire mes
recherches dans la polygamie. Je m'efforcerai,
au contraire, de trouver ma plante dans la
pentandrie, l'octandrie ou la décandrie. Si, d'un
autre côté, cette même plante ne portoit que
des fleurs toutes mâles ou toutes femelles, la
privation de l'autre individu m'empêcheroit de
me déterminer entre la polygamie & la diœcie;
& enfin, quand je devinerois qu'elle doit être
placée dans la diœcie, si c'est un individu femelle, je serai encore arrêté sans pouvoir
fixer la section qui est fondée sur le nombre des
étamines.

Combien, d'ailleurs, de plantes, soit dioïques,
soit polygamiques, dont les fleurs mâles ne sont
prises pour telles que parce que très-souvent
leur fruit avorte, mais qui ont néanmoins des
pistils très-sensibles ?

Mais quand même on seroit parvenu à déterminer la classe à laquelle appartient une plante
que l'on a dessein de connoître, il se présente
souvent dans la recherche de l'ordre ou dans
celle du genre, de nouvelles difficultés qui

tiennent encore à la nature fonciérement vi-
cieuse du fyftême.

Imaginons, par exemple, qu'ayant cueilli
un pied du *folanum dulcamara*, j'aie recours au
fyftême pour trouver le nom de ma plante ;
le premier travail qu'exige cette recherche eft
un choix à faire fur vingt-quatre divifions
préfentées toutes à la fois ; & en fuppofant
que la réunion des étamines ne m'égare pas,
je me déciderai pour la pentandrie : trouvant
enfuite un fecond choix à faire fur fix autres
divifions préfentées également à la fois, l'infpection du ftyle folitaire me conduira, fi l'on
veut, fans difficulté à la monogynie.

Mais ici le fyftême nous tranfporte tout-à-
coup au milieu de cent trente genres, parmi
lefquels il faut, pour ainfi dire, deviner quel
eft celui qui convient à notre plante. Il eft
vrai que le célèbre auteur de cet ouvrage a
fait imprimer ailleurs quelques fous-divifions
particulières pour nous conduire un peu plus
loin; mais il a eu foin de ne les placer que
dans des efpèces de tables fituées à l'entrée
des claffes, afin de ne pas dégrader fon fyftême,

qui, quoique plus utile, se seroit alors rap-
proché de la méthode, puisque les caractères
de ces sous-divisions sont empruntés de toutes
sortes de parties.

Il est cependant bien singulier de pouvoir
dire que le système sexuel soit encore, malgré
ses défauts, très-supérieur à tant de méthodes
que l'on a imaginées jusqu'ici, quoique les auteurs de ces dernières eussent bien plus de ressources pour parvenir à leur but, puisqu'ils
n'étoient point gênés par l'unité de principe,
& que la facilité de multiplier & de varier à
leur gré les données, devoit naturellement les
conduire à des solutions plus complètes.

Il ne sera pas difficile de remonter à la
cause qui a gâté & altéré toutes les méthodes,
si l'on considère en premier lieu, que les Botanistes qui se sont appliqués à cette espèce
de travail, au lieu de tendre uniquement &
directement à leur but, ont été arrêtés par
des considérations qui leur devenoient tout-à-
fait étrangères. En effet, ils ont tous aspiré
à l'honneur du système, & se sont gênés sur
le choix des moyens, dans la crainte de ne

point affez fimplifier les principes fur lefquels ils établiffoient leurs méthodes. En conféquence, ils ont fait le moins de divifions qu'il leur a été poffible, & ont mieux aimé les appuyer fur des caractères équivoques, que d'en emprunter de toutes les parties des plantes qui pouvoient leur en fournir d'affez marqués; ce qui eût été cependant fe rapprocher de la vraie Botanique, & multiplier les traits de reffemblance entre leur ouvrage & celui de la Nature.

Ce préjugé n'eft pas le feul dont les méthodes aient eu à fouffrir. On fe fit une loi févère de ne point féparer les plantes qui avoient des rapports communs; comme fi le moyen qui conduit par des divifions nombreufes jufqu'aux plantes qu'il doit indiquer, pouvoit être un ordre naturel, & comme s'il étoit poffible de faire une feule divifion fans rompre quelque part des rapports marqués.

Il ne faut qu'ouvrir l'ouvrage de M. de Tournefort, pour y reconnoître, fi j'ofe le dire, l'abus qu'il a fait de fon efprit, en fe retournant de mille manières, pour éviter de prétendus inconvéniens, dont il n'a pu cependant garantir sa méthode.

En effet, ce fut par le desir de conserver les rapports, que pour caractériser sa neuvième classe, il abandonna la considération de la corolle, & n'employa que celle du fruit. Il auroit pu cependant s'appercevoir que dans le peu de divisions qu'il avoit faites, il avoit déjà rompu trop d'affinités, pour tenir encore à son opinion. Car, combien de plantes, dont les rapports sont très-frappans, se trouvent séparées par sa première distribution, qui met d'un côté les sous-arbrisseaux & les herbes, & de l'autre, les arbrisseaux & les arbres, quoique d'ailleurs cette distribution soit très-peu circonscrite, & devienne embarrassante dans bien des cas, lorsqu'on arrive à la nuance par laquelle les tiges ligneuses semblent se confondre avec les tiges herbacées? En un mot, pouvoit-il ignorer que les titres de sa première & seconde classes, le forçoient de séparer le *convolvulus* du *quamoclit*, le *gentiana* du *centaurium minus*, &c. sans qu'il eût cependant pourvu à la sûreté du principe & à la netteté de ces deux divisions,

puisqu'elles

puifqu'elles renferment le *veronica*, l'*hyofciamus*, l'*echium*, &c. qui feroient vainement cherchés dans la claffe qui indique pour caractère une corolle monopétale & irrégulière? C'eft ainfi qu'une marche gênée, & pour ainfi dire in- conféquente, défigure cette méthode, fi digne d'ailleurs d'être applaudie, fur-tout fi l'on fe tranfporte à l'époque où vivoit l'auteur, & fi l'on fait attention à l'efpace qu'il a franchi tout d'un coup, & à fes progrès rapides dans une fcience dont il a encore plus perfectionné l'étude par fon génie, qu'étendu le règne par fes favans Voyages.

TROISIÈME PARTIE.

De la meilleure manière de voir & de travailler en Botanique.

Avant de faire connoître la méthode que j'ai fubftituée à tous les moyens défectueux, employés jufqu'ici pour nous conduire à la con- noiffance des plantes, je crois qu'il eft effentiel de fixer le véritable point de vue fous lequel la Botanique doit être envifagée, & d'examiner

Tome I. d

les reſſources que la Nature nous offre pour la connoître relativement aux bornes de nos facultés, & la manière de tirer de ces reſſources le parti le plus avantageux.

Il me paroît d'abord évident que tout ce que l'on peut propoſer de principes ſur la matière dont il s'agit, ſe réduit à deux objets indiſpenſables.

Le premier conſiſte à fournir le moyen le plus ſûr & le plus facile pour réſoudre, dans tous les cas particuliers, ce problême général : *Etant donnée une production du règne végétal, trouver le nom que les Botaniſtes lui ont aſſigné.*

Cette découverte, en effet, nous met à portée de conſulter tous les ouvrages qui ont été écrits ſur les plantes, de profiter de toutes les obſervations que l'on a faites ſur l'objet particulier que nous examinons, d'en connoître les propriétés, les uſages, & même de le comparer avec les êtres du même genre, auxquels il reſſemble davantage.

Mais quelque ſatisfaiſante que fût la manière dont cette première vue eût été remplie, l'ordre & la liaiſon des idées, ſi néceſſaire dans les ſciences, exigeroient que la Botanique fît un pas de plus. On sent en effet qu'il manqueroit à l'étude du règne végétal un aspect sous lequel on pût le considérer dans son ensemble, & qui nous présentât la suite des affinités que l'on a observées dans les plantes, & la chaîne admirablement graduée qu'elles paroissent former, du moins en une multitude d'endroits, lorsqu'on les rapproche en raison de ces affinités. L'ordre dont je parle, réuniroit le double avantage de nous montrer d'une part la Nature en grand, & de nous donner de l'autre une idée nette de chaque être, en nous indiquant ses rapports avec tous les autres individus, & en le plaçant dans un point où il recevroit & renverroit la lumière de toutes parts.

Mais ici se présente une question qui me paroît de la plus grande importance. Peut-on remplir à la fois les deux objets que je viens de citer ? c'est-à-dire, est-il possible que le moyen qui doit nous faire découvrir les noms que les Botanistes ont donnés aux plantes que nous cherchons à connoître, puisse en même temps nous offrir la gradation de tous les rapports particuliers qui lient les plantes entre elles ?

Pour moi, je ne balance point à me décider

pour la négative, & j'établis cette opinion fur
deux propofitions dont il me femble que la
vérité ne peut être conteftée.

Premièrement, on ne peut dans un ouvrage
de Botanique, de quelque nature qu'il foit,
nous conduire par la voie la plus courte &
la plus facile à la connoiffance des plantes dont
cet ouvrage renfermeroit les noms & les caractères, fi ce n'eft à l'aide d'un nombre de
divifions proportionné à celui des plantes qui
y feroient indiquées.

Suppofons, en effet, qu'un ouvrage contienne
la defcription exacte de dix mille végétaux, &
que quelqu'un ayant cueilli une plante qu'il fait
être l'une des dix mille, fe propofe d'en découvrir le nom, il eft certain que fi l'ouvrage n'offre
aucune divifion, il faudra lire toutes les defcriptions l'une après l'autre, jufqu'à ce que l'on
foit parvenu à celle de la plante obfervée; &
l'on fent combien une pareille recherche devient
pénible & ingrate dans une multitude de cas.

Mais fi l'ouvrage dont je parle contenoit deux
grandes divifions, la première attention de l'obfervateur feroit d'examiner les titres de ces divifions, pour fe détermiuer en faveur de l'une

ou de l'autre, d'après l'infpeҫtion de la plante; & le choix étant fait, il feroit encore obligé de faire fes recherches parmi cinq mille defcriptions, au rifque de les lire toutes fi fa plante fe trouvoit la dernière. Il eſt inutile d'aller plus loin pour faire voir que le travail, tout compenfé, s'abrégeroit à proportion que les divifions feroient plus nombreufes; & c'eſt ici une de ces propofitions dont le fimple développement fuffit pour les démontrer.

J'ajoute maintenant que l'on ne peut en Botanique, ni probablement dans toutes les autres parties de l'Hiſtoire Naturelle, faire une feule divifion nette & tranchante, qui ne rompe quelque part des rapports très-marqués, d'où il faudra conclure qu'un fyſtême ou une méthode qui renferme néceſſairement un certain nombre de divifions, ne peut être un ordre naturel.

C'eſt principalement de l'obfervation que l'on peut déduire la preuve de la propofition précédente. Or, j'ai fait des recherches fur tous les caraҫtères poffibles, & je puis aſſurer qu'il ne s'en eſt trouvé aucun qui ait foutenu l'épreuve.

La divifion tirée des feuilles féminales ou

des cotyledons, qui paroît d'abord affez naturelle, offre cependant un grand nombre de féparations frappantes; elle écarte confidérablement les *alifma* & le *fagittaria* du genre des *ranunculus*, avec lequel ces plantes ont plus de rapport qu'avec les joncs & les graminées. Le *ranunculus glacialis* même fe trouve alors rejetté très-loin de fon genre, étant *monocotyledon*, comme j'ai eu occafion de l'obferver il y a quelques années au Jardin du Roi. M. Linné indique les *melocactus* de M. de Tournefort comme *monocotyledons*, & les *opuntia* du même auteur, comme *dicotyledons*, quoiqu'il croie devoir réunir ces plantes fous un même nom générique, tant leurs autres rapports font fenfibles. M. de Juffieu, de fon côté, place au Jardin royal, dans la divifion des *monocotyledons*, l'*orobanche*, le *lathræa*, l'*utricularia* & le *pinguicula*, qu'il fépare des labiées perfonnées pour les placer entre les fougères & les mouffes. Il range auffi dans la même lignée le genre du *menianthes* qui fe trouve alors, comme on voit, très-écarté de l'*hottonia*, du *famolus* & du *lyfimachia*, qui ont cependant beaucoup plus de rapport avec lui que les mouffes & les fougères.

Que seroit-ce si la manière dont lèvent les plantes, étoit aussi connue des Botanistes qu'elle peut l'être des Jardiniers, par rapport au petit nombre de végétaux que ces derniers cultivent ? Comment d'ailleurs être à portée d'obferver dans les champignons, les lichens, les moufles, &c. cette première époque du développement des germes ?

Les divifions empruntées des autres parties de la plante, rompent encore un bien plus grand nombre d'affinités. Veut-on, par exemple, employer la confidération du fruit ? alors les labiées, ainfi que les bourraches, feront rejettées fort loin des perfonnées, celles-ci ayant leurs femences renfermées dans une capfule, &c. Si l'on effayoit enfuite d'établir fes divifions d'après la diftinction de la baie d'avec la capfule, on fépareroit néceffairement le *folanum* du *capficum*, le *vaccinium* de l'*andromeda*, ainfi que beaucoup d'autres plantes qui fe trouvent d'ailleurs fi bien liées. La pofition du fruit, tantôt fupérieur & tantôt inférieur au réceptacle, détacheroit l'*agave* de l'*aloès*, diviferoit les faxifrages, &c. En un mot, le nombre des loges, la forme des femences & tous les aſpects poſſibles ſous leſquels on peut conſidérer le fruit, donneroient par-tout des coupes bizarres qui troubleroient l'harmonie des autres parties.

On me diſpenſera, ſans doute, de citer tant d'autres caractères, tels que la corolle monopétale ou polypétale qui ſépare une moitié des liliacées d'avec l'autre; la corolle régulière ou irrégulière qui diviſe les *geranium*, écarte l'*iberis* des crucifères, l'*echium* des boraginées, &c. les étamines définies ou indéfinies, qui rompent la communication entre le *poterium* & le *ſanguiſorba*, entre le *ſedum* & le *ſemper-vivum*, diviſent le *cleome*, le *lithrum*, &c.

En un mot, pour que l'on pût faire une ſeule diſtribution ſans violer la loi des rapports, il faudroit que les mêmes caractères exiſtaſſent tous à la fois, & excluſivement, dans les mêmes groupes de plantes. Mais comme la Nature les a au contraire mélangés, & diverſement combinés, il arrive qu'à l'endroit où les uns ſe terminent, les autres ont encore un certain eſpace de la chaîne à parcourir, & que l'on ne peut ſaiſir nulle part aucun point commun de ſéparation.

C'eſt ici, ce me ſemble, le nœud de la difficulté ; & la diſcuſſion dans laquelle je viens d'entrer, doit achever de dévoiler la cauſe des obſtacles étonnans que les Botaniſtes ont rencontrés par-tout dans la formation de leurs ſyſtêmes & de leurs méthodes. Ils ont tous cherché, du moins juſqu'à un certain point, à réunir les deux objets dont il s'agit ici, & ſe ſont efforcés mal-à-propos de ſaiſir en même temps la Nature par deux côtés différens, dont ils ne pouvoient tenir l'un, ſans que l'autre leur échappât.

Je termine cet article intéreſſant par une réflexion très-ſimple, qui vient à l'appui de tout ce que j'ai dit précédemment. Il en eſt des ſyſtêmes & des méthodes deſtinées à nous faire connoître les noms que l'on a donnés aux plantes, comme de ces noms eux-mêmes. Ni les uns ni les autres ne ſont dans la Nature ; ce ne ſont que des moyens artificiels, dont on eſt convenu pour s'entendre : tout eſt ici l'ouvrage de l'homme. Au contraire, un ordre fait pour nous montrer la ſuite de tous les rapports de reſſemblance qui exiſtent entre les plantes, conſidérées dans toutes leurs parties,

ne peut être arbitraire. Le plus ou le moins,
à cet égard, a un fondement dans la chofe
même. Pourquoi donc vouloir réunir dans un
même plan, deux objets tout-à-fait indépen-
dans l'un de l'autre, fi ce n'eft que le premier
nous fert comme de degrés pour arriver jufqu'au
fecond, vers lequel il n'a point été donné à
l'efprit humain de s'élever par un premier effor?

QUATRIÈME PARTIE.

Des moyens employés dans cet Ouvrage, pour faciliter l'étude de la Botanique.

JE me propofe, dans cette dernière partie,
de mettre le Lecteur à portée d'apprécier les
efforts que j'ai faits pour exécuter le feul plan
qui puiffe, felon moi, ramener l'étude de la
Botanique à fes véritables principes. Les détails
dans lefquels je fuis obligé d'entrer à cet égard,
feront la matière de deux fections affez étendues, dont la première traitera de l'analyfe,
qui eft le moyen que j'ai choifi pour conduire
à la connoiffance des plantes; & l'autre fera
deftinée à expofer la marche qui me paroît

la plus avantageufe pour réuffir dans la formation d'un ordre naturel.

ARTICLE PREMIER.

*De l'analyfe , ou des principes d'une méthode
artificielle , dont l'objet unique eft de faire connoître le nom des Plantes obfervées.*

UNE bonne méthode en Botanique , eft,
pour ainfi dire, un guide éclairé qui voyage
par-tout avec nous, que nous pouvons confulter à chaque inftant, qui plaît même d'autant plus, qu'il exige toujours des recherches
de notre part, & déguife les leçons qu'il nous
donne fous l'apparence flatteufe d'une découverte.

Il eft certain que dans un ouvrage de cette
nature, c'eft à l'utilité qu'il faut principalement
s'attacher, au point même de facrifier tout
le refte, s'il eft néceffaire, à cet objet effentiel. D'après cette confidération, il me femble
que tout auteur qui compofe une méthode,
quels que foient les moyens qu'il emploie d'ailleurs, doit néceffairement partir des deux prin-

cipes fuivans, comme de deux loix fondamentales fuffifamment démontrées par tout ce qui a été dit dans l'article précédent.

PREMIER PRINCIPE. Aucune partie des plantes prifes à l'exclufion des autres ne fournissant feule affez de caractères pour remplir l'objet direct d'une diftribution quelconque, il eft néceffaire de faire ufage de tous les caractères que les plantes peuvent offrir, & d'en emprunter indiftinctement de toutes leurs parties, ayant feulement attention de rejetter, autant qu'il fera poffible, ceux dont l'obfervation feroit trop délicate.

SECOND PRINCIPE. Ayant reconnu qu'on ne peut faire une feule divifion qui ne rompe quelque part des rapports très-marqués, on doit fe mettre parfaitement à fon aife fur cet objet, s'occuper uniquement de la fureté de la méthode, former des divifions tranchantes & circonfcrites par des définitions à l'abri de toute équivoque, fans avoir égard aux féparations frappantes que ces divifions peuvent occafionner.

Ces principes une fois établis, il est à propos de donner une idée de la méthode que j'ai exécutée dans cet Ouvrage. Imaginons, pour plus de simplicité, qu'il n'existe dans la Nature que les douze espèces de plantes qui suivent :

Hieracium murorum. Linn.
Anthemis cotula.
Polypodium filix mas.
Alsine media.
Salvia pratensis.
Agaricus campestris.
Pyrus communis.
Bryum murale.
Bellis perennis.
Anagallis arvensis.
Boletus luteus.
Carduus marianus.

Supposons qu'ayant observé ces plantes avec soin, je me propose d'en faire l'analyse ; je choisirai d'abord deux caractères qui s'excluent dans la même espèce, & dont le premier convienne à une partie de mes plantes, & le second appartienne à tout le reste. Ces deux caractères seront, par exemple, l'existence bien marquée des étamines & pistils d'une part ; &

de l'autre l'abſence, du moins apparente, de ces mêmes parties. Cette première diviſion me fournira deux titres que je placerai à la tête de l'analyſe; & ſi mes caractères ſont bien tranchans, je verrai mes plantes ſe partager & ſe ranger chacune ſous le titre auquel elle appartiendra, ce qui me donnera deux groupes bien détachés, comme dans l'exemple ſuivant :

Fleurs dont les étamines & piſtils peuvent aiſément ſe diſtinguer.	Fleurs nulles ou dont les étamines & piſtils ne peuvent ſe diſtinguer.
Carduus marianus.	*Polypodium filix mas.*
Hieracium murorum.	*Agaricus campeſtris.*
Anagallis arvenſis.	*Boletus luteus.*
Salvia pratenſis.	*Bryum murale.*
Bellis perennis.	
Alſine media.	
Pyrus communis.	
Anthemis cotula.	

Pour ne point trop embraffer d'objets à la fois, je reprendrai d'abord le premier membre de divifion qui eft compofé de huit plantes, & je le traiterai comme j'ai fait la totalité des douze plantes, à l'aide de deux nouveaux caractères tirés de la réunion ou de la non-réunion des fleurs dans un calice commun.

EXEMPLE.

Fleurs dont les étamines & piftils peuvent aifément fe diftinguer.

Fleurettes nombreufes, réunies dans un calice commun.	Fleurs libres, & non réunies dans un calice commun.
Carduus marianus.	*Anagallis arvenfis.*
Hieracium murorum.	*Salvia pratenfis.*
Bellis perennis.	*Alfine media.*
Anthemis cotula.	*Pyrus communis.*

Le premier des titres précédens, auquel je me borne encore pour éviter la confufion, me fournit une nouvelle divifion fondée fur la forme des fleurettes.

E X E M P L E.

Fleurettes nombreuses, réunies dans un calice commun.

Fleurettes de même sorte; elles sont toutes en cornet, ou toutes en languette.	Fleurettes de deux sortes; les unes en cornet, & les autres en languette.
Carduus marianus. *Hieracium murorum.*	*Bellis perennis.* *Anthemis cotula.*

Maintenant que mes plantes ne se trouvent plus que deux à deux, je puis les caractériser séparément, & les isoler à l'aide d'une dernière division.

P R E M I E R   C A S.

Fleurettes de même sorte, toutes en cornet ou toutes en languette.

Fleurettes toutes en cornet.	Fleurettes toutes en languette.
Carduus marianus.	*Hieracium murorum.*

SECOND

SECOND CAS.

Fleurettes de deux fortes, les unes en cornet & les autres en languette.

Réceptacle nu & fans paillettes.	Réceptacle chargé de paillettes.
Bellis perennis.	*Anthemis cotula.*

Je remonte par ordre aux différens membres de divifion que j'avois abandonnés; le premier qui s'offre eft celui qui comprend des fleurs non réunies dans un calice commun. L'afpect de la corolle m'indique une nouvelle ligne de féparation.

EXEMPLE.

Fleurs libres & non réunies dans un calice commun.

Corolle monopétale ou d'une feule pièce.	Corolle polypétale ou de plufieurs pièces.
Anagallis arvenfis.	*Alfine media.*
Salvia pratenfis.	*Pyrus communis.*

Je trouve encore dans la confidération de la corolle un moyen de diftinguer les deux plantes du premier titre.

Tome I. e

EXEMPLE.

Corolle monopétale.

Corolle régulière.	Corolle irrégulière.
Anagallis arvensis.	*Salvia pratensis.*

La différence du nombre des étamines terminera l'analyſe par rapport au cas de la corolle polypétale.

EXEMPLE.

Corolle polypétale.

Dix étamines ou moins.	Onze étamines ou plus.
Alſine media.	*Pyrus communis.*

J'ai analyſé maintenant toutés les plantes qui appartiennent au premier membre de la grande diviſion, fondée ſur la préſence ou l'abſence des étamines & des piſtils. Je reprends le ſecond membre ; & comme il n'eſt compoſé que de quatre plantes, je n'aurai beſoin que de trois opérations pour les ſéparer.

PREMIÈRE OPÉRATION.

Fleurs nulles, où dont les étamines & piſtils ne peuvent ſe diſtinguer.

Plantes qui ont des feuilles & dont la fructification eſt ſenſible, mais indiſtincte.	Plantes ſans feuilles & dont la fructification n'eſt ni diſtincte, ni même ſenſible.
Polypodium filix mas. *Bryum murale.*	*Agaricus campeſtris.* *Boletus luteus.*

SECONDE OPÉRATION,

Relative au premier cas de la diviſion précédente.

Plantes qui ont des feuilles & dont la fructification eſt ſenſible, mais indiſtincte.

Fructifications pulvériformes, diſpoſées ſur le dos des feuilles.	Fructifications anthériformes, pédonculées & terminant les tiges.
Polypodium filix mas.	*Bryum murale.*

TROISIÈME OPÉRATION,

Pour séparer les deux seules Plantes qui restent.

Plantes sans feuilles, & dont la fructification n'est ni distincte, ni même sensible.

Chapeau doublé de lames.	Chapeau doublé de pores ou de tuyaux.
Aganicus campestris.	*Boletus luteus.*

C'est par une suite de divisions semblables à celles que l'on vient de voir, que je suis parvenu à analyser l'ensemble de toutes les plantes qui croissent naturellement en France. Mais pour donner aussi une idée de la marche que doit suivre l'observateur dans la recherche du nom des plantes, je vais présenter de nouveau le travail précédent, sous la forme qu'il doit avoir relativement à cet objet. J'en ferai ensuite l'application à un cas particulier.

ANALYSE.

Fleurs dont les étamines & piſtils peuvent aiſément ſe diſtinguer. 1.	Fleurs dont les étamines & piſtils ſont nuls, ou ne peuvent ſe diſtinguer. 16.

I.

Fleurs dont les étamines & piſtils peuvent aiſé-ment ſe diſtinguer. . . . . {
Fleurettes nombreuſes, réunies dans un calice com-mun. 2
Fleurs libres & non réunies dans un calice commun. . 9

2.

Fleurettes nombreuſes, réu-nies dans un calice com-mun. . . . . {
Fleurettes de même ſorte; elles ſont toutes en cornet, ou toutes en languette. . 3
Fleurettes de deux ſortes, les unes en cornet, & les autres en languette. . . . 6

3.

Fleurettes de même ſorte. . . {
Fleurettes toutes en cornet. 4
Fleurettes toutes en lan-guette. 5

4.

Fleurettes toutes en cornet.

Carduus marianus.

5.

Fleurettes toutes en languette.

Hieracium murorum.

6.

Fleurettes de deux sortes... { Réceptacle nu & sans paillettes. 7
Réceptacle chargé de paillettes. 8

---

7.   Réceptacle nu & sans paillettes.
Bellis perennis.

---

8.   Réceptacle chargé de paillettes.
Anthemis cotula.

9.

Fleurs libres & non réu- { Corolle monopétale... 10
nies dans un calice com- { Corolle polypétale... 13
mun. . . . . }

10.
Corolle monopétale. . . . { Corolle régulière. . . . 11
Corolle irrégulière. . . 12

---

11.   Corolle régulière.
Anagallis arvensis.

---

12.   Corolle irrégulière.
Salvia pratensis.

13.
Corolle polypétale. . . { Dix étamines ou moins. 14
Onze étamines ou plus. 15

---

14.   Dix étamines ou moins.
Alsine media.

---

15.   Onze étamines ou plus.
Pyrus communis.

16.

Fleurs nulles, ou dont les étamines & piſtils ne peuvent ſe diſtinguer. . . . .

{ Plantes qui ont des feuilles, & dont la fructification eſt ſenſible, mais indiſtincte. 17

Plantes ſans feuilles, & dont la fructification n'eſt ni diſtincte, ni ſenſible. 20

17.

Plantes qui ont des feuilles, & dont la fructification eſt ſenſible, mais indiſtincte. . . . .

{ Fructifications pulvériformes, diſpoſées ſur le dos des feuilles. 18

Fructifications anthériformes, pédonculées & terminant les tiges. 19

18. Fructifications pulvériformes, diſpoſées ſur le dos des feuilles.

Polypodium filix mas,

19. Fructifications anthériformes, pédonculées & terminant les tiges.

Bryum murale.

20.

Plantes ſans feuilles, & dont la fructification n'eſt ni diſtincte, ni ſenſible. . . . .

{ Chapeau doublé de lames. 21

Chapeau doublé de pores ou de tuyaux. 22

21. Chapeau doublé de lames.

Agaricus campeſtris.

22. Chapeau doublé de pores ou de tuyaux.

Boletus luteus.

Suppofons maintenant qu'un obfervateur ,
ayant cueilli l'*alfine media*, ait recours à l'analyfe précédente pour trouver le nom de cette
plante ; l'infpection des étamines & du piftil , qui
s'apperçoivent très-diftinctement au milieu de la
fleur , le décidera pour le premier titre de la première divifion : le n°. 1 , qui fe trouve au-deffous
de ce titre, le renverra à celle des divifions inférieures qui porte ce même numéro ; c'eft elle
qui fuit immédiatement. Derrière cette divifion,
on retrouve l'indication du caractère choifi précédemment, & la divifion elle-même préfente
deux nouveaux titres, entre lefquels il s'agit
encore de fe déterminer. L'obfervateur, ayant
remarqué que les fleurs de la plante qu'il tient
ne font point réunies dans un calice commun,
adoptera le fecond titre qui porte le numéro 9.
Cherchant enfuite ce même numéro à côté de
quelqu'une des divifions fuïvantes, il tombera
fur celle qui offre un choix à faire entre la
corolle monopétale & la corolle polypétale ;
un coup-d'œil jetté fur la fleur, le décidera
pour le fecond titre, & le numéro 13 , qui
porte ce titre, le renverra un peu plus bas,
où il trouvera une nouvelle divifion fondée

fur le nombre des étamines. Quoique ce nombre foit variable dans l'*alfine*, il ne paffe jamais 10, ce qui fixe le choix dans tous les cas pour le premier titre. Enfin, le numéro 14, qui eft à côté de ce titre, conduira l'obfervateur au nom même de la plante qu'il cherchoit à connoître.

Je dois obferver ici que la manière de procéder dans une analyfe, ne peut être arbitraire; & qu'encore qu'il paroiffe indifférent au premier coup-d'œil d'employer telle divifion plutôt que telle autre, la marche qui fera trouver le nom de la plante, doit cependant être combinée d'après certaines règles, que je réduis à deux. La première eft que l'on parvienne au but par la voie la plus fûre. La feconde eft que cette voie foit en même temps la plus courte poffible.

Ces deux règles étant le bafe de toute méthode analytique, doivent être par conféquent combinées de façon qu'elles fe croifent le moins qu'il fe pourra; & dans le cas où l'une ne pourroit être obfervée qu'aux dépens de l'autre, ce feroit alors la feconde qu'il faudroit facrifier, en partie, à la première, qui ne fauroit être trop refpeſtée ; c'eſt fur quoi il me paroît néceſſaire d'infiſter, pour donner une juſte idée de mon travail.

La première loi, qui tend à la fûreté de l'analyſe, nous prefcrit de ménager les diviſions avec tant d'art, que les définitions fur lefquelles feront établies ces diviſions, foient toujours très-circonfcrites, & n'expriment que des caraſtères qui ne foient nullement fufceptibles de varier dans les plantes réunies fous un même titre.

Cette loi ne fouffriroit aucune difficulté dans l'exécution, fi nous avions des genres artificiels bien faits, & qui, à l'aide d'un caraſtère tranchant & choifi indépendamment de tout rapport prétendu naturel, raſſemblaſſent un certain nombre de plantes fous un même point de vue bien terminé, & dont les extrémités fuſſent auſſi fenfibles que le milieu. Mais, faute de ce fecours, j'ai été obligé, en mille occafions, de prendre un biais, pour éviter toutes les irrégularités des genres, & ne rien laiſſer, s'il étoit poſſible, à l'arbitraire.

Suppofons, par exemple, que je veuille analyſer les genres du *geranium*, du *ranun-*

culus, du *polygonum*, du *thesium* & du *tri-folium*.

Si je commence par distinguer entre les corolles régulières & les irrégulières, pour mettre à part le *trifolium*, je séparerai beaucoup d'espèces de *geranium*, dont les corolles ne sont pas tout-à-fait régulières. Si je distingue, au contraire, entre les corolles monopétales & les polypétales, afin de détacher le *polygonum* & le *thesium*, je n'aurai plus rien de fixe par rapport aux *trifolium*, dans lesquels le caractère de la corolle polypétale est équivoque. Si je me retourne d'une autre façon, & que j'établisse ma division sur la différence des calices monophyles d'avec les polyphyles, pour me défaire encore du *trifolium*, je sépare de nouveau plusieurs espèces de *geranium* qui ont le calice d'une seule pièce. Si enfin, je me rejette sur le nombre des étamines, pour mettre de côté le *thesium* ou quelqu'autre des genres nommés ci-dessus, celui du *polygonum*, & même celui du *geranium*, se trouveront démembrés.

Pour éviter les obstacles que présentent de toutes parts ces divisions vagues & indéterminées, je commencerai par séparer les fleurs qui

ont une corolle & un calice, d'avec celles qui
n'ont qu'une de ces deux parties, & alors j'aurai
d'un côté, les *geranium, ranunculus* & *trifolium;*
& de l'autre, les *polygonum* & *thefium.* Je fous-
diviferai enfuite, d'une part, en féparant les
fleurs qui ont des ovaires nombreux de celles
qui n'en ont qu'un feul; & de l'autre, en employant la confidération de l'ovaire, tantôt fupérieur, tantôt inférieur, &c. comme dans
l'exemple ci-deffous.

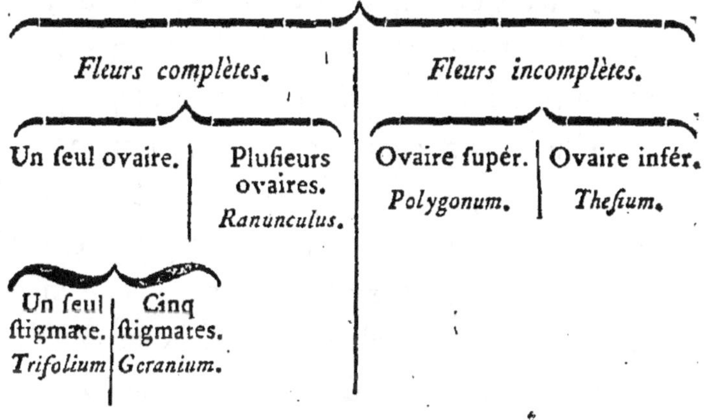

Quoiqu'il y ait beaucoup d'autres caractères
qui différencient ces genres, il n'y en a pas
qui les divifent plus fimplement, plus nettement & plus également que ceux dont je
viens de faire ufage. Cependant, quelqu'effort

que j'aie fait, pour parer aux difficultés qui naiſſent de l'irrégularité des genres, on verra bien que je n'ai pas toujours pu réuſſir pleine-ment; mais j'oſe dire que ce n'eſt ni ma faute, ni celle des principes que j'emploie, & je ne doute pas que je ne parvinſſe à porter dans l'analyſe toute la ſureté dont elle eſt ſuſcep-tible, ſi j'avois acquis le droit d'opérer une ré-volution en Botanique, & de former de nou-veaux genres à l'abri de toute variation.

La ſeconde règle, indiquée ci-deſſus, exige que l'on arrive au but en général par la voie la plus courte, quand cet avantage peut ſe concilier avec celui de la plus grande ſureté. Or, le moyen pour y réuſſir, eſt de préférer toujours les diviſions qui partagent l'enſemble des êtres le plus également poſſible. On a pu voir, dans le modèle d'analyſe que j'ai donné au commencement de cet article, qu'à la réſerve de la première diviſion qui met huit plantes d'un côté & quatre de l'autre, ce qui étoit indiſpenſable pour la certitude de la méthode, toutes les autres diviſions répartiſſent également les plantes auxquelles elles s'étendent.

Mais ſi, ayant à faire l'analyſe de tout le

règne végétal , je commençois par former la diſtribution ſuivante :

Fleurs dont les étamines très-ſenſibles ſont toujours compoſées d'anthères ſeſſiles.	Fleurs dont les étamines, lorſqu'elles ſont ſenſibles, ſont compoſées d'anthères pédiculées :

il eſt certain que , quelque défectueuſe que fût d'ailleurs cette diſtribution, elle partageroit le règne végétal ſi inégalement, que preſque toutes les plantes connues ſeroient compriſes dans le ſecond membre. Or , ſi ce même membre étoit ſous-diviſé pluſieurs fois de ſuite avec la même inégalité, il en réſulteroit qu'un petit nombre de plantes ſeroit indiqué par une voie très-abrégée, tandis qu'il s'en trouveroit une multitude d'autres auxquelles on n'arriveroit que par un travail conſidérable, & à travers un nombre infini de diviſions accumulées. Et quoique l'on regagnât en quelque ſorte d'un côté ce que l'on perdroit de l'autre, cependant une pareille marche ne ſeroit pas en général la plus courte poſſible, outre que l'obſervateur lui-même ne ſe ſentiroit pas dédommagé par la briéveté du travail en certaines circonſtances, de la longueur rebutante des recherches qu'il feroit obligé de faire dans les autres cas.

Il eſt bon de prévenir ici une difficulté ; il paroît d'abord qu'une marche aſſujettie à l'analyſe, doit toujours être extrêmement longue en elle-même, ſur-tout ſi le nombre des plantes analyſées eſt conſidérable, comme feroit, par exemple, un nombre de quatre mille plantes. Car chaque diviſion n'ayant jamais que deux membres, il faudra, ce ſemble, parcourir un très-grand nombre de ces diviſions avant d'arriver à l'unité, c'eſt-à-dire, à un titre qui n'appartienne plus qu'à une ſeule plante.

Cette objeĉtion ne frappera que ceux qui ignorent la nature des progreſſions géométriques. En effet, ſi l'on diviſe continuellement par 2 la ſomme 4096, dès la onzième diviſion, on arrivera à l'unité ; & ſi l'on trouvoit que ce fût encore trop de onze diviſions à parcourir pour chaque plante, l'une portant l'autre, j'obſerverai que ce travail peut être abrégé au moins d'un tiers dans une multitude de cas. En effet, ſi l'on jette les yeux ſur notre analyſe, on verra d'abord que le numéro placé à côté du premier membre de chaque divifion, renvoie toujours à la divifion qui fuit immédiatement. Ainfi, avec un peu d'ufage, on pourra, d'un coup-d'œil, parcourir quatre ou cinq divifions, ce qui, dans certains cas, abrégera de beaucoup l'opération. Par rapport aux numéros qui appartiennent aux feconds membres des divifions, & qui fouvent renvoient affez loin, il eft bien difficile qu'un obfervateur qui fe feroit un peu familiarifé avec l'analyfe, n'eût pas retenu par cœur les premiers de ces numéros qui reviennent à chaque inftant, ainfi que les divifions auxquelles ils répondent, avantage qui le difpenferoit encore d'une partie des recherches à faire pour arriver au but.

On voit, par tout ce qui vient d'être dit, que l'analyfe n'eft autre chofe qu'une méthode continue (*), mais dont l'ufage eft

---

(*) La méthode d'analyfe eft, à proprement parler, une méthode de diffection. J'ai préféré la dénomination d'analyfe, comme plus naturelle, outre qu'elle convient jufqu'à un certain point à cet ouvrage, dont le but eft de defcendre de l'enfemble des plantes à chacune d'elles en particulier.

d'autant

d'autant plus facile, que l'on n'a jamais à choisir qu'entre deux caractères, dont l'un appartient à la plante à l'exclusion de l'autre, & dont la coexistence dans le même individu impliqueroit contradiction. C'est ce qui distingue ma méthode de toutes les autres, qui, sans parler du grand nombre d'objets entre lesquels elles laissent le plus souvent l'observateur indécis & embarrassé, lui offrent un choix à faire parmi des caractères qui ordinairement se rapprochent l'un de l'autre, ou sont tout au plus disparates, mais rarement incompatibles.

Un autre avantage que l'analyse a sur les systêmes & les méthodes qui ont paru jusqu'ici, c'est que dans le cas où les caractères sont tirés du nombre de certaines parties, telles que les pétales, les étamines, &c. nous avons eu soin d'épargner à l'observateur la peine de compter exactement ces mêmes parties, ce qui souffre quelquefois de la difficulté, sur-tout par rapport à des parties aussi délicates que les étamines. L'analyse présente presque toujours une limite en-deçà & au-delà de laquelle se trouvent les deux caractères entre lesquels il s'agit de choisir, comme on peut le voir par le n°. 13, dans le modèle exécuté ci-deſſus. Ou ſi enfin le nombre des étamines eſt indiqué par quelques titres d'une manière définie, c'eſt qu'alors il n'eſt pas aſſez conſidérable pour échapper à un œil tant ſoit peu exercé.

Quant aux noms que j'ai donnés aux plantes qui ſe trouvent décrites dans le cours de l'analyſe, je me ſuis ſervi le plus ſouvent de ceux de M. Linné, que j'ai traduits en françois, mon ouvrage étant écrit dans cette langue. J'y ai joint le ſynonyme de M. de Tournefort ; & à l'aide de ces deux indications, on retrouvera, ſans beaucoup de peine, les ſynonymes de tous les autres auteurs qui ont traité de la Botanique. Lorſque la formation vicieuſe d'un genre par M. Linné m'a forcé d'abandonner ſa dénomination, j'en ai formé une nouvelle d'après M. de Tournefort, ou quelque Auteur célèbre, & je ne l'ai compoſée que du nom générique employé par mon Auteur, & d'une épithète qui rend, autant qu'il eſt poſſible, la principale idée exprimée dans le reſte de ſa phraſe.

Je ne puis m'empêcher de faire ici quelques obſervations ſur la nomenclature de la Bota-

nique, qui eſt devenue la partie la plus difficile de la ſcience , par les changemens conti-
nuels que chaque auteur s'eſt cru en droit de
lui faire ſubir. Les noms ne ſont, comme l'on
ſait, que les ſignes de nos idées ; & ces ſignes
parfaitement arbitraires dans leur première inſti-
tution , n'acquièrent de valeur réelle & ſolide
que par l'uſage conſtant qui en fixe l'accep-
tion. Cette raiſon auroit dû , ce me ſemble,
engager les Botaniſtes à le reſpecter un peu
davantage.

L'invention des genres eſt d'un grand ſecours pour ſoulager la mémoire , en diminuant la ſomme des termes employés pour
former les noms. Mais n'eſt-ce pas détruire
l'avantage que l'on peut retirer de ces dénominations communes à pluſieurs eſpèces, que
de convertir , comme a fait M. Linné , le nom
de *mays* en *zea* , celui de *ſyringa* en *phyladel-*
phus , celui de *jalapa* en *mirabilis* , celui d'*onagra*
en *œnothera* , celui de *ſalicaria* en *lythrum* , &c ?
Quel motif peut donc avoir eu cet illuſtre
auteur de rajeunir des noms ignorés, pour
les ſubſtituer à ceux qu'un long uſage avoit
rendu familiers aux Botaniſtes ? & n'auroit-il

pas dû fentir combien les mots devenoient par-là nuifibles aux chofes même, & combien c'étoit rendre l'étude de la fcience pénible & rebutante, en la furchargeant d'une érudition déplacée, & en mettant fouvent les Botaniftes dans le cas de ne plus s'entendre les uns les autres ?

De la formation des genres, naît la néceffité des noms génériques ; & de la détermination des efpèces, réfulte l'utilité des noms triviaux, qu'on doit plutôt appeller *noms fpécifiques*, & qui fervent aux premiers comme d'adjectifs. On ne fauroit méconnoître ici l'obligation que nous avons à M. Linné, pour avoir établi ces dénominations fimples qui fuppléent avec tant d'avantage aux longues phrafes defcriptives dont il falloit autrefois s'embarraffer la mémoire, & qui cependant, toujours infuffifantes pour nous donner une jufte idée des efpèces, exigeoient encore le fecours d'une defcription détaillée qu'il falloit confulter.

Mais ces deux fortes de noms doivent être foumis à des règles dont on ne peut s'écarter qu'au préjudice de la fcience dont ils tendent à faciliter l'étude.

En effet, les noms génériques doivent être le moins fignificatifs qu'il eſt poſſible, parce que très-ſouvent le caractère qu'ils exprime-roient pourroit ne pas convenir à toutes les eſpèces compriſes dans le genre. Ainſi le nom de *potentilla*, que l'on prétend être un dérivé de *potentia* (*a*), vaut mieux que celui de *quin-quefolium*, parce que les plantes de ce genre n'ayant pas toutes leurs feuilles compoſées de cinq folioles, ce dernier nom les repréſen-téroit mal, au lieu que celui de *potentilla*, dont l'étymologie eſt beaucoup moins expreſ-ſive, n'eſt pas cenſé convenir davantage à une eſpèce qu'à l'autre.

Les noms ſpécifiques, au contraire, qui ont un objet déterminé, doivent toujours être fignificatifs, & exprimer, autant qu'il eſt poſ-ſible, quelque qualité fenſible, & fur-tout excluſives, des eſpèces qu'ils déſignent. Ainſi, *menianthes trifolia*, *prunus ſpinoſa*, *ajuga rep-tans*, &c. nous offrent des noms ſpécifiques dont

---

(*a*) On a donné, dit-on, à l'argentine le nom de *potentilla*, à cauſe des vertus puiſſantes que l'on attri-buoit à cette plante.

l'application eſt juſte & naturelle. Au contraire, dans l'*euphorbia antiquorum*, l'*euphorbia officinarum*, l'*euphorbia ſpinoſa*, les noms ſpécifiques, *antiquorum officinarum, ſpinoſa*, ſont très-défectueux. Les deux premiers ſuppoſent des connoiſſances que l'inſpection de la plante ne donne pas, & le troiſième convient à pluſieurs eſpèces qui ſont réellement épineuſes ; tandis que par un abus bien ſingulier du langage, l'eſpèce à laquelle on l'a attaché ne porte point d'épines. Il n'y a pas moins d'inconvénient à emprunter les noms ſpécifiques de ceux d'un pays ou d'un ſavant, ou de quelque uſage, ou d'une qualité quelquefois idéale. Cette conſidération auroit dû faire rejetter tant de dénominations vagues, telles que celles de *cortuſa mathioli, gratiola monnieria, evonimus europæus, veronica hybrida, laurus nobilis*, &c.

Mais il me ſemble que rien n'empêche d'adopter pour noms génériques ceux des hommes célèbres qui ſe ſont diſtingués dans l'Hiſtoire Naturelle, ou qui en ont fait fleurir l'étude par la protection qu'ils lui ont accordée. C'eſt une eſpèce d'hommage que l'on rend à leur mérite ; & les amateurs de la Botanique ne peuvent qu'être flattés de retrouver dans le symbole d'un objet qu'on leur fait connoître, le souvenir d'un nom précieux à la science même.

ARTICLE II.

De l'Ordre naturel.

ON a pu voir, par ce qui a été dit dans l'article précédent, que toutes les parties de l'analyse ne font que comme des pièces de rapport que l'art aſſortit, & qui n'ont entre elles aucune liaiſon néceſſaire. L'eſprit de l'inventeur ne s'y occupe de l'enſemble des êtres, que pour deſcendre plus ſûrement aux détails; enforte qu'il reſſerre continuellement l'étendue de ſon plan, juſqu'à ce qu'il ſoit parvenu à détacher l'objet particulier qu'il veut faire connoître. Le but d'un ordre naturel, au contraire, eſt d'enchaîner toutes nos idées, de nous faire ſaiſir tous les points communs par leſquels les êtres ſe tiennent les uns aux autres, de n'offrir aucun objet à nos regards, ſans nous montrer en même temps tout ce qui exiſte en-deçà & au-delà, & de nous exercer par ce moyen à ces grandes vues qui parcourent toute la ſphère

d'un fujet, & qui font, pour ainfi dire, le coup-
d'œil du génie.

Auffi a-t-on vu plufieurs hommes célèbres
ambitionner l'honneur de remplir une fi belle
tâche. Mais ce que nous avons de mieux en
ce genre, fe reffent encore des inconvéniens
d'une marche fyftématique, & me paroît fufceptible d'un degré de perfection auquel je me
fuis efforcé d'atteindre, à l'aide des principes
que je vais établir dans l'inftant.

Il eft certain d'abord que nous ne faifirons
jamais le plan vafte & magnifique qui a dirigé
l'Être fuprême dans la formation de cet univers.
Nos conceptions les plus étendues font renfermées
dans les limites de quelques orbes particuliers qui
fe trouvent plus à notre portée que les autres;
& pour affigner même à chaque individu la
place qu'il doit occuper dans fon orbe, il nous
manque encore bien des données, foit parce
que ne connoiffant pas tous les êtres qui compofent cet orbe, nous ne pouvons fixer d'une
manière affez précife la loi des rapports, foit
parce qu'il y a dans le fond même de chaque
être des afpects qui nous échappent. Mais le
véritable plan de la Nature embraffe à la fois

l'immensité de l'enfemble & celle des détails :
il confifte dans les relations qu'une Sageffe infinie a ménagées entre les qualités tant extérieures qu'intérieures de chaque individu, &
la deftination de cet individu confidéré, foit en
lui-même ; foit à l'égard de l'univers entier auquel il tient par une infinité de fils, dont la
plupart font imperceptibles pour nous.

Au défaut de cette connoiffance qui nous
fera toujours interdite, il faut nous en tenir
à ce qui eft plus proportionné à nos lumières,
& borner nos recherches à arranger les individus relativement à notre manière de voir
& de comparer les objets. quand nous voulons
les rapprocher ou les éloigner les uns des autres,
felon qu'ils ont entre eux plus ou moins de
reffemblance ; c'eft-à-dire, qu'ayant déterminé
une plante quelconque pour être la première
de l'ordre, on placera immédiatement après,
celle de toutes les plantes connues qui paroîtra
avoir le plus de rapport avec elle ; & on con-
tinuera la même gradation de nuances, jufqu'à
ce qu'on foit parvenu à la plante qui différera
le plus de la première, & qui, par cette raifon,
formera comme le dernier anneau de la chaîne.

Ce principe eſt ſi ſimple, qu'il ſe préſente
de lui-même à l'eſprit de tout Naturaliſte qui
s'occupe de l'objet dont il s'agit ici. Cependant
les Botaniſtes juſqu'à ce jour ont manqué plus
on moins l'application qu'ils en ont faite à l'arrangement des plantes, parce qu'ils ont voulu
ſoumettre cet arrangement à des loix particulières; parce qu'ils ont voulu commander à la
Nature, la forcer de diſpoſer ſes productions
à-peu-près comme un Général diſpoſe ſon
armée, par brigades, par régimens, par ba-
taillons, par compagnies, &c. mais, encore
une fois, les rapports admirablement nuancés
que la Nature a établis entre la plupart des végétaux, démentent par-tout de pareilles diviſions; elle offre à nos regards & à nos ſpé-
culations, une immenſe collection d'êtres, parmi
leſquels chaque eſpèce eſt diſtinguée des autres
par une différence ſenſible & conſtante; & la
gradation de ces différences eſt le fondement
de l'ordre que nous propoſons. Mais toutes les
fois que l'on voudra diviſer & ſous-diviſer par
groupes, à l'aide d'une prétendue ſubordination
de caractères nets & ſaillans, les membres de
ces diviſions, conſidérés du côté des rap-

ports, rentreront néceffairement les uns dans les autres.

Mais travailler d'après cette opinion, que la Nature franchit de toutes parts les limites que nous lui marquons fi gratuitement, n'eft-ce pas s'expofer à tomber dans l'excès contraire à celui que l'on veut éviter, & à introduire par-tout la confufion au lieu de l'ordre? Auffi n'ai-je point prétendu m'affranchir abfolument de toute efpèce de loi dans la difpofition des végétaux. L'ordre dont il eft ici queftion, au lieu d'être un amas confus de dénominations jettées au hafard, formera au contraire un enfemble foumis à des règles fixes, mais qui ne le diviferont pas, & ne tendront qu'à déterminer la place que doit occuper chaque efpèce dans la férie générale.

Pour expofer mes principes d'une manière claire & méthodique, il me femble que tout fe réduit à réfoudre, s'il fe peut, les trois problêmes fuivans :

1°. *Déterminer la plante que l'on doit placer la première, & qui foit comme le point fixe d'où l'on partira pour graduer l'ordre entier, & arriver, par une succession naturelle de rapports , jusqu'à la dernière limite du règne végétal.*

2°. Etablir les règles qui doivent diriger l'observateur dans le rapprochement des espèces.

3°. Trouver un moyen pour se reconnoître dans un ordre où l'on n'admet aucune ligne de séparation.

Je ne me flatte point de résoudre ces trois problêmes d'une manière complète ; je sais que les résultats en pareille matière se réduisent nécessairement à des approximations qui prêtent encore aux conjectures. Mais si nos solutions ne nous mènent pas toujours précisément au but, elles nous aideront du moins à éviter les écarts frappans où nous entraîneroient des principes fondés sur la considération d'un caractère isolé.

PROBLÊME I.

Indiquer la plante que l'on doit choisir pour commencer l'ordre.

POUR résoudre ce problême, il faut pouvoir répondre au moins à l'une des deux questions suivantes :

Quelle est la plante qui nous paroît la plus vivante, la mieux organisée, en un mot, la plus parfaite ?

Quelle est la plante que nous devons juger naturellement la moins complète dans ses organes, & qui semble s'éloigner le plus des autres plantes par ses différens aspects ?

Il est beaucoup plus aisé de satisfaire à la seconde question qu'à la première. La cryptogamie de M. Linné nous offre une sorte de dégradation dans le règne végétal ; ce n'est pas que le jeu des mêmes organes, & peut-être de plus grandes merveilles encore, n'aient lieu dans les points où nous cessons de voir. Le microscope nous a appris combien il existoit

d'objets au-delà de la portée de·nos yeux, &
combien nous en devions concevoir au-delà de
ce qu'il nous découvre lui-même. La Nature
travaille encore à notre infu, fouvent même
pour notre utilité, derrière ce voile que le Créateur a oppofé à notre curiofité. Mais comme
nous ne pouvons juger que d'après ce que nous
connoiffons, il faudra commencer l'ordre, par
quelqu'un de ces individus, qui, à raifon du
méchanifme imperceptible de leurs organes
effentiels, font à notre égard comme les premières ébauches des productions végétales. Ainfi,
il faudra fe déterminer pour un *agaric*.

Il eft vrai que l'ordre une fois formé, on
doit le renverfer, afin de remettre la chaîne
dans fa fituation naturelle, & préfenter d'abord
les plantes dans lefquelles l'organifation paroît
être la plus active & la plus complète.

PROBLÊME II.

*Mefurer les degrés de rapport qui peuvent fervir à
rapprocher les plantes.*

ON ne peut difconvenir d'abord qu'il n'y
ait un grand nombre de plantes qui fe rap-

prochent comme d'elles-mêmes, en vertu des rapports marqués qu'elles préfentent de toutes parts. Auffi tous les Botaniftes fe font-ils réunis dans la difpofition refpective de ces individus qui ont entre eux, pour ainfi dire, un air de famille, tels que les graminées, les labiées, les liliacées, les légumineufes, les compofées, les crucifères, &c. Tous s'accordent à reconnoître la gradation des nuances qui lie les *forbus* avec les *cratægus* ; ceux-ci avec les *mefpilus* ; ces derniers eux-mêmes avec les *pyrus*, &c. & ces portions de férie, flexibles en tout fens, fe font prêtées par la multiplicité des rapports à tous les principes divers qui ont fervi de bafe aux ordres naturels.

J'adopterai donc les parties de ces ordres, fur lefquelles les Botaniftes ont prononcé d'une voix unanime ; d'autant plus qu'il n'eft point néceffaire pour cela d'adopter en même temps les principes d'aucun d'eux, & qu'il n'eft befoin que du flambeau feul d'obfervation pour nous guider fûrement dans ces routes ouvertes par la Nature elle-même, & où elle à laiffé par-tout des traces fi fenfibles de fa marche.

Mais l'arrangement refpectif de ces mêmes fuites de plantes que nous avons défignées ci-deffus, s'eft trouvé fufceptible de plufieurs combinaifons différentes, &, j'ofe le dire, toutes également vicieufes, du moins dans le principe dont on eft parti pour les rapprocher. En effet, pour découvrir le paffage d'une fuite à l'autre, il auroit fallu confidérer l'enfemble des parties, & fe déterminer d'après le plus grand nombre & la plus grande valeur des reffemblances. Mais comme la plupart des Botaniftes, dans la formation de leurs ordres naturels, fe font attachés à des caractères ifolés, il arrive fouvent que les extrémités des lignées voifines ne fe touchent que par un feul point, & fe repouffent par tous les autres.

Une autre fource de variations encore plus frappantes, c'eft la difficulté de placer certaines plantes anomales, qui, au premier coup-d'œil, femblent fe refufer à toute efpèce de comparaifon ; tels font les genres des *morina, fraxinus, œfculus, vifcum, plantago, parnaffia, tamarifcus, alchimilla, polygala, adoxa, impatiens*, &c. Auffi les Botaniftes, qui ont prétendu les ranger en raifon des loix circonfcrites auxquelles ils fe

font

font aftreints, ont - ils tellement défiguré les portions de la chaîne générale, dans lefquelles ils ont fait entrer ces mêmes genres, que fi l'on ne voit pas d'abord le rang qu'ils devroient occuper, on s'apperçoit du moins évidemment qu'ils font déplacés ?

Pour éviter ce double inconvénient des principes particuliers, j'ai effayé d'établir des règles applicables à l'enfemble même des organes, & à l'aide defquelles on pût procéder de la manière la plus uniforme & la plus avantageufe dans l'eftimation de ces rapports obfcurs qui ne donnent point affez de prife à l'obfervation.

Avant de paffer à l'expofition de ces règles, je conviens d'abord avec tous les Botaniftes, que dans la comparaifon des plantes, on doit avoir fpécialement égard au parties de la fructification ; c'eft-à-dire au fruit, à la fleur & à leurs dépendances. Ce principe eft fondé en premier lieu fur la prééminence que l'on attache naturellement à ces organes qui renferment les gages de la génération future, & auxquels fe rapporte, comme à fon centre, le méchanifme subalterne des autres parties qui ne semblent vivre que pour eux.

D'ailleurs, ces mêmes organes servent mieux que tous les autres à déterminer les plantes & à les caractériser par des traits parlans ; ensorte que sans eux la plupart n'ont que des membres & un corps, & point de physionomie. Les idées même du vulgaire concourent ici avec les observations des savans, du moins par rapport à la fleur. Cette partie, que Pline appelle *plantarum gaudium*, est celle qui fixe presque seule nos regards : nous passons, avec une sorte de dédain, auprès des individus qui n'en sont point encore ornés : on diroit qu'ils ne commencent à exister pour nous qu'avec cette parure si riante, qui nous appelle & souvent nous arrête auprès d'eux.

Il résulte de ce principe, que deux plantes qui se ressemblent parfaitement dans les parties de la fructification, mais qui diffèrent totalement pour les tiges, les feuilles & les racines, ont plus de rapport entre elles que deux autres plantes qui se rapprochent très-sensiblement par ces dernières parties, mais dans lesquelles les parties de la fructification n'ont aucune ressemblance. C'eft ainfi que le *cacalia fuave-olens* a une affinité plus marquée avec le *cacalia ficoides*, malgré la grande diverfité du port, que l'*antirrhinum linaria* n'en a avec l'*euphorbia cyparif-fias*, quoique, abftraction faite de la fructification, on foit fouvent tenté de prendre l'un pour l'autre.

Il s'agiroit maintenant d'évaluer les différentes parties de la fructification; favoir, la femence, les étamines & piftils, le péricarpe, la corolle & le calice, de manière à pouvoir déterminer les raifons, & même les degrés de préférence que l'on doit donner à un rapport fur l'autre, dans le cas où plufieurs de ces parties comparées chacune à chacune dans plufieurs individus, auroient entre elles une reffemblance parfaite. Pour y parvenir, j'ai adopté le principe fuivant, que je ne regarde pas comme inconteftable, mais feulement comme le plus plaufible de tous ceux qu'il me femble que l'on pourroit imaginer.

P R I N C I P E.

Une partie de la fructification, ou, ce qui revient au même, la ressemblance tirée de cette partie, doit être censée avoir d'autant plus de valeur, que la partie elle-même existe dans un plus grand nombre d'individus. En effet, à raison d'une universalité plus générale, elle sert à lier une plus grande quantité de plantes, & devient le fondement d'un rapport plus étendu. Il paroît donc convenable d'adop-une prédilection indiquée par la Nature elle-même.

C O N S É Q U E N C E S.

1°. Une raison très-forte d'analogie nous porte à croire qu'aucune plante ne donne de semences, sans qu'elles aient été précédées par des étamines & pistils, qui font les parties essentielles de la fleur. D'où il faut conclure que la valeur de la semence est égale à celle des étamines & pistils pris ensemble.

Je réunis ici ces deux organes comme s'ils n'en faisoient qu'un, à cause du rapport intime & de la dépendance mutuelle de leurs fonctions.

2°. La valeur des étamines doit être cenfée égale à celle des piftils.

3°. Dans le nombre des plantes dont la fructification eft reconnue, il y en a environ un cinquième dont la femence n'a point de péricarpe. Ainfi cette dernière partie ne vaudra, dans la comparaifon des rapports, que les $\frac{4}{5}$ de la femence.

4°. Parmi les plantes dont les fleurs fe diftinguent facilement, il y en a environ $\frac{1}{15}$ dont les étamines & piftils ne font point environnés d'une véritable *corolle* (*a*). De plus, dans les $\frac{14}{15}$ qui reftent, il y a environ $\frac{1}{4}$ des plantes qui n'ont point de calice. Donc la fraction $\frac{14}{15}$ exprimera la valeur de la corolle ; & quant à celle du calice, elle fera exprimée par les $\frac{3}{4}$ de $\frac{14}{15}$ ou par la fraction $\frac{42}{60}$ égale à $\frac{7}{10}$.

Pour réfumer toutes ces valeurs, appellons 1, la valeur de la femence. Celle des étamines & piftils, pris enfemble, fera pareillement exprimée par l'unité, & nous aurons la gradation fuivante de valeurs, que l'on trouvera exprimée fur la colonne à droite, par les plus petits

____

(*a*) Voyez ce mot dans les Principes.

nombres entiers poffibles qui puiffent la repré-
fenter dans fa totalité.

Noms des parties de la fruĉtification.	Valeurs en unités & parties de l'unité.	Valeurs en nombres entiers.
Dans la femence. 1		30
Dans les étamines & piftils. 1		30
Dans les étamines feules.. $\frac{1}{2}$		15
Dans les piftils feuls. . . . $\frac{1}{2}$		15
Dans le péricarpe. . . . , $\frac{4}{5}$		24
Dans la corolle. . . . . $\frac{14}{15}$		28
Dans le calice. . . . . . $\frac{7}{20}$		21

(Reffemblance.)

D'après ces évaluations, il eft facile de comparer la reffemblance d'une même partie prife
dans deux plantes différentes, avec la reffemblance d'une feconde partie confidérée dans les
mêmes plantes ou dans deux autres. Si, par
exemple, les péricarpes de deux plantes font
entiérement femblables entre eux, & que les
corolles des mêmes plantes foient également femblables entre elles, on voit que la reffemblance
des péricarpes doit être à celle des corolles dans
le rapport des fractions $\frac{4}{5}$ & $\frac{14}{15}$, ou des nombres
entiers 24 & 28.

Les parties qui compofent le port, entreront

auſſi dans la comparaiſon des plantes; mais elles ne feront employées que ſubſidiairement, & lorſque les rapports, tirés du fruit & de la fleur, ſe balanceront mutuellement, & jetteront de l'incertitude ſur les réſultats. Alors, ſans ſoumettre ces mêmes parties à aucun calcul, on ſe bornera à une ſimple préférence, fondée auſſi ſur leur univerſalité plus ou moins grande, d'après l'ordre ſuivant.

Racines.	Poils.
Feuilles.	Epines.
Tiges.	Glandes.
Stipules.	Viſcoſités.
Vrilles.	

Quant aux applications particulières que l'on peut faire des règles que nous venons d'expoſer, pour comparer les plantes entre elles, il ne me paroît pas poſſible de rien déterminer à cet égard qui puiſſe ſe rapporter à tous les cas. On ne diſtingue ici bien nettement que les extrêmes. Les valeurs établies exiſtent toutes entières dans les reſſemblances parfaites; elles s'évanouiſſent quand la reſſemblance eſt nulle. Mais entre ces deux limites, quelle immenſe ſucceſſion de

nuances à parcourir ! nuances qui, femblables
à celles que le mélange des couleurs introduit
dans la peinture, font prefque toujours compofées elles-mêmes d'autres nuances partielles,
& dans lefquelles il faudroit démêler les modifications légères qui appartiennent à la forme
des parties, à leur grandeur, à leur difpofition',
à leur nombre, &c. Que feroit-ce fi l'on vou-
loit tenir compte de tant d'autres différences
inappréciables, & qui cependant marquent toutes
dans le plan du Créateur ? de quelle nature feroit
la mefure qu'il faudroit porter fur cet affemblage merveilleux de détails en tout genre, où
fe trouvent réunis & combinés en mille & mille
manières, la délicateffe des reliefs, les reflets
brillans du coloris, la grace des contours, la
molleffe des draperies, le croifé admirablement
varié des tiffus, le méchanifme vivant des parties
internes, &c. modèle inimitable, fi foiblement
copié par la main de l'homme, & qui, infiniment fupérieur en tout aux productions de ces
arts imitatifs que nous cultivons avec effort,
annonce, par la perfection même de l'ouvrage,
un ouvrier à qui rien n'a coûté ?

Ces confidérations font bien propres à nous

faire fentir la foiblefſe de nos lumières ; mais elles ne doivent pas nous décourager. Elles nous avertiſſent du moins que ce n'eſt qu'à force de voir, d'obſerver, de comparer les objets, d'apprécier les détails, de multiplier les aſpects, que nous pourrons parvenir à rapprocher les individus les uns des autres de la manière la moins défectueuſe.

Un exemple familier fera fentir encore mieux cette vérité. Que l'on préſente à un homme du peuple, dont les vues font reſſerrées pour l'ordinaire dans le cercle étroit des objets relatifs à ſa profeſſion ; qu'on lui préſente, dis-je, une pomme, une orange & une nefle ; qu'on lui demande enſuite laquelle de l'orange ou de la nefle lui paroît avoir le plus de rapport avec la pomme, il eſt à préſumer que, féduit par la groſſeur & la forme à-peu-près ſphérique de l'orange & de la pomme, il rejettera la nefle comme ayant avec la pomme moins de reſſemblance que l'orange. Il n'eſt cependant aucun obſervateur un peu exercé qui ne fente combien ce jugement feroit défectueux.

Ainſi l'apperçu de la reſſemblance entre les parties homogènes de deux plantes, fera tou-

jours le réfultat de l'expérience de l'obfervateur ; mais les règles établies ci-deffus , ferviront
du moins à déterminer la valeur de cette reffemblance , & à lui affurer la préférence fur celle
des autres parties qui mériteroient moins de fixer
l'attention.

Et pour citer encore ici les auteurs qui
ont compofé des ordres naturels, on fentira
comment, à l'aide de ces mêmes règles, le
frêne, qu'ils rangent ordinairement à côté des
lilas, troëne, &c. pourroit fe rapprocher des
érables ; comment la diftance confidérable qu'ils
mettent entre le marronnier & le châtaignier
pourroit difparoître en grande partie ; comment
enfin le *nymphæa* que M. Linné range dans le
voifinage du *phytolacca* fe trouve plus naturellement dans celui du *podophyllum* , où il a été
placé par M. de Juffieu au Jardin royal des
plantes.

En effet, comparons le *nymphæa* avec le *phytolacca* d'une part , & avec le *podophyllum* de
l'autre , & effayons d'appliquer ici les valeurs
que nous avons établies , pour être à portée
de nous décider entre les deux favans illuftres
que j'ai cités dans l'inftant.

au *podophyllum* , offre ,

Cal. Une demi-reſſemblance dans le calice , parce que , quoiqu'il ait à-peu-près le même nombre de folioles de part & d'autre , il eſt perſiſtant dans le *nymphæa* , & caduc dans le *podophyllum.* 10

Cor. Une demi-reſſemblance dans la corolle , parce que les pétales ſont nombreux , comme de 9 à 15 , & aſſez ſemblables de part & d'autre pour la forme. . . . 14

Étam. Une reſſemblance dans les étamines , parce que leur nombre eſt indéfini conſtamment au-delà de vingt. 15

Le *nymphæa* comparé

Piſt. Une reſſemblance dans le piſtil , parce que dans les deux genres , l'ovaire eſt ovale , non applati , ſans ſtyle , mais chargé d'un ſtigmate large, en plateau, ou rabattu. 15

Péric. Une demi-reſſemblance dans le péricarpe , qui eſt une baie , uniloculaire dans le *podoph.* pluriloculaire dans le *nymphæa* , mais dont les loges de part & d'autre ſont polyſpermes. 12

Sem. Une reſſemblance dans les ſemences , parce qu'elles ſont petites & arrondies dans l'un & l'autre genre. 30

TOTAL. 96

Le *nymphæa* comparé

au *phytolacca*, offre,

Cal. Reſſemblance nulle dans le calice, puiſqu'il n'exiſte pas. . .   0

Cor. Point de reſſemblance dans la corolle, d'abord parce qu'elle eſt nue dans le *phyt.* & enſuite parce qu'elle n'a que cinq pétales.   0

Étam. Point de reſſemblance dans les étamines, parce que leur nombre eſt ici limité, & jamais au-delà de vingt.   0

Piſt. Point de reſſemblance dans le piſtil, parce que dans le *phyt.* l'ovaire eſt très-applati & ſtilifère.   0

Péric. Une demi-reſſemblance dans le péricarpe, parce qu'il forme dans le *phyt.* une baie pluriloculaire, mais dont les loges ſont monoſpermes.   12

Sem. Point de reſſemblance dans les ſemences, parce qu'elles ſont réniformes d'une part, & arrondies de l'autre   0

TOTAL   12

On voit, par cet exemple, combien le rapport du *nymphæa* avec le *phytolacca* eſt peu marqué en comparaiſon de celui que ce premier genre a avec le *podophyllum*, & combien, par conféquent, le rapprochement formé par M. de Juffieu eft conforme à la Nature.

M. Haller avertit, au commencement de fon ouvrage, qu'il n'a point fuivi le fyftême de M. Linné, parce qu'il offroit des féparations trop frappantes (*a*). Après cet aveu, n'at-on pas lieu d'être furpris de trouver dans ce premier auteur cette fuite finguliere par fon irrégularité ? *mercurialis, laurus, hippophæ, zanichellia, empetrum, amaranthus,* &c. & un peu plus loin, *atriplex, lupulus, celtis, tamnus, xanthium, fagus,* &c.? Hall. Helv. tom. II, page 292. Or, il fuffira d'appliquer encore à une pareille férie les valeurs déterminées ci-deffus, pour voir toutes ces pièces mal afforties, non-feulement fe détacher & fe fuir, mais de plus aller fe ranger fans beaucop d'effort à côté des plantes, parmi lefquelles la totalité de leurs

---

(*a*) *Linnæanam* (*methodum*) *potuiffem fequi, mihique multi laboris, facere compendium ; numquam tamen potui à me obtinere, ut gramina divellerem, ut ex fexûs ratione fimillimas plantas fepararem, alias-ve claffes naturales lacerarem.* Hall. Helv. Præf. xxij.

rapports leur affignera une place plus convenable & plus naturelle.

PROBLÊME III.

Trouver un moyen pour fe reconnoître dans un ordre où l'on n'admet aucune limite ni divifion quelconque.

IL eft certain que dans une férie telle que nous l'offriroient les plantes rangées d'après les principes établis ci-deffus, l'efprit auroit befoin d'être foulagé de temps en temps comme par des points de ralliement qui l'aidaffent à fe reconnoître au milieu de la multitude des objets. Cet avantage feroit même d'autant plus à defirer, que la loi des rapports n'eft point conftante d'un terme à l'autre entre les individus que nous connoiffons; & qu'en certains endroits, ces individus forment des portions de férie dans lefquelles les affinités, beaucoup plus fenfibles qu'ailleurs, ont befoin d'une indication qui les faffe remarquer.

Jufqu'ici l'on n'a trouvé d'autre moyen pour indiquer les repos néceffaires, que de former l'ordre naturel à la manière des fyftêmes &

des méthodes ; c'eſt-à-dire, de diviſer & même de ſous-diviſer par-tout où l'on a cru découvrir des points de ſéparation plus ou moins marqués. Mais, je ne ſaurois trop le répéter, les titres de ces diviſions & les définitions qui les accompagnent, défigurent l'ordre en le décompoſant, & en renfermant dans autant de cadres particuliers, toutes les parties d'un grand tableau dont l'enſemble fait le principal mérite.

M. Linné, & à ſon imitation M. Gerard, ont adroitement évité ce défaut dans leurs ordres naturels, en donnant, par forme de titre, un nom ſimple à chaque diviſion, & en ſupprimant ſa définition & ſon caractère diſtinctif. Mais ces dénominations étant purement arbitraires, & n'offrant à l'eſprit qu'un ſens vague & indéterminé, ne peuvent être que d'un très-médiocre avantage.

Perſuadé, avec ces hommes célèbres, qu'il eſt néceſſaire d'employer encore ici l'art pour obſerver la Nature, je ne rejetterai pas les titres, les définitions & les caractères qui expriment ces ſuites de plantes dont les rapports communs ſont ſi marqués, & qui forment des ordres particuliers chez les uns, & des familles chez les autres ; mais je les emploierai de manière à ne point gêner l'ordre qu'ils ne diviseront nulle part ; & pour cet effet, je les disposerai de la manière suivante.

1°. Les plantes étant, comme je l'ai dit tout-à-l'heure, rangées à la suite les unes des autres en raison de leurs rapports les plus marqués, je placerai en marge, de distance en distance, les caractères expressifs des affinités les plus sensibles que présentent ces suites de plantes dont je viens de parler, & ces caractères seront surmontés d'un nom simple en forme de titre & pareillement significatif, que l'on pourra retenir.

2°. J'aurai soin de disposer toujours ces titres ou caractères à une hauteur moyenne à l'ensemble des plantes auxquelles ils se rapporteront, afin de ne point exprimer de limites ni fixer l'extension des rapports ; de sorte que si les folannées, par exemple, font composées de cent plantes, leur titre caractéristique sera placé en marge à la hauteur de la cinquantième plante. Par cette disposition, on pourra

remarquer

remarquer très-fouvent que les plantes auront d'autant moins de rapport avec l'expreffion de leur titre, qu'elles en feront plus éloignées, foit en-deffus, foit en-deffous; & les titres eux-mêmes fans rien divifer, comme cela a lieu dans les autres ordres naturels où ils tombent fouvent fort mal-à-propos au milieu d'une fucceffion de nuances, ferviront à faire fortir les parties du tableau qui demanderont à être fortement prononcées.

Je joins ici un échantillon de mon ordre naturel, mais dans lequel je me fuis contenté d'employer les genres. La place même qu'oc-cupe chacun de ces genres, n'y eft déterminée que d'une manière affez vague; & les rapports qui les rapprochent, n'ont point été appréciés d'après les principes que j'ai établis, parce qu'il eft impoffible d'effectuer un pareil calcul fur des genres qui ne font, pour la plupart, comme je l'ai fait voir, que des affemblages artificiels, formés d'après l'obfervation de certaines mar-ques communes, & non d'après le rapport le plus prochain. Mais cette ébauche fuffira tou-jours pour donner une idée de la diftribution que j'ai projettée.

Tome I. — h

ORDRE NATUREL.

SÉRIE GÉNÉRALE des genres rapprochés en raison de leurs rapports.	SAILLIES PARTICULIÈRES formées par certaines affinités remarquables.	RAPPORTS GÉNÉRAUX & éloignés, indiquant la perfection graduée des organes.
Agaricus T. *Boletus.* *Fungus.* *Hydnum.* *Phallus.* *Elvea.* *Clathrus.* *Peziza.* *Lycoperdon.* *Clavaria.* *Mucor.* *Byssus.* *Conferva.* *Ulva.* *Tremella.* *Fucus.* *Lichen.* *Targionia.* *Anthoceros.* *Riccia.* *Blasia.* *Marchantia.* *Jungermannia.* *Buxbaunia.*	*Champignons.* Subſtance ſpongieuſe, lamellée ou poreuſe, & qui, ſous diverſes formes, s'étend en hauteur ou eſt très-ramaſſée. *Algues.* Subſtance applatie, membraneuſe, & qui, ſous diverſes ramifications, s'étend en longueur, & produit des cupules floriformes.	Fructification abſolument inconnue & inſenſible.

Suite DE LA SÉRIE formée par le rapprochement des genres.	SAILLIES PARTICULIÈRES formées par certaines affinités remarquables.	RAPPORTS GÉNÉRAUX & éloignés, indiquant la perfection graduée des organes.
Hynum. Brium. Mnium. Polytrichum. Splachnum. Fontinalis. Porella. Phascum. Sphagnum. Lycopodium. Equisetum. Isoetes. Pilularia. Marsilea. Ophioglossum. Osmunda. Onoclea. Pteris. Asplenium. Trichomanes. Blechnum. Hemionitis. Lonchitis. Adianthum. Acrosticum. Polypodium.	*Mousses.* Feuilles nombreu-ses, & disposées en gazon, ou embri-quées autour des ti-ges qui produisent des urnes anthéri-formes. *Fougères,* Feuilles toutes ra-dicales, roulées en crosse avant leur dé-veloppement, & chargées de pous-sière séminiforme.	Fructification sen-sible, mais indis-tincte ou peu con-nue.

Suite de la Série formée par le rapprochement des genres.	Saillies particulières formées par certaines affinités remarquables.	Rapports généraux & éloignés, indiquant la perfection graduée des organes.
Zamia.	*Palmiers.*	
Cycas.		
Chamærops.	Feuilles ramassées	
Sambal.	en faisceau au som-	
Borassus.	met de la tige qui est	
Coriphà.	simple. Fleurs pani-	
Cocos.	culées & enfermées	
Elatc.	dans un spathe.	
Areca.		
Caryota.		
Elais.		
Phœnix.		
Calamus.		
Flagellaria.		
Oryza.		
Zizania.		Fructification
Pharus.		sensible & très-dis-
Olyra.		tincte ; étamines de
Paspalum.		deux à six ; semen-
Antoxanthum.		ces ordinairement
Alopecurus.		nues & solitaires.
Phleum.		
Phalaris.		
Panicum.		
Milium.		
Stipa.		
Agrostis.		

Suite DE LA SÉRIE formée par le rapprochement des genres.	Saillies particulières formées par certaines affinités remarquables.	Rapports généraux & éloignés, indiquant la perfection graduée des organes.
Aira.		
Melica.		
Poa.	*Graminées.*	
Briza.		
Uniola.	Feuilles simples	
Dactylis.	alongées & engaî-	
Festuca.	nées à leur base.	
Bromus.	Fleurs enfermées	
Avena.	dans des paillettes.	
Holecus.		
Andropogon.		
Arundo.		
Lagurus.		
Cynosurus.		
Hordeum.		
Secale.		
Triticum.		
Climus.		
Lolium.		
Nardus.		
Ægilops.		
Cenchrus.		
Carex.		
Eriophorum.		
Scirpus.		
Cyperus , &c.		

Comme je me fuis borné dans cet ouvrage à donner un *flora* de la France, l'arrangement que j'aurois formé, en n'employant que les plantes qui naiffent dans ce climat, auroit été trop incomplet, à caufe des vides qu'auroient laiffés de toutes parts l'omiffion d'une multitude de plantes exotiques. J'ai donc cru plus à propos de réferver l'exécution entière de l'ordre naturel pour un autre ouvrage que je compte offrir au public dans quelques années.

Cet ouvrage, qui aura pour titre : *Theâtre univerfel de Botanique*, & pour lequel j'ai déjà amaffé des matériaux confidérables, contiendra, dans une première Partie, l'analyfe exacte de toutes les plantes connues, avec la defcription de chacune d'elles. J'y joindrai la Synonymie des auteurs les plus célèbres. Ce travail eft devenu indifpenfable par la multiplicité des nouveaux noms que les Botaniftes modernes ont fubftitués à ceux qui étoient en ufage avant eux.

On trouvera dans la feconde Partie, l'ordre naturel de toutes les plantes qui auront été indiquées par l'analyfe. Le nom de chaque plante fera précédé de deux numéros placés l'un au-deſſus de l'autre. Le ſupérieur marquera le rang de la plante ; il ſera porté d'avance dans l'ana-lyſe, où il ſervira pour renvoyer à l'ordre na-turel. Le numéro inférieur ſera celui du para-graphe de l'analyſe auquel appartiendra la plante, dont il fera retrouver la deſcription & la ſyno-nymie dans l'analyſe, toutes les fois qu'on en aura beſoin. Ces deux numéros feront comme un moyen de communication entre l'analyſe & l'ordre naturel, qui, par-là, ſe prêteront un mutuel ſecours.

PRINCIPES

ÉLÉMENTAIRES

DE BOTANIQUE.

<hr>

Notions préliminaires.

SI l'on obferve les différens êtres qui entrent dans la ftructure intérieure de notre globe, ou qui en occupent les dehors, on remarquera d'abord un grand nombre de corps compofés d'une matière brute, morte, & qui s'accroît par la juxta-pofition des fubftances qui concourent à fa formation, & non par l'effet d'aucun principe interne de développement.

Ces êtres font appellés en général, *êtres inorganiques* ou *minéraux*, & fe divifent en diverfes claffes particulières ; favoir, les terres, les pierres, les métaux, les fels, &c. auxquels on doit ajouter les élémens qui ne font que les derniers réſultats de la décompoſition des corps.

D'autres êtres ſont pourvus d'organes pro-pres à différentes fonctions , & jouiſſent d'un principe vital très-marqué , & de la faculté de reproduire leur ſemblable. On les a com-pris ſous la dénomination générale d'*êtres orga-niques*.

Ces mêmes êtres ſe partagent enſuite en deux branches très-diſtinguées, dont l'une renferme ceux qui ſe développent & vivent, mais ſans être doués d'aucune ſenſibilité, & ſans avoir d'autres mouvemens que ceux qui ont pour cauſe l'organiſation propre de l'individu, ou l'ac-tion des corps extérieurs. Ces êtres ſont ap-pellés *végétaux* ou *plantes*.

La ſeconde branche des êtres organiques eſt compoſée de ceux qui, outre le développe-ment & la vie, ont encore en partage le ſen-timent & le mouvement ſpontané, & ce ſont les animaux, parmi leſquels l'homme jouit, à l'aide de la raiſon, d'une prééminence qui le rapproche de la Divinité elle-même.

Ainſi, les êtres inorganiques concourent avec

les organiques dans un point commun, qui est la faculté de s'accroître ; mais ils en diffèrent en ce que dans les premiers, cet accroissement se fait par une simple addition ou combinaison de parties, & dans les seconds, par voie de développement.

Parmi les êtres organiques, les végétaux se réunissent avec les animaux par la qualité d'*être vivant*, & s'en éloignent par la nature même de cette qualité, qui, dans les végétaux, est l'effet de la seule organisation, & dépend chez les animaux d'un principe de sentiment.

Enfin, les autres animaux qui se trouvent rapprochés de l'homme par le sentiment, laissent d'une autre part, entre eux & lui, l'intervalle immense qui séparera toujours un instinct aveugle d'avec la lumière de la pensée.

L'étude de tous les êtres dont nous venons de parler, est l'objet de cette branche intéressante de nos connoissances que l'on nomme *Histoire Naturelle*, & que l'on divise ordinairement en trois parties différentes, relatives aux trois grandes classes que nous avons formées ci-dessus, ou aux trois règnes de la Nature. Ces parties font :

1°. La Minéralogie, qui traite des corps inorganiques.

2°. La Botanique, qui a pour objet la connoiffance des végétaux.

3°. La Zoologie, ou l'étude du règne animal.

Après cette courte expofition, dans laquelle j'ai cru devoir entrer pour donner une idée plus nette du règne végétal, par fa comparaifon avec les règnes voifins, je m'arrête à la Botanique feule, qui eft l'objet direct de cet ouvrage.

L'étude des plantes préfente d'abord deux points de vue très-diftingués l'un de l'autre, & qui forment deux genres de connoiffances à part.

Le premier comprend toutes les obfervations que nous fourniffent la ftructure intérieure des plantes; les fonctions des racines, des feuilles, des tiges; la direction des canaux qui font les organes de la nutrition; la manière dont la fève fe diftribue dans ces mêmes canaux; le développement du germe, &c. en un mot, tout ce qui peut offrir au phyficien naturalifte une matière de découvertes intéreffantes fur les loix de la végétation.

On peut joindre à cette confidération, l'examen des diverfes fubftances qui compofent les
plantes, & la recherche de leurs propriétés
médicinales, ou de leurs différens ufages dans
les arts.

Le fecond point de vue fous lequel on
peut envifager l'étude des plantes, concerne
l'obfervation de tout ce qui parle en elles plus
particuliérement aux yeux, je veux dire, leur
couleur, leur grandeur, leur durée, & en général tout ce qui tend à nous les faire diftinguer les unes des autres. Ce dernier objet appartient à la Botanique proprement dite, & la
diftingue de l'autre genre d'étude, qui eft du
reffort de la Phyfique & de la Chymie.

Les marques auxquelles on reconnoît les
plantes, ont reçu en général le nom de *caractères*, & nous avons vu dans le Difcours précédent, que l'on pouvoit en emprunter de
toutes les parties de l'individu, pourvu qu'ils
fuffent conftans & faciles à obferver.

M. Linné divife les caractères en quatre efpèces particulières, qu'il diftingue à raifon de
leur emploi, & qui font :

1°. Le caractère artificiel, c'eft-à-dire, celui

qui sert à déterminer les divisions de la plûpart des méthodes ou systêmes.

2°. Le caractère essentiel, c'est-à-dire, celui que l'on emploie pour distinguer les genres les uns des autres.

3°. Le caractère naturel, c'est-à-dire, celui qui se tire d'une partie quelconque, & dont on peut faire usage pour la distinction des espèces.

4°. Le caractère habituel, c'est-à-dire, celui qui résulte de l'ensemble & de la disposition de toutes les parties des plantes considérées à la fois, & qu'emploient uniquement les Botanistes empiriques. C'est ce caractère que l'on ne sauroit exprimer ni définir, mais qu'un coup-d'œil général fait aisément saisir, & qui est connu sous le nom de *port. Facies propria, habitus plantæ.*

Pour moi, je n'ai eu aucun égard, dans l'analyse, à cette distinction de caractères, que je crois plus nuisible qu'avantageuse à l'étude des plantes. En effet, il arrive souvent que le même caractère qui aura servi à lier un certain nombre de plantes comprises dans une grande diviſion , peut être employé encore pour lier d'autres plantes qui formeroient ailleurs une ſous-diviſion très-circonſcrite, ou même pour ſéparer une eſpèce d'avec une autre. Pourquoi donc négliger les reſſources multipliées que la Nature nous offre pour nous aider à la connoître, & vouloir qu'un caractère ne puiſſe ſervir que dans telle ou telle circonſtance priſe excluſivement? Il me ſemble que quand il s'agit d'employer un caractère quelconque, toute la queſtion doit ſe réduire à ſavoir s'il eſt tranchant & ſolide par rapport au cas préſent, & alors on doit l'adopter indépendamment de toute conſidération particulière. En un mot, il y a autant d'eſpèces de caractères qu'il exiſte de différences ſenſibles entre les plantes conſidérées relativement à la forme, au nombre, à la proportion, à la ſituation, &c. de leurs parties ; & s'il y a pour certains caractères des raiſons de préférence ou d'excluſion, elles doivent être tirées uniquement de la facilité plus ou moins grande d'obſerver ces caractères, & du plus ou moins de ſolidité que l'obſervation y découvre.

L'uſage fréquent que l'on a fait de ces eſpèces de renseignemens, a introduit dans le langage de la Botanique une multitude de termes qui expriment toutes les différentes modifications des parties qui se sont trouvées susceptibles de fournir des caractères. Ces termes, il faut l'avouer, ont été trop multipliés; plusieurs même ne présentent point un sens assez déterminé : je ne les ai cependant pas supprimés; je me suis attaché à les définir le plus clairement possible, dans la vue de faciliter l'intelligence des auteurs, dont j'ai été obligé de citer les synonymes.

DES PLANTES,

De leurs parties constitutives, & des termes que l'on emploie pour exprimer leur caractère.

1. D'APRÈS l'idée que nous avons donnée ci-dessus du règne végétal, on peut définir la plante un corps organique qui vit attaché à la terre ou à quelqu'autre corps, d'où il tire sa nourriture, qui a la faculté de reproduire son semblable, mais qui est privé du sentiment & du mouvement spontané.

Les différens degrés de confiftance & de durée que l'on a remarqués dans les plantes, ont donné lieu à cette diftinction fi commune entre les arbres, les arbriffeaux, les fous-arbriffeaux & les herbes.

2. L'arbre (*arbor*) eft une plante qui vit très-long-temps, qui s'élève à une grande hauteur, & dont la tige, les branches & les racines font compofées de cette matière dure & folide que l'on appelle *bois*.

3. L'arbriffeau (*frutex*) approche beaucoup de l'arbre par fa durée & fa confiftance, mais il s'élève moins que lui, & cependant beaucoup plus que les herbes.

4. Le fous-arbriffeau (*suffrutex*) ne diffère de l'arbriffeau que par fa grandeur; car il vit affez long-temps, & fes tiges font ligneufes, mais il ne s'élève pas plus haut que les herbes.

5. Les herbes (*herbæ*) font des plantes dont les tiges ou les hampes font moins fermes & moins compactes que celles des fous-arbriffeaux, des arbriffeaux & des arbres, & qui ne durent pas au-delà de trois ans.

Ces divifions, comme je l'ai déjà remarqué,

ne font point tranchantes; il y a des efpèces mitoyennes qui ne paroiffent pas plus appartenir à une claffe qu'à l'autre. Auffi, lorfque j'ai employé dans la méthode d'analyfe, la diftinction des tiges ligneufes & herbacées, j'ai eu foin de ne choifir que des individus dans lefquels le caractère indiqué fe trouvoit prononcé fans aucune équivoque.

6. Les plantes font quelquefois nommées *mâles* ou *femelles*, ou *androgynes*, ou *hermaphrodites*, ou enfin *polygames;* mais elles ne doivent ces diverfes dénominations qu'à la confidération des différences fexuelles de leurs fleurs. (*Voyez ces mots.*)

7. On diftingue en général dans les plantes, diverfes parties que l'on peut confidérer comme autant d'organes qui conftituent leur effence. Ces organes font de deux fortes; les uns fervent au développement de l'individu & à l'entretien de fon principe vital; les autres lui donnent la faculté de reproduire fon femblable, & de perpétuer ainfi fon efpèce.

Parmi les premiers, on peut ranger les racines, les tiges, les branches, les feuilles, les fupports, les vrilles, les ſtipules, les glandes, les poils & les épines.

Les ſeconds comprennent ce qu'on nomme *parties de la fructification ;* ce font la fleur proprement dite & ſes dépendances, & enſuite le fruit qui eſt compoſé de la graine & de ſes enveloppes lorſqu'elles ont lieu.

Comme il eſt eſſentiel de bien connoître ces différentes parties, je vais eſſayer d'en donner une idée nette & préciſe, & pour cet effet, je les reprendrai ſucceſſivement & dans l'ordre où je viens de les préſenter.

DES Organes néceſſaires au développement des Plantes & à l'entretien de leur principe vital.

I. DE LA RACINE.

8. La racine (*radix*) eſt un organe ſitué communément à l'extrémité inférieure de la plante, & qui s'enfonce preſque toujours dans la terre, où ſon accroiſſement ſe fait, tantôt de haut en bas, tantôt horizontalement, & très-rarement de bas en haut : cet organe eſt doué fortement de la faculté de pomper les

fucs néceffaires à la nutrition & à l'accroiffement des végétaux.

9. On appelle plantes parafites (*parafiticæ*),
celles dont les racines ne font fixées ni dans
la terre, ni fur aucun corps inorganique, mais
qui font attachées à d'autres plantes aux dépens defquelles elles fe nourriffent en fuçant
leur fubftance : (le gui, l'hypocifte, la cuf-
cute, &c.)

Il y a des plantes dont les racines s'attachent
aux corps les plus durs, comme les lichens &
les mouffes qui croiffent fur la pierre & fur
l'écorce des arbres. D'autres plantes nagent à
fleur d'eau, fans adhérer à la terre (la lenti-
cule d'eau) : d'autres paroiffent entiérement
privées de racines (le *conferva*, le *byffus*, le
noftoc) : d'autres enfin femblent en être tout-
à-fait compofées & n'avoir aucune autre partie
(la truffe).

La ftruême, la forme, la durée, la fituation & la confiftance des racines étant différentes dans les différentes plantes, on a donné
à cette partie, diverfes dénominations particulières pour en exprimer les caraêères les plus
faillans.

D'abord, on en a diſtingué de trois eſpèces; ſavoir, les racines bulbeuſes, les tubéreuſes & les fibreuſes.

(A)

10. La racine bulbeuſe (*bulboſa*) porte communément le nom d'oignon; ſa ſubſtance eſt tendre, ſucculente, & ſa forme arrondie ou ovale : on remarque à ſa partie inférieure une portion charnue, d'où partent de petites racines fibreuſes.

On diſtingue pluſieurs ſortes de bulbes; les unes ſont écailleuſes (*ſquammoſi*), & ſont compoſées de membranes épaiſſes, diſpoſées en écailles comme dans le lys : les autres ſont d'une ſubſtance charnue & ſolide (*ſolidi*) comme celles de la tulipe; d'autres forment pluſieurs tuniques (*tunicati*) qui s'enveloppent les unes dans les autres, comme celles de l'ail de l'oignon, &c. d'autres enfin, ſont articulées (*articulati*) & compoſées de portions charnues diſtinguées entre elles, mais qui communiquent par des fibres intermédiaires, comme celles de la ſaxifrage granulée.

(B)

11. La racine tubéreuse (*tuberosa*) est un corps charnu, arrondi, solide, & d'où partent souvent latéralement & inférieurement de petites racines fibreuses (la pomme de terre) : on la nomme globuleuse (*globosa*) lorsqu'elle est d'une forme un peu sphérique, comme dans le navet, le radix.

12. Noueuse (*nodosa*) quand elle forme des nœuds, comme dans la filipendule, où ces nœuds sont suspendus par des filets comme des grains de chapelets.

13. Fasciculée (*fasciculata*) lorsqu'un grand nombre de ces portions partent d'un centre commun en s'alongeant, comme dans l'asphodèle.

14. Palmée (*palmata*) lorsque ces mêmes portions charnues sont un peu ouvertes, comme l'*orchis latifolia* & autres.

15. Grumeleuse (*grumosa*) lorsqu'elle est disposée par grumeaux, ou par petites portions adhérentes, comme dans les griffes de renoncule, les pattes d'anémone, &c.

(C)

16. La racine fibreuse (*fibrosa*) est celle qui est composée de plusieurs jets longs, filamenteux, fibreux ou chevelus, comme dans le *veronica beccabunga*, le *plantago-lanceolata*, &c.

On la considère quant à sa forme & à sa direction, & alors on la nomme,

17. Rameuse (*ramosa*) lorsqu'elle se divise en plusieurs branches latérales, comme dans le *plantago-psyllium.*

18. Fusiforme (*fusiformis*) lorsqu'elle est épaisse, alongée, & qu'elle va en diminuant comme dans la carotte, le panais, la rave, &c.

19. Pivotante (*perpendicularis*) lorsqu'elle s'enfonce profondément & perpendiculairement à l'horizon, comme celle de la rave.

20. Horizontale (*horizontalis*) lorsque sans s'étendre beaucoup, elle est disposée parallélement à l'horizon, comme dans l'iris.

21. Tronquée (*truncata præmorsa*) lorsqu'elle ne se termine pas en pointe, mais que son extrémité paroît tronquée ou rongée, comme dans la scabieuse des bois.

22. Articulée (*articulata*) lorfqu'elle forme différens nœuds & plufieurs articulations, comme dans la *convallaria polygonatum*.

23. Traçante ou rampante (*repens*) lorfqu'elle s'étend horizontalement & qu'elle jette des brins de tous côtés fans pénétrer profondément dans la terre, comme dans le *panicum dactilum*.

24. Stolonifère (*stolonifera*) lorfqu'étant traçante, elle pouffe çà & là des rejets rampans qui portent eux-mêmes des racines, comme dans le chiendent.

(D)

Les racines fibreufes, & même les autres efpèces, fe diftinguent auffi par leur durée, & alors on dit qu'elles font,

25. Ligneufe (*fruticofæ*) lorfqu'elles ont beaucoup de confiftance, que leurs fibres font dures & difficiles à rompre, & qu'elles fubfiftent avec leur tige pendant plus de trois ans, comme celles des arbres, des arbriffeaux & des fous-arbriffeaux. ♄

26. Vivaces

26. Vivaces (*perennes*) lorfqu'elles fubfiftent pendant plufieurs années , quoique leur tige périffe , comme celles de l'ofeille , de la violette. ♃

27. Bifannuelles (*biennes*) lorfqu'elles durent avec leur tige pendant deux ans feulement , comme le perfil , le falfifix. ♂

28. Annuelles (*annuæ*) lorfqu'elles périffent avec leur tige dans l'année même qu'elles font nées , comme celles du bled , de la laitue , &c. ☉

OBS. Une racine n'a pas toujours befoin d'être entière pour produire une plante. Une petite tranche de la racine, du *folanum tuberofum* mife en terre , vit & reproduit très-aifément une plante complète ; & de fimples brins de celle du *triticum repens*, donneront de même une nouvelle plante, comme feroit une racine entière.

On remarque un rapport & une correfpondance fingulière entre les racines & les tiges ; car les unes & les autres fe développent & fe divifent affez uniformément dans beaucoup de plantes : en effet, une tige qui fournit peu de branches, ou qu'on empêche de s'élever, n'a

Tome I.   B

ordinairement que de médiocres racines. Cette observation, qu'il est intéressant de connoître pour la culture de certains arbres, n'est cependant pas générale, car il y a des plantes dont les racines n'ont presque aucune proportion avec les tiges ; certaines herbes basses, comme plusieurs *geranium* . *hieracium* , &c. ayant de fort grosses racines, & certains arbres, comme les sapins, n'en ayant que de médiocres par comparaison avec les tiges auxquelles elles appartiennent.

Les racines sont quelquefois pleines d'un suc laiteux, blanc & doux, comme dans la laitue, la chicorée ; âcre, comme dans le tithymale, le colchique ; & de couleur jaune, comme dans la chelidoine.

Elles sont quelquefois plus odorantes que les autres parties de la plante, comme celles de la valériane, de la benoite, &c.

En général, les racines sont recouvertes d'un épiderme un peu coloré, sous lequel on trouve ordinairement une écorce assez épaisse.

_ II. *Du Tronc et de la Tige.*

29. Le tronc ou la tige est cette partie de

la plante qui part directement de l'extrémité supérieure de la racine qu'on nomme le *collet*, qui s'élève enfuite perpendiculairement dans l'air, ou rampe fur la terre, ou enfin, grimpe & s'entortille autour des différens corps qu'elle rencontre. C'est de cette même partie que fortent ordinairement les rameaux, les feuilles, les fupports & les organes de la fructification de la plante.

Cette partie reçoit différens noms, felon les différences des plantes qui en font pourvues ; ce qui fait qu'on en diftingue de plufieurs efpèces ; favoir :

(A)

30. Le tronc, proprement dit (*truncus*), c'est la partie qui foutient les branches & les feuilles dans les arbres & les arbriffeaux. Elle a communément des dimenfions confidérables : elle est toujours d'une matière ligneufe, & s'élève le plus ordinairement dans une direction perpendiculaire à l'horifon.

31. Le tronc est environné extérieurement d'une petite peau qu'on nomme épiderme (*cuticula*), qui est entière & très-liffe dans certains

arbres, & qui eft crevaffée & déchirée dans beaucoup d'autres, fur-tout lorfqu'ils ont vieilli.

32. Sous l'épiderme on trouve une peau épaiffe qui porte le nom d'écorce (*cortex*), & dont la partie intérieure fe nomme le livret (*liber*). Cette peau eft compofée d'un tiffu cellulaire affez lâche, & recouvre les différens vaiffeaux qui charient les fucs nourriciers de la plante, ainfi que les efpèces de trachées qui reçoivent & tranfmettent l'air néceffaire à la circulation de ces fucs, qu'on nomme *feve*.

33. Au-deffous de l'écorce & du tiffu vafculeux, fe trouve placé l'aubier (*alburnum*), qui eft une jeune couche imparfaitement ligneufe, que la partie intérieure du tiffu vafculeux produit en fe refferrant & en fe durciffant, lorfqu'elle fe trouve oblitérée par le froid de l'hiver qui a fufpendu la circulation de la fève, ou par la preffion de nouveaux vaiffeaux extérieurs qui fe développent tous les ans.

34. Le bois (*lignum*) eft cette partie du tronc qui eft parfaitement ligneufe, & qui eft placée fous l'aubier. C'eft une maffe de fibres compacte & très-dure, qui eft produite par

la continuité du refferrement de l'aubier ; elle eft la caufe de la force des arbres, fait leur foutien, & peut être comparée à la charpente offeufe fur laquelle fe trouve étayé le corps des animaux.

35. Enfin la moëlle (*medulla*) eft cette partie, ou cet organe effentiel à la vie des plantes qui occupe le centre du corps ligneux : c'eft un compofé de vaiffeaux très-lâches, & d'utricules affez larges qui ne fe deffèchent que par la vieilleffe, ce qui produit alors la mort de l'individu.

36. La tige (*caulis*) eft le tronc propre des herbes & fous-arbriffeaux ; elle s'élève en général beaucoup moins que le tronc, & a, furtout dans les herbes, beaucoup moins de confiftance.

37. Il y a des plantes qui font dépourvues de tiges (*plantæ-acaules*), & alors les fleurs & les feuilles ou les pétioles, partent immédiatement du collet de la racine. On pourroit, en françois, les nommer *plantes feffiles.*

38. Celles qui, au contraire, produifent des tiges font nommées *caulefcentes* (*plantæ-caulef-*

centes) ; dénomination qui ne leur eſt donnée que lorſqu'on a beſoin de faire uſage de ce caractère pour les diſtinguer des plantes ſeſſiles.

39. Le chaume (*culmus*) eſt la tige propre des graminées ; c'eſt une eſpèce de tuyau fiſtuleux, ordinairement ſimple, & très-ſouvent garni de pluſieurs nœuds ou articulations particulières, comme dans le bled, l'avoine, &c.

40. La hampe (*ſcapus*) eſt une tige herbacée, qui eſt parfaitement ſimple, terminée par les parties de la fructification, & dénuée de feuilles ; ainſi la tige du piſſenlit eſt une hampe.

(B)

La tige, en général, reçoit différens noms, ſelon les différens caractères qu'on y obſerve : ainſi, quand on conſidère ſa durée ou ſa conſiſtance, on dit qu'elle eſt,

41. Herbacée (*herbaceus*) lorſqu'elle eſt tendre, qu'elle a peu de conſiſtance, & qu'elle périt entièrement tous les ans, ou tous les deux ans, comme celle de la laitue, du perſil, &c.

42. Sous-ligneuse (*suffruticosus, frutescens*) lorsque sa base subsiste sensiblement, tandis que les rameaux qu'elle produit, périssent presque entiérement tous les hivers, comme dans le *solanum dulcamara*, le *salix retusa*, &c.

43. Ligneuse (*fruticosus*) lorsqu'elle est d'une consistance solide, assez semblable à celle du bois, & qu'elle subsiste pendant plus de trois ans de suite, comme dans le genêt commun.

44. Arborée (*arboreus*) lorsque dans une grande partie de sa hauteur elle est simple & nue à la manière des arbres, quoique moins élevée, & ne produisant ses rameaux & ses feuilles que vers son sommet, où ces parties forment une espèce de tête, comme dans le *lavatera arborea*.

45. Solide (*solidus*) lorsqu'elle est tout-à-fait pleine, comme celle de l'orchis-maculata.

46. Spongieuse (*spongiosus, inanis*) lorsqu'elle est extérieurement ferme & solide, & intérieurement remplie d'une moëlle spongieuse, comme celle du sureau.

47. Creuse, fistuleuse (*fistulosus*) lorsqu'elle forme un tube ou un cylindre évidé, comme celle de l'oignon, de l'angélique, &c.

B 4

(C)

Si l'on confidère la grandeur de la tige, on dit qu'elle eft,

48. Haute d'une ligne (*linearis*), c'eft-à-dire, de la douzième partie d'un pouce ; & l'on compare cette grandeur à la hauteur du petit fegment circulaire blanchâtre, que l'on obferve à la racine de l'ongle du pouce.

49. Haute d'un pouce (*pollicaris*), c'eft-à-dire, de la douzième partie d'un pied , & l'on compare cette grandeur à la hauteur de l'ongle du pouce.

50. Haute de trois pouces ou d'une palme (*palmaris*), c'eft-à-dire, de la quatrième partie d'un pied, & l'on compare cette grandeur à la largeur de la furface que préfentent les doigts de la main, rapprochés & étendus, abftraction faite du pouce.

51. Haute de fept pouces (*fpithameus*), c'eft-à-dire d'un demi-pied plus un pouce ; & on détermine cette grandeur en mefurant l'efpace compris entre le fommet du pouce & celui du

doigt indicateur, tous deux étendus & le plus écartés qu'il eſt poſſible.

52. Haute de neuf pouces (*dodrantalis*), c'eſt-à-dire, des trois quarts d'un pied; & l'on compare cette grandeur à l'eſpace compris entre le ſommet du pouce & celui du petit doigt, tous deux étant étendus & écartés.

53. Haute d'un pied (*pedalis*), c'eſt-à-dire, de la ſixième partie d'une toiſe; & l'on compare cette grandeur à l'eſpace compris depuis la flexion du coude juſqu'à la baſe du pouce de la main.

54. Haute de ſix pieds (*orgyalis*), c'eſt-à-dire, d'une toiſe; & l'on compare cette grandeur à l'eſpace compris depuis l'extrémité d'une main juſqu'à celle de l'autre, lorſque les deux bras ſont étendus en croix : on la compare auſſi à la hauteur humaine en général.

(D)

Si l'on conſidère la direction ou la ſituation de la tige, on dit qu'elle eſt,

55. Droite (*erectus, perpendicularis, ſtrictus*) lorſqu'elle s'élève dans une direction perpen-

diculaire à l'horifon. Le terme *ſtrictus* ſignifie non-ſeulement droite, mais encore amincie & annonçant à l'œil une ſorte de roideur, *Helian-thus gigantæus.*

56. Lâche (*laxus debilis*) lorſqu'ayant une ſituation droite, ſa délicateſſe ou ſa flexibilité la fait jouer librement en tous ſens, comme celle de beaucoup de graminées.

57. Roide (*rigidus*) lorſqu'elle ſe relève en-tiérement, & avec une eſpèce d'élaſticité, toutes les fois qu'on lá courbe, comme dans le *carex vulpina.*

58. Oblique (*obliquus*) lorſqu'elle s'élève obli-quement à l'horifon, comme dans le *poa annua.*

59. Montante (*aſcendens*) lorſqu'étant d'abord un peu oblique, ou même horizontale, elle ſe recourbe en ſe rapprochant de la verticale, comme dans le *panicum colonum*, l'*artemiſia gla-cialis.*

60. Inclinée (*declinatus*) lorſqu'étant d'abord un peu oblique ou preſque droite, elle forme enſuite un arc dirigé vers la terre, comme dans le *convallaria polygonatum.*

61. Courbée, penchée (*incurvatus, nutans*) lorſqu'étant d'abord tout-à-fait droite, ſon

extrémité s'incline, ou même retombe per-pendiculairement, comme dans le *fritillaria me-leagris*.

62. Diffuse (*diffusus*) lorsque ses rameaux forment des angles très-ouverts, ou divergens dans tous les sens, comme dans le *polygonum divaricatum*.

63. Couchée (*procumbens*) lorsqu'étant trop foible pour se soutenir, elle s'étend horizon-talement on s'appuie sur la terre, comme dans l'*anagallis arvensis*.

64. Tombante (*decumbens*) lorsqu'étant d'abord un peu redressée, elle retombe ensuite sur la terre, comme dans le *beta maritima*.

65. Stolonifère ou traçante (*stoloniferus*) lorsque du collet de la racine partent des rejets parti-culiers qui rampent, s'étendent au loin sur la terre, s'y attachent souvent par des toupets de racines, & reproduisent ainsi de nouvelles plantes, comme dans le fraisier.

66. Rampante (*repens*) lorsqu'elle est en-tiérement couchée sur la terre, qu'elle s'y étend un peu au loin, & que souvent elle s'y attache par de petites racines qu'elle pousse de toutes parts, comme la nummulaire, l'argentine.

67. Sarmenteufe (*farmentofus*) lorfqu'étant longue , mais très - foible , elle traîne fur la terre fans s'y attacher par des racines , ou grimpe fur les corps voifins qui s'offrent pour la foutenir. Telle eft celle de la vigne , de la brioine , &c.

68. Radicante (*radicans*) lorfqu'elle s'attache aux corps élevés par le moyen des racines qu'elle produit latéralement dans toute fa longueur , comme dans l'*arum hederaceum.*

69. Articulée (*geniculatus*) lorfqu'elle eft interrompue dans toute fa longueur par des articulations ou par des nœuds placés de diftance en diftance , comme dans la plupart des graminées , les œillets , les poivres , &c.

70. En zig - zag (*flexuofus*) lorfque d'un nœud à l'autre elle fe rejette en formant alternativement des angles rentrans & faillans , comme dans le *folidago flexicaulis.*

71. Grimpante (*fcandens*) lorfqu'étant farmenteufe elle monte fur les corps voifins auxquels elle s'attache fouvent par des vrilles ou par les pétioles tortillés de fes feuilles , comme celle de la vigne , de la clématite , &c.

72. Entortillée (*volubilis*) lorfqu'étant far-menteufe, elle fe roule en fpirale autour des corps qu'elle rencontre, comme celle du haricot.

On diftingue parmi ces fpirales, celles qui fe font de gauche à droite, c'eft-à-dire, dans le même fens que le mouvement diurne du Soleil ☾, comme dans le houblon, le chèvre-feuille des bois, &c. & celles qui fe font dans un fens contraire au mouvement diurne du So-lèil, c'eft-à-dire de droite à gauche ☽ , comme dans le liferon, le haricot, &c. Pour faire cette obfervation, il faut fe fuppofer au centre de la fpirale, & être tourné vers le midi.

(E)

Si l'on confidère la figure de la tige, on dit qu'elle eft,

73. Cylindrique (*teres*) lorfque, femblable à un bâton ou à une canne, elle forme un cy-lindre, & n'a aucun angle remarquable, comme celle du *typha.*

74. Semi-cylindrique (*femi-teres*) lorfqu'elle approche de la forme cylindrique, comme lorfqu'elle eft cylindrique d'un côté, & un peu applatie de l'autre, telle eft celle du *feftuca rubra.*

75. Comprimée (*compreſſus*) lorſqu'elle eſt applatie des deux côtés dans toute ſa longueur, comme celle du *poa compreſſa*, du *poa annua*, &c.

76. Gladiée (*anceps*) lorſqu'elle a deux angles oppoſés & un peu tranchans, comme celle du *convallaria polygonatum*.

77. Anguleuſe (*angulatus*) lorſqu'elle eſt chargée longitudinalement de plus de deux angles ſaillans, comme celle de l'airelle.

On conſidère ſouvent le nombre de ces angles, & on dit de la tige qu'elle eſt triangulaire (*triangularis*, *trigonus*) lorſqu'elle a trois angles ſaillans ; à trois côtés (*triqueter*) lorſque ſes trois faces ſont égales ; quadrangulaire (*quadrangularis*) lorſqu'elle a quatre faces & quatre angles, &c. &c.

D'autres fois, on conſidère la grandeur ou l'ouverture des angles, & on dit que la tige eſt chargée d'angles aigus (*caulis acutangularis*) lorſque le ſommet des angles paroît tranchant, ou d'angles obtus (*caulis obtuſo–angulatus*) lorſque le ſommet des angles paroît émouſſé.

(F)

Si l'on obferve les acceffoires de la tige, on dit qu'elle eft,

78. Nue (*nudus*) lorfqu'elle ne porte ni feuilles, ni écailles, ni ftipules, ni autres parties remarquables, à moins que ce né foit des rameaux. Cette expreffion ne s'emploie pas toujours dans un fens rigoureux; on s'en fert quelquefois par comparaifon pour établir la diftinction de deux efpèces.

79. Non feuillée, c'eft-à-dire, fans feuilles (*aphyllus*), *falicornia*.

80. Feuillée, ou garnie de feuilles (*foliatus*), *linum*.

81. Engaînée (*vaginatus*) lorfque les feuilles ou les ftipules l'embraffent en forme de gaîne, comme dans le *polygonum*, les graminées, &c.

82. Ecailleufe (*fquammofus*) lorfqu'elle eft chargée d'écailles ou de folioles courtes, éparfes & membraneufes qui imitent des écailles, comme dans l'orobranche, le *tuffilago*.

83. Embriquée (*imbricatus*) lorfque les feuilles ou les écailles dont elle eft chargée, font

éparfes, très-rapprochées, & fe recouvrent mutuellement comme les tuiles d'un toit. *Aretia helvetica*, *cupreſſus ſemper virens*.

(G)

Si l'on confidère la fuperficie de la tige, on dit qu'elle eft,

84. Spongieufe (*ſuberoſus*) lorfqu'elle eft revêtue d'une écorce un peu molle, flexible, mais en même temps élaftique, comme celle du liége.

85. Crevaffée (*rimoſus*) lorfque fon écorce extérieure eft remarquable par des crevaffes nombreufes & irrégulières, comme encore celle du liége.

86. Feuilletée (*tunicatus*) lorfque fa fuperficie paroît recouverte par différentes membranes appliquées les unes fur les autres comme des feuillets.

87. Liffe (*lævis*) lorfque fa fuperficie eft partout égale & unie, comme dans le pavot, la fumeterre, &c.

88. Striée (*ſtriatus*) lorfque fa fuperficie eft chargée longitudinalement de petites côtes nombreufes

hombreuſes & rapprochées: *Chærophyllum ſyl-
veſtre.*

89. Sillonnée (*ſulcatus*) lorſque les excavations longitudinales de ſa ſuperficie ſont un
peu profondes, un peu élargies ; & imitent des
ſillons.

90. Glabre (*glaber*) lorſque ſa ſuperficie eſt
liſſe, polie ; & particuliérement lorſqu'elle n'eſt
chargée ni de poils, ni d'aucun duvet cotonneux : l'oſeille.

91. Rude (*ſcaber*) lorſque ſa ſuperficie eſt
chargée d'éminences ou de points rudes & ſaillans. *Gallium pariſienſe.*

92. Echinée (*echinatus, muricatus*) lorſque
ſa ſuperficie forme des ſaillies aiguës & un peu
piquantes. *Rubia tinctorum.*

93. Cotonneuſe, laineuſe (*tomenthoſus, la-
natus*) lorſque ſa ſuperficie eſt chargée de poils,
tellement entrelacés les uns dans les autres,
qu'on ne peut les diſtinguer ſéparément, &
que leur abondance donne à la plante un aſpect
cotonneux & blanchâtre, ou forme un tiſſu
qui imite une étoffe de laine. Telle eſt celle du
gnaphalium dioicum, du *verbaſcum thapſus,* &c.

94. Pubefcente (*pubefcens, villofus*) lorfque fa fuperficie eft chargée de poils foibles, mous & faciles à diftinguer.

95. Velue (*hirfutus, pilofus*) lorfque les poils qui couvrent fa fuperficie font un peu ramaffés, compactes & plus fermes que les précédens.

96. Hériffée, âpre (*hirtus fcaber*) lorfque les poils font écartés les uns des autres, mais fouvent affez roides pour rendre la plante âpre au toucher, comme dans la plupart des borraginées.

97. Aiguillonnée (*aculeatus*) lorfque fa fuperficie eft garnie d'aiguillons piquans qui ne tiennent qu'à l'écorce, comme dans la ronce, le rofier, &c.

98. Epineufe (*fpinofus*) lorfqu'elle eft armée d'épines qui naiffent dans le bois où elles font adhérentes, comme dans le prunier épineux, l'aubepin, &c.

99. Cuifante (*urens*) lorfque fa fuperficie eft couverte d'aiguillons auffi petits que les poils, & dont la piquure caufe une démangeaifon brûlante & prefque inflammatoire : l'ortie.

100. Stipulée (*stipulatus*) lorsqu'elle est garnie de stipules, comme celle de la perficaire, de plusieurs cistes, &c.

101. Ailée (*alatus*) lorsqu'elle est garnie longitudinalement de membranes qui débordent sa superficie, & qui font ordinairement une production des feuilles, comme celle de l'*onopordum.*

(H)

Si l'on considère la composition de la tige, on dit qu'elle est,

102. Sans nœuds (*enodis, æqualis*) lorsqu'elle se continue également sans être interrompue par des nœuds, ni par aucune articulation. *Scirpus lacustris.*

103. Simple (*simplex*) lorsqu'elle se continue uniformément & ne se divise que vers son sommet, ou même point du tout, comme celle du *campanula latifiola,* du *gnaphalium sylvaticum,* &c.

104. Articulée (*articulatus*). *Voyez le* n°. 69.

105. Prolifère (*prolifer*) lorsqu'elle ne produit de rameaux qu'à son extrémité, d'où ils partent tous comme d'un centre commun.

106. Fourchue (*dichotomus*) lorsqu'elle se divise par-tout en formant la fourche, c'est-à-dire, que ses divisions sont toujours deux par deux & divergent entre elles , comme dans le *valeriana locusta*.

107. Branchue (*brachiatus*) lorsque ses rameaux sont opposés & forment des espèces de bras, comme dans le *mercurialis annua*.

108. Rameuse (*ramosus*) lorsqu'elle produit latéralement des rameaux qui ne sont pas opposés, comme celle de l'absinte.

109. Effilée (*virgatus*) lorsqu'elle s'alonge en manière de baguette, ou lorsqu'elle produit des rameaux droits, alongés, très-menus & plians, comme dans le *salix vitellina*, le *salix viminalis*, &c.

110. Paniculée (*paniculatus*) lorsque ses rameaux, par leurs fréquentes sous-divisions, imitent une panicule (*voyez ce mot*), comme dans le *saxifraga cotyledon*.

111. En niveau (*fastigiatus*) lorsque les rameaux sont tous d'une égale hauteur, comme si on les avoit nivelés en les coupant supérieurement. *Santolina chamæcy-parissus*.

112. Ouverte (*patens*) lorfque du collet de la racine partent plufieurs tiges un peu divergentes & formant des angles aigus entre elles. *Hefperis triflis.*

113. Etalée (*divaricatus*) lorfque du collet de la racine partent plufieurs tiges très-écartées, formant prefque des angles obtus entre elles, ou lorfque la tige fe divife en rameaux nombreux, très-étalés & très-ouverts. *Eryfimum officinale.*

(I)

114. Les rameaux ou les branches (*rami*) ne font que des productions ou même des divifions de la tige. Si on les confidère féparément, on dit qu'ils font,

115. Alternes (*alterni*) lorfqu'ils font difpofés l'un après l'autre par gradation autour de la tige.

116. Oppofés (*oppofiti*) lorfqu'ils font difpofés par paires fur la tige où leur infertion fe fait fur deux points diamétralement oppofés : le cornouiller.

117. Diftiques (*diftichi*) lorfqu'ils font dif-

posés sur deux rangs seulement , c'est-à-dire qu'ils ne sont tournés exactement que de deux côtés.

118. Epars (*sparsi*) lorsqu'ils sont disposés de tous les côtés, c'est-à-dire, qu'ils naissent sans garder aucun ordre remarquable.

119. Ramassés (*conferti*) lorsqu'étant épars ils sont tellement nombreux qu'ils garnissent presque toute la tige ou d'autres rameaux communs & laissent à peine quelque part un vuide sensible.

120. Verticillés (*verticillati*) lorsqu'ils sont plus de deux à chaque articulation & qu'ils entourent ainsi la tige par étages, en manière de verticilles ou d'étoile; & dans ce cas, l'on considère leur nombre à chaque verticille, & l'on dit qu'ils sont ternés, quaternés, quinés, &c. (*terni , quaterni , quini , &c.*) *nerium.*

121. Droits (*erecti*) lorsque la tige étant dans une situation droite, ils forment avec elle des angles très-aigus, *cupressus.*

122. Serrés (*coarcti*) lorsqu'ils sont serrés contre la tige , quelle que soit sa direction.

123. Divergens (*divergentes*) lorsqu'étant

oppofés ou verticillés, ils s'écartent tellement de la tige qu'ils forment chacun un angle prefque droit avec elle.

124. Etalés (*divaricati*) lorfqu'étant alternes ou épars, ils forment avec la tige & entre eux des angles prefque droits.

125. Courbés, pliés (*deflexi*) lorfqu'ils penchent en dehors en formant un peu l'arc, de forte que leur extrémité eft plus baffe que leur infertion.

126. Pendans (*penduli*) lorfque par leur longueur ou par leur foibleffe ils tombent prefque perpendiculairement. *Salix babylonica.*

127. Réfléchis (*reflexi*, *inflexi*) lorfqu'étant pendans, leur extrémité fe recourbe vers la tige.

128. Repliés (*retroflexi*) lorfqu'étant courbés en dehors, & prefque pendans, leur extrémité fe replie encore en différens fens.

129. Enfin, on diftingue ceux qui ont des fupports (*voyez ce mot*) d'avec ceux qui n'en ont pas ; & dans ce cas, on nomme les premiers, *rameaux à fupports* (*rami fulcrati*).

Obs. Les tiges & les rameaux des plantes fourniffent encore par leur confiftance, leur couleur , &c. beaucoup de caractères utiles pour les diftinguer.

La tige eft fucculente dans le pourpier , la bourache & la bète ; sèche dans le fmilax , les graminées , &c. laiteufe dans les chicoracées, campanules , liferons, apocins, pavots, tithy-males ; verte dans l'hyèble , le fenouil , les oignons ; cendrée dans le fureau, le charme, le peuplier ; blanche dans le bouleau ; rouge dans le cournouillèr fanguin ; dans la patience fang-de-dragon , dans la bète-rave , dans une variété de l'arroche des jardins ; tachée dans la ferpen-taire , la ciguë , la viperine ; & gluante dans plufieurs filènes, dans l'aune , &c.

Elle eft tout-à-fait expofée à l'air 'dans le feneçon ; cachée fous l'eau dans le *nymphea* , & enfoncée dans la terre ou fous la mouffe dans la clandeftine.

Les rameaux de la tige ont une difpofition remarquable dans certaines plantes ; ils forment un buiffon fur le rofier, une tête fur le pom-mier , & un cône fur le cyprès.

III. *DES FEUILLES.*

130. Les feuilles méritent, à bien des égards,

de fixer notre attention. L'époque même de leur naiſſance qui annonce le retour du printemps & le renouvellement de la Nature ; la mobilité de ces parties qu'une légère épaiſſeur & une queue molle & flexible rendent communément ſuſceptibles de ſe jouer au gré des vents ; ce vert riant & ami de l'œil, dont la plupart ſont colorées ; leur diſpoſition également agréable dans la ſymmétrie & dans ſon déſordre ; tout contribue en elles à nous préſenter la plante ſous un aſpect flatteur, & à lui donner un air de vie & de ſanté. Elles ſont le principal ornement de nos forêts, où elles répandent de plus la fraîcheur & l'ombre, & nous offrent un aſyle contre les ardeurs du ſoleil.

Mais l'objet du Naturaliſte eſt de les conſidérer par rapport au corps même de la plante, à l'entretien de laquelle elles ſont très-utiles, ſouvent même néceſſaires. On peut en effet les regarder comme des extenſions particulières de la tige & des rameaux, deſtinées à augmenter l'étendue de la ſurface extérieure de la plante, & à préſenter à l'air un grand nombre de pores qui pompent l'humidité ſalutaire de ce fluide,

& réparent les pertes caufées par la tranfpira-
tion, auxquelles ne fuppléent pas fuffifamment
les fucs fournis par les racines.

Toutes les plantes n'ont pas effentiellement
des feuilles; les champignons (fi on peut les
mettre au rang des végétaux), les falicornes,
quelques joncs, plufieurs cactus, différens eu-
phorbes, &c. paroiffent privés de cet organe.

Il y en a qui n'ont que des efpèces d'écailles
qui en tiennent lieu, comme l'orobanche, la
clandeftine, le nid d'oifeau, &c.

On diftingue, en général, dans cette partie,
ce que l'on appelle proprement la *feuille* & la
queue, qui cependant n'exifte pas toujours, &
à laquelle on a donné le nom de *pétiole*, pour
la diftinguer de la queue de la fleur que l'on
appelle *péduncule*.

Le pétiole & le péduncule étant regardés
comme des fupports, feront, par cette raifon,
décrits dans un article féparé.

La feuille proprement dite (*folium*), n'eft
que l'épanouiffement du pétiole, ou une continuité & une expanfion de l'écorce de la tige,
formée de deux couches, l'une fupérieure &

l'autre inférieure, entre lesquelles se trouve un prolongement des vaisseaux de la plante, dont les principales ramifications forment les nervures de la feuille. Ce prolongement s'épanouit ensuite en un réseau souvent double, mais très-mince.

Entre les deux feuillets de ce réseau vasculeux, ou entre ses mailles, on observe un tissu cellulaire tendre & spongieux qu'on nomme *parenchime*, & qui est composé de vésicules, dont les unes contiennent des sucs propres à la nourriture de la plante, & les autres des liqueurs qui peuvent devenir nuisibles lorsqu'elles n'ont point été évacuées par l'évaporation.

Les sucs ou l'humidité dont les pores absorbans de la feuille dépouillent l'air, descendent & vont fournir à l'entretien des racines, tandis que celles-ci pompent d'autres sucs qui montent pour aller contribuer à l'accroissement des autres parties.

Il paroît que c'est par leur surface inférieure que les feuilles absorbent l'humidité de l'air, & que celle qui est tournée vers le ciel, ne fert qu'aux excrétions, & à garantir la surface opposée du contact de la lumière directe qui la troubleroit dans ses fonctions; car on a observé que la disposition des feuilles étoit tellement constante, que toutes les fois qu'on renverfoit une branche pour changer l'aspect de leurs surfaces, elles reprenoient en peu de temps leur première situation.

Ainsi, tout nous induit à croire que les feuilles entrent pour beaucoup dans la conservation de l'individu; qu'elles sont aux racines ce que celles-ci sont à l'égard des autres parties, puisque leur forme plane est la plus convenable pour présenter à l'air un contact plus étendu avec peu de matière, de même que la forme fibreuse des racines est la plus propre pour percer, s'enfoncer & pénétrer dans tous les lieux où se trouvent les sucs & l'humidité nécessaires à la nutrition de la plante.

Enfin, les feuilles offrent au Botaniste, par leur admirable diversité, une foule de caractères fondés sur leur insertion, leur forme, leur substance, leur durée, &c. qui peuvent être d'un grand secours pour faire distinguer les plantes les unes des autres, lorsqu'on sait faire

un-heureux choix de ces mêmes caractères, &
n'employer que ceux qui sont tranchans &
invariables.

(A)

Si l'on considère le lieu où s'insèrent les
feuilles, on dit qu'elles sont ;

131. Radicales (*radicalia*) lorsqu'elles naissent
immédiatement du colet de la racine. La primevère, le pissenlit.

132. Caulinaires (*caulina*) lorsqu'elles s'insèrent sur la tige ; c'est le cas le plus commun.
La laitue, la sauge.

133. Raméales (*ramea*) lorsque l'on veut
exprimer celles qui s'insèrent sur les rameaux,
comme celles du pommier, du cerisier.

134. Axillaires (*axilaria*) lorsqu'elles s'insèrent dans les aisselles des branches, c'est-à-
dire, lorsqu'elles naissent dans l'angle supérieur
formé par l'insertion de chaque branche sur
la tige. Je ne connois point d'exemple de ce
cas, mais très-ordinairement les feuilles naissent
immédiatement sous l'insertion des branches,
de sorte que ce sont alors les branches qui
sont axillaires, puisqu'elles sont placées dans

l'angle formé par les feuilles & la tige, d'où elles fortent immédiatement.

135. Florales (*floralia*) lorfqu'elles font très-voifines des fleurs. (*Voyez* Bractées.)

On confidère fouvent leur nombre, & fi on l'exprime d'une manière indéterminée, on dit qu'elles font,

136. Peu nombreufes (*pauca*), nombreufes (*numerofa*), très-nombreufes (*numerofiffima*).

Et d'une manière déterminée, on dit qu'elles font,

137. Géminées, ternées, &c. (*gemina, trina, vel ternata*) c'eft-à-dire, qu'elles font attachées deux par deux, ou trois par trois fur le même point de la tige, où fur le même pétiole.

(B)

Si l'on confidère la fituation des feuilles, & leur pofition les unes à l'égard des autres, on dit qu'elles font,

138. Alternes (*alterna*) lorfqu'elles font difpofées par degrés fur la tige, & qu'elles font placées de côté & d'autre alternativement. Le chardon, le faule.

139. Diſtiques (*diſticha*) lorſqu'elles ſont toutes rangées alternativement ſur deux côtés oppoſés de la tige ou des rameaux. Le ſapin, l'if.

140. Eparſes (*ſparſa*), lorſqu'elles ſont aſſez nombreuſes, diſpoſées alternativement autour de la tige ou des rameaux, mais qu'elles ne gardent entre elles aucun ordre déterminé. *Lilium candidum, hieracium ſabaudum.*

141. Ramaſſées (*conferta*) lorſqu'étant éparſes, leur nombre eſt ſi grand que la tige ou les rameaux en ſont par-tout couverts. *Euphorbia cypariſſias.*

142. Faſciculée (*faſciculata*) lorſque s'inſérant pluſieurs enſemble ſur un même point, elles forment de petits faiſceaux ou paquets diſtingués les uns des autres. *Aſparagus retrofractus, pinus, larix.*

143. Embriquées (*imbricata*) lorſqu'étant éparſes & ramaſſées, elles ſe recouvrent l'une l'autre à moitié, comme les tuiles d'un toit. (*Voyez* n°. 83.)

144. Confluentes (*confluentia*) lorſqu'étant toutes ſituées les unes après les autres d'une manière diftincte, elles paroiffent malgré cela fe tenir & adhérer entre elles.

145. Rapprochées (*approximata*) lorfqu'elles naiffent toutes fi près les unes des autres, qu'elles ne laiffent que de très-petits vuides entre les points de leur infertion.

146. Éloignées (*remota*) lorfqu'elles laiffent des efpaces confidérables entre les points de leur infertion.

147. Oppofées (*oppofita*) lorfqu'elles font difpofées par paires, & que les points de leur infertion font diamétralement oppofés dans chaque couple. *Scabiofa, lonicera*.

148. Croifées (*decuffata*) lorfqu'étant oppofées, & plus ou moins rapprochées, la direction de chaque paire coupe à angles droits celles de la fuivante & de la précédente, de forte que les feuilles paroiffent difpofées fur quatre rangs autour de la tige. *Veronica teucrium, hyffopus myrtifolia*. Hort. reg.

149. Verticillées (*verticillata, ftellata*) lorfqu'elles font difpofées en anneau autour de la tige, c'eft-à-dire, qu'elles font oppofées au-delà de deux à chaque nœud, où elles forment une efpèce d'étoile. *Gallium, lilium martagon*.

150.

150. En écailles (*squammofa*) lorfqu'elles s'insèrent fur la tige en manière d'écailles. *Cytinus hipociftis.*

(C)

Si l'on confidère la direction des feuilles, on dit quelles font,

151. Droites. (*erecta* , *ftricta*) lorfque étant prefque perpendiculaires à l'horizon, elles forment un angle très-aigu avec la tige. *Tragopogon pratenfe, colchicum autumnale.*

152. Roides (*rigida*) lcrfqu'elles font fermes, & qu'elles réfiftent à la flexion. *Gallium uliginofum.*

153. Appliquées (*adpreffa*) lorfqu'elles font rapprochées de la tige également dans toute leur longueur, & que leur difque ou leur partie moyenne y paroît appliquée.

154. Ouvertes (*patentia*) lorfque leur extrémité s'éloigne de la tige avec laquelle elles forment un angle de plus de vingt degrés, mais pas entièrement droit. *Hieracium fabaudum.*

155. Horizontales (*horizontalia*) lorfque

leurs surfaces forment un angle droit avec la tige. *Lactuca virosa.*

156. Relevées (*assurgentia*) lorsqu'étant inclinées ou simplement horizontales, elles se relèvent dans leur partie supérieure, au point que leur sommet est entièrement droit.

157. Courbées en-dedans (*inflexa, incurva*) lorsqu'elles font courbées en arc concave, de forte que leur sommet regarde la tige.

158. Réfléchies (*reflexa*) lorsqu'étant redreffées ou ouvertes dans leur partie inférieure, elles se replient de manière que leur sommet devient horizontal ou même se rabat vers la terre.

159. Renverfées (*reclinata*) lorsqu'elles font très-réfléchies, & que leur sommet est plus bas que la pointe de leur insertion.

160. Roulées en dehors (*revoluta*) lorsqu'elles font roulées sur elles-mêmes en dehors en forme de fpirales, ou lorsqu'elles font simplement roulées en leurs bords de deffus en - deffous. *Teucrium fupinum.*

161. Roulées en-dedans (*involuta*) lorsque les fpirales qu'elles forment aux dépens de leur longueur ou de leur largeur, se font en deffus.

162. Pendantes (*dependentia*) lorſque ſans former aucun arc, leur ſommet regarde la terre perpendiculairement.

163. Obliques (*obliqua*) lorſque leur ſurface, priſe dans ſa largeur, eſt tellement inclinée, qu'elle s'écarte à-peu-près également de l'horizontale & de la verticale. *Frittilaria perſica.*

164. Verticales (*Verticalia, obverſa*) lorſque leur ſurface, priſe dans ſa largeur, eſt perpendiculaire à l'horizon.

165. Submergées (*ſubmerſa, demerſa*) lorſqu'elles ſont entièrement plongées, & qu'aucune de leurs parties n'atteint la ſurface de l'eau. *Ranunculus aquatilis.*

166. Flottantes (*natantia*) lorſqu'elles paroiſſent à la ſurface de l'eau ſans aucune immerſion. *Nymphæa, hydrocharis morſus ranæ.*

167. Radicantes (*radicantia*) lorſque couchées ſur la terre ou ſur d'autres corps, elles s'y attachent par de petites racines qu'elles fourniſſent de leur propre ſubſtance. *Saxifraga cotyledon.*

(D)

Si l'on considère l'insertion des feuilles, on dit qu'elles font,

168. Pétiolées (*petiolata*) lorsqu'elles font portées fur un pétiole, c'eft-à-dire, fur une petite queue qui les joint à la tige. *Urtica dioica.*

169. Ombiliquées (*umbilicata peltata*) lorfque leur pétiole ne s'insère point fur leur bord, mais dans leur difque, c'eft-à-dire, dans le milieu de leur furface inférieure : on les nomme auffi alors feuilles en *rondache*. *Tropæleum majus. L.*

170. Seffiles (*feffilia*) lorfqu'elles s'insèrent immédiatement fur la tige, fans être foutenues par un pétiole. *Veronica teucrium.*

171. Appuyées (*adnata* , *adnexa*) lorfque étant feffiles, la bafe de leur furface fupérieure eft comme appuyée fur la tige ou fur les rameaux.

172. Coadnées (*coadnata*) lorfqu'elles naiffent plufieurs enfemble, & comme par paquets, fans s'inférer cependant comme celles du n°. 142, fur un même point.

173. Connées (*connata*) lorſqu'étant oppoſées deux à deux, elles ſont tellement unies à leur baſe, que chaque paire ne paroît compoſée que d'une ſeule feuille. *Lonicera caprifolium, dipſacus laciniatus.*

174. Courantes (*decurrentia*) lorſque leur baſe ſe prolonge ſur la tige ou ſur les rameaux, & qu'elle y forme une ſaillie ou une eſpèce d'aîle courante longitudinalement. *Verbaſcum thapſus.*

175. Amplexicaule (*amplexicaulia*) lorſqu'étant ſeſſiles (170) elles embraſſent par leur baſe le tour de la tige. *Hyoſciamus niger, braſſica arvenſis.*

176. Perfeuillées (*perfoliata*) lorſqu'elles ſont enfilées dans leur diſque par la tige, ſans y adhérer par leurs bords. *Buplevrum rotundifolium.*

177. Engaînées (*vaginantia*) lorſque leur baſe forme une eſpèce de tuyau qui entoure la tige en manière de gaîne. La perſicaire, les graminées.

(E)

Si l'on conſidère la figure des feuilles, on dit qu'elles ſont,

178. Orbiculaires (*orbiculata*) lorſque leurs extrémités ſont également éloignées d'un centre commun. *Hydrocotile vulgaris , geranium ſangui-neum.*

179. Arrondies (*ſubrotunda*) lorſqu'elles approchent de la figure orbiculaire. *Ranunculus hederaceus.*

180. Rondes (*rotunda*) lorſqu'ayant une figure orbiculaire , elles n'ont aucun angle remarquable. *Soldanella alpina.*

181. Ovales (*ovata*) lorſqu'étant plus longues que larges , elles ſont arrondies à leur baſe , & un peu plus étroites à leur ſommet. *Scabioſa ſucciſa.*

182. Elliptiques (*elliptica*) lorſque le diamètre de leur longueur ſurpaſſe celui de leur largeur , & qu'elles ſont également arrondies & retrécies à leurs deux extrémités. *Vicia ſylvatica.*

183. Oblongues (*oblonga*) lorſque leur longueur contient pluſieurs fois leur largeur. L'oſeille des prés , le bouillon blanc.

184. En parabole (*parabolica*) lorſqu'étant plus longues que larges , elles ſe retréciſſent

infenfiblement vers leur fommet, & fe terminent par un bord très-arrondi.

185. Cunéiformes (*cuneiformia*) lorfqu'étant plus longues que larges, elles imitent, par leur forme, un coin ou un triangle, dont le fommet un peu tronqué repofe fur la tige. Le pourpier.

186. Spatulées (*fpathulata*) lorfqu'étant un peu cunéiformes, c'eft-à-dire, retrécies à leur bafe & élargies à leur fommet, elles fe terminent par un bord arrondi. *Bellis perennis.*

187. Digitées (*digitata*) lorfqu'elles imitent, par leurs découpures, les doigts de la main. *Helleborus viridis.*

188. Oreillées (*aurita*) lorfqu'elles ont deux appendices ou oreillettes à leur bafe, ou près du pétiole. Quelques efpèces de faule ; plufieurs *hieracium.*

189. Lancéolées (*lanceolata*) lorfqu'étant oblongues (183), elles fe retréciffent infenfiblement vers leur extrémité, & imitent un fer de lance. *Gratiola officinalis.*

190. Pointues (*acuta*) lorfqu'elles fe terminent par un angle qui forme comme une

pointe effilée. *Lyſimachia nemorum, rumex acutus.*
Les graminées.

191. Linéaires (*linearia*) lorſqu'elles ſont
étroites & d'une largeur preſque égale dans
toute leur longueur, excepté à leur ſommet,
qui ſe termine en pointe. *Euphorbia cypariſſias.*

192. Subulées (*ſubulata*) lorſqu'elles ſont
en forme d'alène, c'eſt-à-dire, lorſqu'elles ſont
linéaires à leur baſe, & qu'elles ſe terminent
inſenſiblement en une pointe très-aiguë.

193. En épingle (*aceroſa*) lorſqu'elles ſont
linéaires, pointues, un peu dures, perſiſtantes
pendant toute l'année, & qu'elles imitent à-peu-
près la forme d'une épingle. *Pinus, juniperus,
taxus.*

194. Capillaires, filiformes, fétacées (*capillaria, filiformia, ſetacea*) lorſqu'elles ſont tellement menues, qu'elles imitent la forme d'un
cheveu. *Feſtuca ovina, aſparagus officinalis.*

(F)

Si l'on conſidère les angles des feuilles, on
dit qu'elles ſont,

195. Entières (*integra*) lorſqu'elles ne ſont

pas divisées & qu'elles n'ont aucun angle , excepté à leur sommet , ni aucune sinuosité remarquable.

196. Triangulaires, quadrangulaires , quin-quangulaires , &c. (*triangularia* , *quadrangularia* , *quinquangularia* , *&c.*) lorsque leur circonférence est remarquable par un nombre déterminé d'angles saillans.

197. Anguleuses (*angulosa*) lorsque les angles qu'on remarque à leur circonférence ne forment point un nombre déterminé. *Chenopodium hybridum.*

198. Rhomboïdes (*rhombea*) lorsqu'elles ont quatre côtés parallèles formant quatre angles , dont deux aigus & deux obtus. *Chenopodium vulvaria.*

199. Deltoïdes (*deltoidea*) lorsqu'elles ont quatre angles , dont les deux latéraux sont plus proches de la base que du sommet. *Chenopodium serotinum.*

200. Trapésiformes (*trapesiformia*) lorsqu'elles ont quatre côtés inégaux & point parallèles.

(*G*)

Si l'on confidère les finus ou les échancrures qui forment des angles rentrans fur le difque des feuilles, on dit qu'elles font,

201. Cordiformes (*cordiformia* , *cordata*) lorfqu'elles font un peu en pointe à leur fommet, & échancrées à leur bafe, de manière qu'elles imitent à-peu-près la forme d'un cœur. Le tilleul, la violette.

202. Réniformes (*reniformia*) lorfqu'elles ont la figure d'un rein, c'eft-à-dire, qu'elles font arrondies, un peu plus larges que longues, & échancrées à leur bafe. *Afarum europæum.*

203. Lunulées (*lunata* , *lunulata*) lorfqu'elles imitent la forme d'un croiffant, c'eft-à-dire, lorfqu'elles font arrondies & échancrées à leur bafe, dont chaque lobe fe termine par un angle.

204. Sagittées (*fagittata*) lorfqu'elles imitent un fer de flèche, c'eft-à-dire, lorfqu'elles font triangulaires & échancrées à leur bafe. *Convolvulus arvenfis.*

205. Haftées (*haftata*) lorfqu'elles imitent un

fer de pique, c'eſt-à-dire, lorſqu'elles ſont triangulaires, creuſées à leur baſe & ſur les côtés, & que les deux angles latéraux divergent & ſe rejettent un peu en dehors. *Rumex ſcutatus, arum maculatum.*

206. Runcinées (*runcinata*) lorſqu'elles ſont découpées latéralement en lobes profonds & écartés, qui ne vont pas en diminuant vers leur baſe commune. *Eryſimum officinale.*

207. Panduriformes (*panduriformia*) lorſqu'elles ſont à-peu-près en forme de violon, c'eſt-à-dire, lorſqu'étant oblongues, un peu élargies ſur-tout vers leur baſe, elles ſont remarquables par une échancrure de chaque côté. *Rumex pulcher.*

208. Bifides, trifides, quadrifides, &c. (*bifida, trifida, quadrifida,* &c.) lorſqu'elles ſont fendues en deux ou trois, ou quatre lanières, &c. *Callitriche autumnalis.*

209. Multifides (*multifida*) lorſque le nombre de leurs lanières ou découpures eſt indéterminé. *Potintilla multifida, peganum harmala.*

210. Pinnatifides (*pinnatifida*) lorſqu'elles ſont imparfaitement aîlées, c'eſt-à-dire, lorſqu'elles

font découpées de chaque côté en manière d'aîle, affez profondément, mais point jufqu'à la côte. La berce, le tabouret, la fcabieufe des champs.

211. Lobées (*lobata*) lorfqu'elles font fendues en plufieurs parties dont les extrémités font arrondies en manière de lobes. Le lierre, la vigne, &c.

212. Partagées (*partita*) lorfqu'elles font fendues ou découpées en plufieurs parties jufqu'à leur bafe. Pour déterminer le nombre de ces parties, on dit partagées en deux, en trois, en quatre, &c. (*bipartita*, *tripartita*, *quadripartita*, &c.) & d'une manière indéterminée, partagées en beaucoup de parties (*multipartita*) lorfque le nombre de ces divifions eft peu fixe & au-delà de quatre.

213. Palmées (*palmata*) lorfqu'elles imitent une main ouverte, c'eft-à-dire, lorfqu'elles font divifées, à-peu-près depuis leur milieu, en plufieurs parties prefque égales. *Paffiflora cærulea.*

214. Lyrées (*lyrata*) lorfqu'elles font en lyre, c'eft-à-dire, lorfqu'elles font découpées latéralement en lobes profonds, écartés, élargis

à leur-bafe., pointus à leur fommet, & qui vont en diminuant de grandeur vers la partie inférieure de la feuille. Le piffenlit, plufieurs *fifymbrium.*

215. Sinuées (*finuata*) lorfque leurs côtés font remarquables par plufieurs finuofités-ou efpèces d'échancrures arrondies & très-ouvertes. *Hyofciamus niger.*

216. Laciniées, déchiquetées (*laciniata, diffecta*) lorfque leurs divifions ou découpures font elles-mêmes une ou plufieurs fois divifées. *Eryngium campeftre, geranium diffectum.*

(H)

Si l'on confidère la bordure des feuilles (*margo, foliorum*) c'eft-à-dire, leur bord ou limbe, abftraction faite de leur difque, on dit qu'elles font,

217. Très-entières (*integerrima*) lorfque leur limbe-fe continue par-tout fans aucune divifion quelconque. *Lonicera caprifolium.*

218. Crénelées (*crenata*) lorfque leur bord eft divifé par des dents arrondies ou obtufes, qu'on nomme crénelures. *Betonica officinalis.*

219. Dentées, dentelées (*dentata, denticulata*) lorſque leur bord eſt diviſé par des dents pointues qui ne régardent pas le ſommet de la feuille. *Androſace maxima.*

220. En ſcie (*ſerrata*) lorſque leur bord eſt diviſé par des dents pointues qui regardent le ſommet de la feuille. *Achilæa ptarmica.*

221. Ciliées (*ciliata*) lorſque leur bord eſt garni de poils parallèles comme des cils. *Erica tetralix.*

221. Epineuſes (*ſpinoſa*) lorſque leur bord eſt garni de pointes aiguës, dures & piquantes. Les chardons, le houx.

223. Cartilagineuſes (*cartilaginea*) lorſque leur bord eſt diſtingué par une eſpèce de cartilage, ou de ſubſtance plus ferme & plus ſèche que celle de la feuille. *Saxifraga cotyledon.*

224. Déchirées (*lacera*) lorſque leur bord eſt partagé par des découpures inégales & difformes.

225. Rongées (*eroſa*) lorſqu'étant ſinuées (215), leurs échancrures ou ſinuoſités en ont d'autres plus petites & inégales entre elles. *Hyoſcyamus aureus.*

(I)

Si l'on considère le sommet des feuilles, on dit qu'elles font,

226. Obtufes (*obtufa*) lorfque leur fommet eft prefque arrondi, & femble être émouffé. Le gui.

227. Echancrées (*emarginata*) lorfqu'elles ont à leur fommet une entaille médiocre qui les partage en deux portions peu alongées. *Convolvulus brafilienfis.* \

228. Emouffées (*retufa*) lorfque leur fommet eft très-obtus, prefque échancré & comme écrafé. *Vicia fativa.*

229. Mordues (*præmorfa*) lorfque leur fommet eft très-obtus, & terminé en même temps par de petites découpures ou déchirures inégales.

230. Tronquées (*truncata*) lorfque leur fommet fe termine par une ligne ou bord tranfverfal, comme s'il avoit été coupé.

231. Aiguës, pointues, (*acuta*) lorfqu'elles fe terminent en pointe, c'eft-à-dire, par un angle aigu. *Rumex crifpus.*

232. Mucronées (*mucronata*) lorfque la pointe

aiguë qui les termine forme une faillie, & ne paroît pas être la fuite du retréciffement infenfible de la feuille. *Gallium uliginofum.*

233. Vrillées (*cirrhofa*) lorfqu'elles fe terminent par un ou plufieurs filets qui s'entortillent, s'accrochent aux corps voifins, & qu'on nomme *vrilles. Lathyrus , vicia.*

(K)

Si l'on confidère la fuperficie des feuilles, on diftingue d'abord, à raifon de leur forme applatie en général, la furface fupérieūre qui eft tournée vers le ciel (*pagina fuperior*) d'avec l'inférieur qui regarde en bas (*pagina inferior, vel prona pars*), & on dit qu'elles font,

234. Nues (*nuda*) lorfqu'elles n'ont aucune excroiffance particulière, c'eft-à-dire, qu'elles ne font point chargées de glandes, de poils, d'épines, &c. Le lilac.

235. Glabres (*glabra*) lorfqu'elles font nues, & que leur furface eft de plus unie & fans inégalités remarquables. *Spinacia oleracea.*

236. Luifantes (*lucida , nitida*) lorfqu'elles font tellement glabres qu'elles femblent avoir le poli de l'acier. *Angelica lucida.*

237.

237. Colorées (*colorata*) lorſque leur couleur diffère de la couleur verte qu'elles ont en général. *Amaranthus tricolor.*

238. Nerveuſes (*nervoſa*) lorſqu'elles ont des côtes ou nervures ſaillantes, qui s'étendent de la baſe au ſommet ſans ſe ramifier. Le plantain. On exprime auſſi très-ſouvent le nombre des nervures, lorſqu'il eſt aſſez conſtant & aſſez petit pour être déterminé facilement. *Helianthus divaricatus, ſmilax aſpera.*

239. Non nerveuſes (*enervia*) lorſque leurs ſurfaces ne ſont marquées d'aucunes nervures. La tulipe.

240. Striées, marquées de lignes (*ſtriata, lineata*) lorſquelles portent des lignes longitudinales, parallèles, à peine ſaillantes, mais très-viſibles. *Ixia ſcillaris.*

241. Sillonnées (*ſulcata*) lorſqu'elles ſont marquées de traces ou de petites excavations longitudinales, nombreuſes & parallèles, qu'on nomme *ſillons. Curcuma longa.*

242. Veinées (*venoſa*) lorſqu'elles ſont marquées de côtes ou nervures aſſez petites, mais extrêmement ramifiées, & qui comuniquent

les unes avec les autres. *Viburnum lantana, falix myrfinites.*

243. Ridées (*rugofa*) lorfque leurs veines font difpofées à l'aife, & que les portions de leur furface, renfermées dans les ramifications des nervures, font élevées & forment des rides ou de petites éminences très-nombreufes. *Helio-tropium Europæum, primula veris officinalis.*

244. Bullées (*bullata*) lorfque les rides ou les parties renflées de leur furface fupérieure font évidées en-deffous. *Ocymum bafilicum.* ♌.

245. Ponctuées (*punctata*) lorfque leur furface eft parfemée de petits points nombreux, excavés ou en relief. *Alyffum montanum.*

246. Mamelonnées (*papillofa*) lorfqu'elles font chargées de points véficulaires un peu élevés & charnus, ou hériffées de tubercules nombreux. La glaciale.

247. Glanduleufes (*glandulofa*) lorfqu'elles font chargées de glandes (*voyez* ce mot) à leur bafe, ou dans les dentelures de leurs bords, ou fur leur dos. *Viburnum opulus, falix alba, prunus lauro-cerafus.*

248. Vifqueufes, gluantes (*vifcida, glutinofa*) lorfqu'elles font enduites d'un fuc glutineux, tenace & collant. *Betula alnus ; fenecio vifcofus.*

249. Pubefcentes (*pubefcentia, villofa*) lorfque leur fuperficie eft chargée d'un duvet très-fin, peu ferré & affez court, mais facile à diftinguer. *Sorbus domeftica.*

250. Cotonneufes, laineufes (*tomentofa, lanata*) lorfque leur fuperficie paroît comme drapée, c'eft-à-dire qu'elle eft chargée de poils tellement entrelacés les uns dans les autres, qu'on ne peut les diftinguer feparément, & qu'ils lui donnent un afpeĉt cotonneux ou laineux & blanchâtre. *Verbafcum thapfus.*

251. Soyeufes (*fericea*) lorfqu'elles font chargées de poils mous, parallèles, couchés, entaffés & luifans, c'eft-à-dire, qui donnent à la feuille un afpeĉt foyeux & fatiné. *Potentilla anferina.*

252. Barbues (*barbata*) lorfqu'elles font chargées de poils ramaffés & prefque difpofés par faifceaux, mais à-peu-près parallèles & point entrelacés. *Vincetoxicum.*

253. Velue (*hirfuta, pilofa*) lorfque les poils

qui couvrent leur fuperficie font allongés, mais point fafciculés ni entrelacés. *Hieracium pilofella.*

254. Rudes, raboteufes (*fcabra , afpera*) lorfque leur fuperficie eft parfemée de tubercules rudes qui s'accrochent aifément aux étoffes. *Gallium apparine.*

255. Hériffées (*hifpida , hirta*) lorfque leur fuperficie eft couverte, de poils rudes & fragiles, *echium vulgare ;* ou de poils écartés les uns des autres, *daucus carota.*

256. Piquantes (*aculeata , ftrigofa*) lorfqu'elles font chargées de petites pointes aiguës & piquantes, quoiqu'à peine vifibles. *Gallium uliginofum , rubia tinctorum.*

(L)

Si l'on confidère la longueur ou l'expanfion des feuilles, on dit qu'elles font,

257. Très-longues ou très-courtes (*longiffima, breviffima*) lorfque l'on confidère leur longueur d'une manière abfolue, ou feulement par rapport à la grandeur de la tige, ou à la grandeur des entre-nœuds. *Salix viminalis.*

258. Planes (*plana*) lorfque leurs deux fur-

faces font applaties & parallèles dans toute leur étendue. *Juncus pilosus, thymus serpyllum.*

259. Caniculées (*caniculata*) lorfqu'il règne dans toute leur longueur un fillon ou une gouttière profonde, en forme de canal. *Allium angulofum.*

260. Concaves (*concava*) lorfque leur bord eft plus élevé que leur difque qui paroît creufé ou enfoncé. *Geranium cucullatum, cotyledon umbilicus.*

261. Convexes (*convexa*) lorfque leur bord eft moins élevé que leur difque, qui paroît former une boffe.

262. Pliffées (*plicata*) lorfqu'elles forment des plis remarquables, c'eft-à-dire, lorfque leur difque d'un bord à l'autre, forme des enfoncemens & des élévations, foit parallèles, foit rayonnées, *Alchimilla vulgaris.*

263. Ondées (*undata, undulata*) lorfque leur circonférence, plus grande à proportion que leur difque, les fait flotter en replis obtus & ondoyans. *Potamogeton crifpum.*

264. Frifées (*crifpa*) lorfqu'étant extrêmement ondées, leurs bords paroiffent difformes & comme mal frifés. *Malva crifpa.*

(M)

Si l'on confidère la fubftance des feuilles en particulier, & relativement à leur forme, on dit qu'elles font,

265. Membraneufes (*membranacea*) lorfqu'elles ne font point épaiffes, & qu'elles n'ont prefque point de pulpe. *Lathyrus fylveftris.*

266. Scarieufes (*fcariofa, arida*) lorfque leur fubftance eft aride, sèche, blanchâtre, fonore au tact, & fouvent gercée ou remplie de cicatrices.

267. Epaiffes (*craffa*) lorfque leur fubftance eft compacte, ferme & folide. *Aloe, agave.*

268. Charnues, pulpeufes (*carnofa, pulpofa*) lorfqu'elles font épaiffes & compactes, & que leur fubftance eft tendre & fucculente. *Sedum; falfola vermiculata.*

269. Renflées (*gibba*) lorfqu'étant charnues, elles font plus épaiffes dans leur milieu, & comme convexes des deux côtés. *Sedum acre.*

270. Cylindriques (*cylindrica, teretia*) lorfqu'elles imitent un cylindre, excepté dans leur

sommet qui se termine en pointe. *Allium schœ-noprasum.*

271. Comprimées (*compressa*, *depressa*) lorsque étant succulentes & épaisses, elles ont quelque applatissement sensible. Plusieurs *sedum*, *mesembryanthemum.*

272. Carinées (*carinata*) lorsqu'elles sont en forme de carène, c'est-à-dire, creusées en gouttière longitudinale dans leur milieu, & relevées en-dessous par une saillie anguleuse ou un peu tranchante. *Asphodelus ramosus.*

273. A trois côtés (*triquetra*) lorsqu'elles ont longitudinalement trois faces ou trois côtés planes, & qu'elles se terminent par une pointe.

274. Ligulées (*ligulata*, *linguiformia*) lorsqu'elles sont linéaires, charnues, obtuses & un peu convexes en-dessous. *Mesembryanthemum linguiforme.*

275. Ensiformes (*ensiformia*) lorsqu'elles imitent un glaive, une épée, c'est-à-dire, qu'elles sont allongées, un peu épaisses dans leur partie moyenne, prise quant à la largeur; qu'elles ont un bord tranchant de chaque côté, & qu'elles se rétrécissent vers leur sommet,

où elles se terminent en pointe. *Iris Pseudo-acorus.*

276. En sabre (*acinaciformia*) lorsqu'elles sont allongées, un peu charnues, ayant un bord mince & tranchant, & l'autre épais & obtus. *Mesembryanthemum acinaciforme.*

277. En doloir (*dolabriformia*) lorsqu'elles imitent un couteau, ou cette espèce de hache dont se servent les tonneliers, c'est-à-dire, lorsqu'elles font un peu cylindriques à leur base, planes & élargies supérieurement ; qu'elles ont un côté tranchant, & que leur sommet se termine par un bord arrondi. *Mesembryanthemum dolabriforme.*

(N)

Si l'on considère la durée des feuilles, on dit qu'elles font,

278. Caduques (*caduca, decidua*) lorsqu'elles tombent avant la maturité du fruit, ou à la fin de l'été. *Quercus robur, carpinus,* &c.

279. Persistantes (*persistentia, sempervirentia*) lorsqu'elles ne tombent point à la fin de l'année,

& qu'elles perfistent pendant un ou plufieurs hivers. *Quercus ilex, buxus,* &c.

(O)

Si l'on confidère la compofition des feuilles, c'eft-à-dire, leur nombre, leur pofition, & leur infertion fur le même pétiole, on dit qu'elles font,

280. Simples (*fimplicia*) lorfque leur pétiole n'eft terminé que par un feul épanouiffement, c'eft-à-dire, ne porte qu'une feule feuille. L'ofeille, la violette.

281. Compofées (*compofita*) lorfque leur pétiole eft terminé par plufieurs épanouiffemens, c'eft-à-dire, porte plufieurs feuilles très-diftinctes les unes des autres, auxquelles on a donné le nom de folioles. *Vicia, hippocaftanum.*

282. Articulées (*articulata*) lorfqu'elles naiffent fucceffivement du fommet les unes des autres. *Cactus opuntia.*

283. Conjuguées (*conjugata*) lorfque leur petiole très-fimple, porte une ou plufieurs paires

de folioles oppofées ; ce qui fait qu'on nommé *bijuguées, trijuguées*, &c. (*bijugata, trijugata*, &c.) celles qui font formées par deux ou trois conjugaifons, c'eft-à-dire, deux ou trois paires de folioles oppofées. *Caffia.*

284. Binées, ternées, quaternées, quinées, &c. (*binata, ternata vel trina, quaternata, quinata*, &c.) lorfque leur pétiole commun porte deux ou trois, ou quatre, ou cinq folioles inférées fur le même point en manière de digitations. *Zygophillum, trifolium*, plufieurs *cleome*, &c.

285. Pédiaires (*pedata*) lorfque leur pétiole fe divife en deux à fon extrémité, & que plufieurs folioles naiffent fur le côté intérieur de fes divifions. *Helleborus niger, arum dracunculus.*

286. Ailées, pinnées (*pinnata*) lorfque plufieurs folioles font rangées en manière d'ailes des deux côtés, & le long d'un pétiole commun. *Glycirrhiza aftragalus.*

287. Ailées avec interruption (*interruptè-pinnata*) lorfque leurs folioles ont des dimenfions inégales, c'eft-à-dire, lorfqu'elles font alternativement grandes & petites. L'aigremoine.

288. Ailées avec une impaire (*impari-pinnata*) lorſqu'elles ſont terminées par une foliole im-paire. Le térébinthe, le noyer.

289. Ailées ſans impaire (*abruptè-pinnata*) lorſqu'elles ſont terminées par deux folioles oppoſées, & point par une impaire. Le len-tiſque.

290. Les feuilles ailées (286) ont encore diverſes marques qui ſervent à les diſtinguer; les unes ſont terminées par un ou pluſieurs filets qu'on nomme *vrilles* (*folia pinnata cirrhoſa*), d'autres ont leurs folioles diſpoſées alternative-ment (*folia alternè - pinnata*), d'autres les ont oppoſées (*oppoſitè-pinnata*), d'autres enfin les ont courantes ſur le pétiole commun (*decurſivè-pinnata*).

(P)

Si l'on conſidère le degré de compoſition des feuilles, on dit qu'elles ſont,

291. Recompoſées (*decompoſita*) lorſqu'elles ſont en quelque ſorte compoſées deux fois, c'eſt-à-dire, lorſque leur pétiole au lieu de porter des folioles de chaque côté, porte d'autres

petits pétioles, d'où fortent à droite & à gauche des folioles particulières. *Ruta graveolens.*

292. Bigeminées (*bigeminata*) lorfque leur pétiole fe bifurque, & foutient à fes extrémités quatre folioles difpofées par paires.

293. Biternées (*biternata*) lorfque leur pétiole fe divife en trois parties, qui portent chacune trois folioles. *Epimedium.*

294. Bipinnées (*bipinnata*) lorfqu'elles font deux fois ailées, c'eft-à-dire, lorfque leur pétiole porte de chaque côté des feuilles ailées. *Mimofa cinerea.*

295. Sur - compofées (*fupra - decompofita*) lorfqu'elles font plus de deux fois compofées, c'eft - à - dire, lorfque leurs pétioles, plufieurs fois divifés, portent des filets qui, au lieu de fe terminer par des folioles, fe divifent encore en d'autres filets qui foutiennent des folioles. *Spiræa aruncus.*

296. Tergeminées (*tergemina, triplicato-gemina*) lorfque leur pétiole fe divife en trois parties, qui foutiennent chacune à leur fommet quatre folioles féparées par paires.

297. Triternées (*triternata, triplicatoternata*)

lorſque leur pétiole ſe diviſe en trois parties, qui ſe ſubdiviſent encore chacune en trois autres parties, chargées chacune de trois folioles.

298. Tripinnées (*tripinnata, triplicato-pinnata*) lorſqu'elles ſont trois fois ailées, c'eſt-à-dire, lorſque leurs pétioles portent de chaque côté, en manière d'ailes, pluſieurs folioles bipinnées (294) avec ou ſans impaire terminale.

IV. Des Supports.

299. Outre la tige qui, dans les Plantes où elle exiſte, eſt comme le ſupport commun de toutes les autres parties, un grand nombre de végétaux ont encore des ſupports particuliers en forme de qüeuè, qui ſoutiennent leurs feuilles & leurs fleurs, & en diverſifient de mille manières le port & la ſituation : ces eſpèces de queue méritent ſeules proprement le nom de *ſupports* ; cependant, on a compris ſous cette dénomination générale quelques autres parties, dont les unes aident aux Plantes à ſe ſoutenir ; ou ſervent à les garantir & à les défendre, & les autres facilitent l'excrétion de quelque humeur.

Nous parlerons d'abord du pétiole & du péduncule, qui font les fupports proprement dits : nous paflerons enfuite aux autres efpèces, qui font, la vrille, les ftipules, les braćtées, les épines, les éguillons, les poils, les glandes, les écailles, & les humeurs extérieures.

Du Pétiole.

300. Le Pétiole (*Petiolus*) eft cette partie du tronc ou des rameaux des plantes qui foutient les feuilles, mais jamais les fleurs ni le fruit, & qu'on nomme vulgairement *queue des feuilles.*

(A)

Le Pétiole, relativement à fa figure, eft appellé,

301. Linéaire (*linearis*) lorfqu'il eft très-menu & égal dans toute fa longueur.

302. Ailé (*alatus*) lorfqu'il eft bordé de chaque côté d'une membrane courante & longitudinale. L'oranger.

303. Membraneux (*membranaceus*) lorfqu'il

est comprimé & tellement aminci, qu'il ne paroît contenir aucune substance pulpeuse.

304. Cylindrique (*teres*) lorsqu'il est arrondi dans toute sa longueur.

305. Demi-cylindrique (*semi-teres*) lorsqu'il est cylindrique d'un côté, & un peu comprimé de l'autre.

306. Anguleux (*angulatus*) lorsqu'il n'est ni parfaitement cylindrique, ni parfaitement plane, mais remarquable par plusieurs angles saillans.

307. Plane (*planus*) lorsqu'il est applati & comprimé des deux côtés, & qu'il a en même temps une épaisseur sensible.

308. Canaliculé (*canaliculatus*) lorsque sa surface supérieure est creusée par un sillon, ou une gouttière profonde & longitudinale.

(B)

Le Pétiole, considéré relativement à sa grandeur, que l'on compare presque toujours à l'extension longitudinale de la feuille, est appellé,

309. Très-court (*brevissimus*) lorsque sa

longueur eſt ſurpaſſée pluſieurs fois par celle de la feuille.

310. Court (*brevis*) lorſque ſa longueur eſt moindre que celle de la feuille, mais en approche.

311. Médiocre (*mediocris*) lorſque ſa longueur eſt ſenſiblement égale à celle de la feuille.

312. Long (*longus*) lorſque ſa longueur ſurpaſſe ſenſiblement celle de la feuille, mais non de pluſieurs fois.

313. Très-long (*longiſſimus*) lorſque ſa longueur ſurpaſſe pluſieurs fois celle de la feuille.

(C)

Si l'on conſidère l'inſertion du pétiole, on dit qu'il eſt,

314. Adhérent (*inſertus*) lorſqu'il ne s'élargit point à ſa baſe , & qu'il ne paroît adhérent à la plante que par un ſimple contaĉt, ſans s'appliquer à la ſurface de la tige ou des rameaux dans aucune portion de ſa longueur.

315. Cohérent (*adnatus*) lorſque ſa baſe s'élargit, & qu'il s'applique dans une partie

de

de sa longueur sur la surface de la tige ou des rameaux, de sorte que l'on ne pourroit l'en détacher, sans déchirer en même temps une portion de l'épiderme de la plante, plus grande que celle qu'embrasseroit la simple épaisseur du pétiole.

316. Décurrent (*decurrens*) lorsque sa base se prolonge sur la tige ou sur les rameaux, & y laisse une ou plusieurs saillies courantes en manière d'aile.

317. Amplexicaule (*amplexicaulis*) lorsque sa base en s'élargissant, embrasse ou environne la tige.

318. Engaîné (*vaginans*) lorsque sa base forme une espèce de gaîne qui enveloppe un peu la tige.

319. Appendiculé (*appendiculatus*) lorsque sa base se termine par une ou plusieurs appendices feuillées.

(D)

On considére aussi la direction du pétiole, & alors on dit qu'il est,

320. Redressé (*erectus*), montant (*assurgens*);

ouvert (*patens*) , recourbé (*recurvatus*) , divergent (*patulus*) &c.

(E)

Si l'on confidère fa fuperficie, on dit qu'il eft,

321. Glabre (*glaber*) , garni d'aiguillons (*aculeatus*) , épineux (*fpinofus*) , glanduleux (*glandulofus*), nu (*nudus*), coloré (*coloratus*) , &c.

Du Péduncule.

322. Le Péduncule (*pedunculus*) eft ce prolongement de la tige ou des rameaux des plantes qui foutient les fleurs & les fruits , & qu'on nomme vulgairement leur queue : le péduncule eft aux fleurs ce que le pétiole eft aux feuilles.

(A)

Le péduncule , relativement à fa compofition , eft appellé ,

323. Commun (*communis*) lorfqu'il eft chargé de plufieurs fleurs , ou lorfqu'il fe divife en plufieurs autres péduncules particuliers , chargés de fleurs & de fruits.

324. Partiel (*partialis*) lorfqu'étant chargé d'une feule fleur, il ne s'insère pas directement fur la tige ou fur les rameaux, mais fur un péduncule commun dont il n'eft qu'une divifion.

325. Simple (*fimplex*) lorfqu'il ne porte qu'une feule fleur, & qu'il s'insère directement fur la tige ou fur les rameaux.

Obs. La Hampe (voyez ce mot) peut être regardée comme un péduncule fimple, qui s'insère immédiatement fur la racine de la plante.

(B)

Si l'on confidère le lieu de l'infertion du péduncule, on dit qu'il eft,

326. Radical (*radicalis*) lorfqu'il s'insère immédiatement fur la racine, & alors il ne diffère pas de la hampe. *Anemone hepatica.*

327. Caulinaire (*caulinus*) lorfqu'il s'insère fur les rameaux ; pétiolaire (*petiolaris*) lorfqu'il s'insère fur le pétiole.

328. Cirrhifère (*cirrhiferus*) lorfqu'il porte ou produit latéralement une vrille ou un filet. *Vitis, cardiofpermum.*

329. Terminale (*terminalis*) lorfqu'il termine la tige ou les rameaux. *Lilium , tulipa.*

330. Axillaire (*axillaris*) lorfqu'il s'insère dans l'angle formé par les feuilles avec la tige, ou dans celui que forment les rameaux à leur naiffance. *Gratiola officinalis.*

331. Oppofé aux feuilles (*oppofiti-folius*) lorfqu'il s'insère dans un point oppofé à celui de l'infertion des feuilles. *Vitis.*

332. Au côté des feuilles (*laterifolius*), parmi les feuilles (*interfoliaceus*), au-deffus des feuilles (*fuprafoliaceus*), au-delà ou au-deffous des feuilles (*extrafoliaceus , &c.*)

(C)

Si l'on confidère la fituation & le nombre des péduncules, on dit qu'ils font,

333. Oppofés (*oppofiti*) lorfqu'ils s'insèrent fur deux points oppofés de la tige. *Teucrium pfeudo-chamæpitys.*

334. Verticillés (*verticillati*) lorfqu'ils font oppofés plus de deux à chaque nœud, & pour ainfi dire difpofés en anneau ou en étoile. *Marrubium.*

335. Alternes (*alterni*) lorsqu'ils sont disposés alternativement, mais seulement de deux côtés opposés de la tige ou des rameaux.

336. Epars (*sparsi*) lorsqu'ils sont disposés alternativement, mais de tous côtés & sans ordre.

337. Solitaires (*solitarii*) lorsqu'ils sont seuls chacun dans le lieu de leur insertion. *Pyrus cydonia.*

338. Geminés (*geminati*) lorsqu'ils sont disposés deux à deux sur chaque point de leur insertion.

(D)

Si l'on considère la direction des péduncules, on dit qu'ils sont,

339. Appliqués (*appressi*) lorsqu'ils sont rapprochés de la tige également dans toute leur longueur, & qu'ils y paroissent appliqués.

340. Droits (*erecti*) lorsqu'ils forment un angle très-aigu avec la tige, & qu'ils s'approchent de la verticale.

341. Serrés (*coarcti*) lorsqu'ils sont nombreux, rapprochés & très-serrés contre la tige.

342. Etalés, ouverts (*patentes* , *divaricati*) lorfqu'ils font nombreux & rapprochés dans le lieu de leur infertion , mais divergens & ayant leur fommet très-écarté de la tige qui les foutient.

343. Penchés (*cernui*) lorfque leur fommet eft courbé de façon que les fleurs qu'ils portent ont une nutation remarquable , & font tournées en-dehors ou vers la terre. *Carduus nutans.*

344. Retournés (*refupinati*), inclinés (*declinati*) , perpendiculaires (*ſtricti*) , tortueux (*flexuoſi*) , &c.

345. Débiles , foibles (*flaccidi*) lorfque leur foibleffe eft telle qu'ils fléchiffent, entraînés par le poids de la fleur.

346. Montans (*afcendentes*) lorfqu'étant un peu inclinés à leur bafe, ils fe redreffent enfuite & fe rapprochent de la perpendiculaire.

347. Pendans (*penduli*) lorfqu'ils font tournés tout-à-fait vers la terre, & qu'ils pendent perpendiculairement.

348. Uniflores, biflores, triflores, &c. (*uniflori* , *biflori* , *triflori* , &c.) lorfque l'on veut exprimer le nombre des fleurs qu'ils portent chacun en particulier.

349. Multiflores (*multiflori*) lorsque l'on veut exprimer qu'ils portent chacun beaucoup de fleurs, dont on ne détermine pas le nombre.

350. Courts (*breves*), très - courts (*brevissimi*), longs (*longi*), très-longs (*longissimi*), &c. lorsque l'on veut déterminer leur grandeur comparée à celle de la fleur.

(E)

Si l'on considère la structure & la forme du péduncule, on dit qu'il est,

351. Cylindrique (*teres*) lorsqu'il est arrondi dans sa longueur comme un cylindre ; trigone (*trigonus* , *triqueter*) lorsqu'il a trois faces égales, tétragone (*tetragonus*) lorsqu'il a quatre faces égales.

352. Filiforme (*filiformis*) lorsqu'il est égal dans toute sa longueur, & que son épaisseur surpasse à peine celle d'un fil.

353. Aminci (*attenuatus*) lorsque son épaisseur va en diminuant vers son sommet, de sorte qu'il est plus grêle près de la fleur qu'à sa base.

354. Epaissi (*incrassatus*) lorsque son épais-

feur eſt plus conſidérable vers ſon ſommet.
Tragopogon.

355. En maſſue (*clavatus*) lorſqu'étant
très - épaiſſi vers ſon ſommet, mais un peu
reſſerré ſous la fleur, il reſſemble à une
maſſue.

356. Nu (*nudus*) lorſqu'il ne porte ni
feuilles, ni écailles, ni autres productions particulières.

357. Feuillé (*foliatus*) lorſqu'il eſt chargé
de feuilles ; écailleux (*ſquammoſus*) lorſqu'il
eſt garni d'écailles ; bractéifère (*bracteiferus*,
bracteatus) lorſqu'il porte des bractées ; articulé (*articulatus*, *geniculatus*) lorſqu'il eſt diviſé
dans ſa longueur par des nœuds ou articulations remarquables.

De la Vrille.

358. La Vrille (*cirrhus*, *capreolus*) eſt une
production filamenteuſe, ordinairement roulée
en ſpirale, & à l'aide de laquelle une plante
s'attache aux différens corps de ſon voiſinage,
Vitis, *bryonia.*

Elle eſt ſouvent formée par le prolongement

du péduncule ou du pétiole, & à‑peu‑près organiſée comme eux : on remarque ſa forme, ſa poſition & ſa direction, & on dit qu'elle eſt,

359. Foliaire (*foliaris*) lorſqu'elle naît de la ſubſtance même de la feuille, & particuliérement de ſon ſommet. *Pyſum ochrus.*

360. Pétiolaire (*petiolaris*) lorſqu'elle eſt un prolongement du pétiole. *Vicia, ervum, lathyrus.*

361. Roulée en‑dedans (*convolutus*) lorſque ſes ſpirales ſe roulent de deſſous en‑deſſus.

362. Roulée en‑dehors (*revolutus*) lorſque ſes ſpirales ſe roulent de deſſus en‑deſſous.

Obs. Dans le lière, le bignonia, &c. les vrilles ſont des eſpèces de griffes qui s'implantent comme les racines dans les murailles ou dans l'écorce des arbres voiſins.

Des ſtipules.

363. Les Stipules (*ſtipulæ*) ſont de petites productions ou des eſpèces d'écailles qui naiſſent de chaque côté à la baſe des pétioles ou des péduncules.

On conſidère ordinairement leur nombre ;

leur pofition, leur infertion & leur forme, & on dit qu’elles font,

364. Solitaires (*folitariæ*) lorfqu’il n’y en a qu’une à la bafe de chaque pétiole ou péduncule. *Rufcus aculeatus.*

365. Géminées (*geminæ*) lorfqu’elles font deux à deux, c’eft-à-dire, une de chaque côté à la bafe des pétioles ou péduncules. *Orobus.*

366. Latérales (*laterales*) lorfqu’elles font fituées fur le côté des pétioles ou des péduncules.

367. En-dehors des feuilles (*extra foliaceæ*) lorfqu’elles ne font point axillaires, & qu’elles font fituées hors de l’infertion des feuilles. Plufieurs légumineufes, l’aulne, le tilleul.

368. En-dedans des feuilles (*intra foliaceæ*) lorfqu’elles font placées entre les feuilles & au-deffus de leur infertion, le figuier, le mûrier.

369. Oppofées aux feuilles (*oppofiti foliaceæ*) lorfqu’elles font entiérement oppofées à l’infertion des feuilles. *Anagyris fœtida, ebenus cretica.*

370. Caduques (*caducæ, deciduæ*) lorfqu’elles

ne perſiſtent point, & qu'elles tombent avant ou avec les feuilles.

371. Perſiſtantes (*perſiſtentes*) lorſqu'elles ſubſiſtent même après la chûte des feuilles. *Roſa, ſpiræa.*

372. Seſſiles (*ſeſſiles*), cohérentes (*adnatæ*), courantes (*decurrentes*), engaînées (*vaginantes*), en forme d'alène (*ſubulatæ*), en forme de lance (*lanceolatæ*), en forme de flèche (*ſagittatæ*), en forme de croiſſant (*lunatæ*).

373. Droites (*erectæ*), réfléchies (*reflexæ*), étendues (*patentes*), crochues (*uncinatæ*).

374. Très-entières (*integerrimæ*), crenelées (*crenatæ*), dentées en ſcie (*ſerratæ*), ciliées (*ciliatæ*), fendues en pluſieurs parties (*fiſſæ, multifidæ*).

375. Très-courtes (*breviſſimæ*), médiocres (*mediocres*), longues (*longæ*), &c. & on détermine leur grandeur en la comparant avec celles des pétioles, ou des feuilles, ou des péduncules.

Des Bractées.

376. Les bractées ou les feuilles florales

(*bracteæ*) font de petites feuilles toujours fituées dans le voifinage des fleurs , ordinairement diftinguées des autres feuilles de la plante par leur forme & fouvent par leur couleur.

Ces parties fourniffent plufieurs caractères propres à la diftinction des efpèces : on confidère leur couleur , leur durée , leur nombre , leur fituation & leur forme , & on dit qu'elles font ,

377. Colorées. (*coloratæ*) lorfqu'elles font tachées , ou que leur couleur eft différente de la couleur verte , qui eft commune aux feuilles de prefque toutes les Plantes. *Salvia horminum , melampyrum arvenfe.*

378. Caduques (*caducæ , deciduæ*) , perfiftantes , (*perfiftentes*) , lorfque l'on compare leur durée à celle des fleurs & des fruits.

379. En chevelure (*comofæ*) lorfqu'elles forment au - deffus des fleurs une touffe de feuilles , en manière de couronne ou de che-velure. *Fritillaria imperialis , bromelia ananas , lavandula ftæchas.*

380. Embriquées (*imbricatæ*) lorfqu'elles font placées entre les fleurs , avec lefquelles

elles forment, par leur rapprochement, une espèce d'épi ferré. *Brunella, origanum.*

Obs. Toutes les diſtinctions que fournit la forme des bractées, s'expriment par les mêmes termes que celles qu'on tire de la forme des feuilles.

Des Epines & des Aiguillons.

(A)

381. Les épines (*ſpinæ*) ſont des productions dures, aiguës, ſouvent ligneuſes, & toujours adhérentes au corps de la plante dont elles ſont partie.

Elles naiſſent ſur les rameaux, dans le *prunus ſpinoſa*, le *rhamus catharticus*, l'*ononis ſpinoſa*, le *cichorium ſpinoſum*, &c. ſur les feuilles, dans l'*ilex aquifolium*, l'*aloe*, le *carlina*, le *cynara*, &c. ſur le calice, dans le *carduus*, l'*onopordum*, le *coris*, &c. ſur le fruit, dans l'*agrimonia*, le *ſtramonium*, &c. & on les nomme,

382. Terminales (*terminales*) lorſqu'elles naiſſent du ſommet, ſoit des rameaux, ſoit des feuilles, &c. axillaires (*axillares*) lorſqu'elles

naiffent dans les aiffelles, foit des rameaux, foit des feuilles, foit des péduncules; calicinales (*calicinæ*) lorfqu'elles naiffent immédiatement du calice; foliaires (*foliares*) lorfqu'elles naiffent fur les feuilles; fimples (*fimplices*) lorfqu'elles fe terminent fans divifion; divifées (*partitæ*) lorfqu'elles font partagées vers leur fommet ; compofées (*compofitæ*) lorfqu'elles portent elles-mêmes des épines qui naiffent de leur fubftance.

Obs. Quelques plantes perdent leurs épines, les unes par la culture, *prunus fpinofa*, & les autres par la vieilleffe, *ilex aquifolium*.

(B)

383. Les aiguillons ou piquans (*aculei*) font des productions dures, terminées par une pointe aiguë & fragile, & placées fur les tiges & fur les branches, où elles font attachées feulement fur l'écorce, fans adhérer à la fubftance propre des plantes. *Rofa, berberis, rubus, ribes.*

On confidère ordinairement la direction & la forme des aiguillons, & ont dit qu'ils font,

384. Droits (*recti*) lorfqu'ils n'ont aucune courbure dans leur longueur ; courbées en-dedans (*incurvi*) lorfqu'ils fléchiffent du côté de la tige ; courbés en-dehors (*recurvi*) lorfqu'ils fléchiffent en-dehors ou vers la racine ; fourchus, bifides, trifides, (*furcati* , *bifidi* , *trifidi*) lorfque l'on confidère le nombre de leurs divifions.

OBS. Les épines & les aiguillons peuvent être en général confidérés comme des armes qui fervent à défendre les plantes contre les animaux ; on compare les épines, qui adhèrent à la fubftance même des plantes, aux cornes des animaux, qui font corps avec les os du crâne ; & les aiguillons qui n'adhèrent qu'à l'écorce des plantes, font comparés aux griffes & aux ongles des animaux.

Des Poils.

385. Les poils (*pili*) font de petits filets très-déliés, plus ou moins courts, plus ou moins flexibles, & qui naiffent avec plus ou moins d'abondance fur les différentes parties des plantes : leur fonction eft de les préferver

de l'action des frottemens, des injures de l'air, du vent, de la chaleur & du froid.

On les regarde aussi comme des canaux excrétoires ; mais en considérant leur rapprochement, leur direction, leur manière de s'entrelacer, & le tissu qu'ils forment, on les compare ordinairement,

(*A*)

386. A la laine ou au coton (*lana*, *tomentum*) lorsqu'ils sont nombreux, entassés, courbés & tellement entrelacés, qu'ils paroissent former un tissu qu'on nomme *laineux* s'il a quelque chose de rude au toucher, & *cotonneux* s'il est fort doux.

387. A de la barbe (*barba*) lorsqu'ils sont un peu longs, parallèles ou disposés par faisceaux, mais point entrelacés.

388. Au duvet (*pubes*, *villus*) lorsqu'ils sont peu entassés, extrêmement déliés & doux au toucher.

389. A la rigidité de certains corps (*strigositas*) lorsqu'ils sont rudes, fermes, inclinés, & qu'ils rendent la superficie de la plante qu'ils couvrent très-raboteuse & accrochante.

390.

390. A la rudeſſe (*ſcabrities*) lorſqu'ils ne forment que des corpuſcules preſque impertibles, mais très-rudes, diſperſés ſur la ſuperficie des plantes.

391. Aux crins coupés en broſſe (*ſetæ*) lorſqu'ils ſont droits, parallèles & peu flexibles.

(B)

Si l'on conſidère leur forme, on dit qu'ils ſont,

392. Simples (*ſimplices*) lorſqu'ils ſont droits, non articulés, & ſans aucune diviſion quelconque.

393. Crochus (*hamoſi*) lorſque leur extrémité eſt courbée en manière d'hameçon.

394. Rameux (*ramoſi*) lorſqu'ils ſont fourchus, & que leurs diviſions ſe ſubdiviſent en manière de rameaux.

395. Plumeux (*plumoſi*) lorſqu'ils ſont compoſés & chargés de chaque côté d'autres petits poils ſimples, rangés ſur un filet commun & diſpoſés en forme de plume.

396. Etoilés (*ſtellati*) lorſqu'ils ſont ſimples, & que réunis pluſieurs enſemble par leur baſe,

ils divergent ou s'éloignent tous de leur point commun d'infertion , en formant des étoiles. *Alyffum montanum.*

(C)

397. On donne encore quelquefois les noms fimples de crochets ou d'agrafes (*hami*) aux poils qui font un peu longs, fermes , & dont l'extrémité fe courbe ou s'arrondit en manière de crochet. La bardane.

398. Doubles-agrafes (*glochides*) à ceux dont l'extrémité fe divife en deux parties, repliées chacune en crochet anguleux & non fimplement arrondi, ou encore à ceux dont les divifions terminales font chargées chacune de beaucoup de petites pointes réfléchies en bas & très-accrochantes.

399. Triple-agrafes (*triglochides*) à ceux dont l'extrémité fe divife en trois parties, repliées chacune en crochet anguleux , ou chargées toutes trois de beaucoup de petites pointes réfléchies & très-accrochantes.

Des Glandes.

400. Les glandes (*glandulæ*) font de petits

corps véficuleux, arrondis ou ovales, fitués fur différentes parties des plantes.

Ces petits corps fourniffent fouvent une liqueur plus ou moins vifqueufe, & paroiffent être les organes de quelques fécrétions.

401. Les glandes font en forme de veffie (*veficulares*) *mefembryanthemum criftallinum* ; en écailles (*fquammofæ*) *filices* ; en globules (*globulares*) *atriplex* ; en lentilles (*lenticulares*) *betula alba* ; en grains milliaires (*miliares*) *pinus abies*.

402. Les unes font feffiles (*feffiles*) c'eft-à-dire, affifes & fans pédicules, *prunus cerafus* ; les autres font pédiculées (*ftipitatæ*), c'eft-à-dire, portées fur des petits pieds, qui les élèvent au-deffus de la furface des corps qui les produifent. La glaciale.

403. Elles font fituées ou dans les dentelures des feuilles, *falix alba* ; ou à la bafe des feuilles, *amygdalus communis* ; ou fur le dos des feuilles, *rofa églanteria*, *prunus laurocerafus* ; ou fur les pétioles, *viburnum opulus* ; ou fur les bords des calices, *hypericum hirfutum* ; ou enfin à la bafe des étamines, *braffica*, *cheiranthus*.

OBS. M. Guettard eft le premier qui ait examiné les glandes & les poils des plantes en Phyſicien profond & en Botaniſte éclairé : il a fait voir, par le plan d'une méthode fondée fur la conſidération de ces parties, qu'elles font aſſez conſtamment uniformes dans les plantes de même genre. On peut, malgré cela, fe difpenfer prefque toujours d'y avoir recours dans la citation des caractères, parce que les autres parties des plantes en fourniſſent d'auſſi folides, & dont l'obfervation eſt beaucoup plus facile.

Des Ecailles.

404. Les Ecailles (*fquammæ*) font des productions minces, très-applaties, un peu coriaces, & fouvent sèches ou fcarieufes : elles forment l'enveloppe du bouton à fleur ou à feuilles (*voyez ces mots*) dans les arbres & les arbriſſeaux ; elles tiennent lieu de ré-ceptacle ou de corolle, dans la plupart des fleurs à chatons ; elles font les fonctions de corolles & de calices dans prefque toutes les plantes graminées ; elles compofent les calices communs de prefque toutes les fleurs fyn-

généſiques, ou compoſées proprement dites, en un mot, on en trouve ſur les racines qui ne ſont quelquefois que des aſſemblages de ces mêmes parties, ſur les tiges, les rameaux, les pétioles, & les péduncules de beaucoup de plantes.

405. Elles ſont vertes & aiguës dans le calice commun du doronic; colorées & obtuſes dans celui du *gnaphalium*; deſſéchées ou ſcarieuſes dans celui du *catanance*; épineuſes dans celui du *carduus*; ciliées dans celui des jacées; déchirées en leur bord, dans les chatons du peuplier; membraneuſes & tranſparentes dans les tiges de l'orobanche, du tuſſilage; tendres & charnues dans l'hypociſte, &c.

Des Humeurs extérieures.

Beaucoup de plantes ſont enduites extérieurement de certaines humeurs épaiſſes & viſqueuſes. *Cucubalus viſcoſus*, *ciſtus ladaniferus*, *betula alnus*, &c.

D'autres laiſſent ſuinter au travers de leurs pores, ou par les ouvertures de leur écorce, des liqueurs de différentes natures qui s'épaiſſiſſent à l'air & qu'on nomme,

406. Résines (*resinæ*) lorsqu'elles font folubles dans l'efprit-de-vin, & qu'elles font inflammables.

407. Gommes (*gummi*) lorfqu'elles font folubles dans l'eau, & qu'elles n'ont pas la propriété d'être inflammables.

408. Gommes-réfines (*gummi-refinæ*) lorfqu'elles font mélangées de gomme & de réfine, c'eft-à-dire, de principes très-folubles dans l'eau, & d'autres qui ne le font que dans l'efprit-de-vin.

Obs. Les plantes doivent ces différentes humeurs à leur fuc propre, dont la fubftance & la couleur varient dans le plus grand nombre.

En effet, ce fuc eft jaune dans la chelidoine, le bocconia, &c. il eft rouge dans le *rumex fanguineus*, le *carlina lanata*, &c. vert dans la pervenche, le *folanum nigrum*, &c. il a la blancheur du lait dans les laitues, les campanules, les pavots, l'*afclepias*, le *convolvulus*, le *tithymalus*, &c. c'eft ce qui a fait appeller ces derniers lactefcentes (*plantæ lactefcentes*); & quant à fa fubftance, il eft gommeux dans le cerifier, réfineux dans le fapin, gummo-réfineux dans l'aloès, &c.

Des parties de la fructification ou des organes qui concourent à la reproduction des Plantes.

409. Cette organisation, ce principe de vie qui élève la plante au-dessus du minéral, suppose en même temps en elle les causes d'une altération, qui commence aussi-tôt que l'individu a acquis le dernier degré de son développement, & qui le conduit à une mort plus ou moins prochaine, selon que le développement lui-même a été plus prompt ou plus tardif. Les approches de l'hiver, cette saison à laquelle on a si naturellement comparé la vieillesse, font l'époque d'une décrépitude réelle pour un grand nombre de végétaux qui ne voient jamais deux printemps. Au-dessus de ce premier terme, se trouvent différentes durées, dont la limite s'étend bien au-delà du nombre d'années accordé aux animaux, même les plus vivaces ; & ce n'est souvent qu'après plusieurs siècles, que les grands arbres couvrent enfin de leur cime desséchée, le gazon où la scène des anémones & des véroniques s'étoit tant de fois renouvellée sous leur feuillage renaissant.

Mais le Créateur qui a condamné l'individu à périr tôt ou tard, a pourvu d'une manière folide à la confervation de l'efpèce. Tandis que la terre engourdie par les frimats, eft jonchée par-tout de feuilles mortes, de débris de tiges mutilées & méconnoiffables, déjà elle recèle dans fon fein le dépôt précieux d'une multitude de germes deftinés à la dédommager de fes pertes. Elle ne borne pas même fes reffources aux graines détachées du corps de l'individu : les cayeux ou les bulbes qui naiffent aux racines & fur les tiges de certaines plantes, font, ainfi que les rejets & les drageons, des moyens de reproduction que la Nature met en œuvre, & dans lefquels elle offre à notre admiration de nouveaux jeux de fa fécondité.

L'objet que nous nous propofons dans cet article, eft feulement de donner une idée de ces organes plus fenfibles & plus univerfels, que l'on appelle en général les parties de la fructification, & qui compofent la fleur & le fruit.

De la fleur, de ses enveloppes, de ses parties accessoires, & de sa disposition.

410. L'homme n'a vu, pendant long-temps, dans les fleurs, qu'une parure pour les plantes, & un objet d'agrément pour lui-même. Il a dû ne les apprécier d'abord que d'après cette impression douce & vive à la fois qu'elles font sur nous, lorsque dans une belle matinée de printemps, sous un ciel pur & serein, la terre étale avec complaisance ses richesses ; lorsque la verdure émaillée de mille couleurs, devient le fond d'un tableau aussi varié que gracieux ; lorsqu'un parfum suave répandu de toutes parts, donne un nouveau prix à la fraîcheur de l'atmosphère ; & que le voyageur se trouvant tout-à-coup comme invité à une fête brillante, jouit avec transport de l'accueil innocent d'une solitude riante & animée, où tout semble en ce moment n'exister que pour lui.

Dans la suite, des observateurs attentifs ont cru appercevoir que le mérite des fleurs ne se bornoit pas au don de plaire ; ils ont soupçonné qu'elles pourroient bien avoir une utilité réelle par rapport à la plante même , des expériences ingénieuſes ont confirmé ce ſoupçon ; & enfin l'on s'eſt convaincu que les différentes parties de la fleur , formoient autour de la graine ou de ſon embryon , autant d'organes deſtinés à aſſurer le ſuccès de ſes fonctions , relativement à la reproduction de l'individu.

411. Si l'on obſerve attentivement une fleur complète , c'eſt-à-dire , pourvue de toutes les parties qui entrent communément dans ſa compoſition , on remarquera au centre même de la fleur un ou pluſieurs mamelons , qui ſouvent ſe prolongent ſupérieurement en manière de petites colonnes , & auxquels on a donné le nom de *piſtils :* cette partie eſt unique & très-ſenſible dans le lys & la tulipe.

Extérieurement aux piſtils , ſe trouvent les étamines qui en ſont diſtinguées par une forme particulière. Ce ſont communément des filets dont le ſommet porte une eſpèce de petite bourſe remplie d'une pouſſière réſineuſe : les étamines ſont encore très-marquées dans le lys & la tulipe , où elles ſont au nombre de ſix.

Toutes les parties dont nous venons de parler, ſont environnées en général d'une ou de deux enveloppes : celle qui eft intérieure fe nomme la *corolle.* C'eft la partie la plus apparente de la fleur, & celle qui lui donne le plus de luftre, par les vives couleurs dont elle brille dans un grand nombre d'individus, dans l'œillet, par exemple.

L'enveloppe extérieure eft ordinairement verte, & a reçu le nom de *calice* : pour fe former une idée de cette partie, il fuffit de jetter les yeux fur un œillet ou une renoncule.

Parmi les différens organes qui compofent la fleur, les étamines & piftils paroiffent feuls effentiels à la fructification, & conftituent par cette raifon la fleur proprement dite : c'eft fur quoi il eft néceffaire d'entrer dans un plus grand détail.

De la fleur proprement dite.

412. Dans l'étamine (*ftamen*) on diftingue deux parties; favoir, le filet & l'anthère.

413. Le filet (*filamentum*) eft une efpèce de fupport délicat qui foutient le fommet de l'étamine, à l'égard de laquelle il fait la fonction d'un petit péduncule. Il n'exifte pas dans

toutes les fleurs : celles de l'*ariſtolochia*, de l'*arum*, &c. en ſont privées.

414. L'anthère (*anthera*) eſt cette eſpèce de petite bourſe ou de capſule qui eſt ſupportée par le filet, & qui conſtitue l'eſſence de l'étamine.

415. Dans l'anthère, eſt renfermée cette poudre fine qu'on appelle la *pouſſiere fécondante* (*pollen*), & dont nous expliquerons l'uſage après que nous aurons donné une idée du piſtil.

416. Le piſtil (*piſtillum*) eſt ordinairement compoſé de trois parties, qui ſont l'ovaire, le ſtyle & le ſtigmate.

417. L'ovaire ou le germe (*germen*) eſt la partie inférieure du piſtil : il renferme les embryons des ſémences, ainſi que les organes qui ſervent à leur nutrition. Cette partie eſt ordinairement portée immédiatement par le réceptacle (*voyez ce mot*) ; quelquefois auſſi elle eſt ſoutenue par un petit pédicule particulier, comme dans le *paſſiflora*, l'*euphorbia*, le *capparis* ; dans le premier cas, qui eſt le plus commun, on nomme l'ovaire ſeſſile (*germen*

seffile) ; dans le fecond cas, on dit qu'il eft pédunculé (*germen pedunculatum*).

418. Le ftyle (*ftylus*) eft une efpèce de tuyau fiftuleux, plus ou moins alongé, ordinairement grêle, très-menu, qui eft porté fur l'ovaire, ou qui s'insère quelquefois à fon côté ou à fa bafe.

419. Le ftigmate (*ftigma*) eft la partie fupérieure du piftil : il fe préfente fous différentes formes que nous décrirons plus bas. Il repofe ou fur le ftyle, ou immédiatement fur l'ovaire quand le ftyle n'exifte pas : car il en eft de cette dernière partie, à-peu-près comme du filet de l'étamine qui ne fe trouve pas dans toutes les fleurs ; & c'eft une obfervation à faire, que parmi les différentes efpèces de fupports que nous avons confidérées jufqu'ici, favoir, la tige, le pétiole & le pédunculé, auxquels il faut ajouter le filet & le ftyle, il n'en eft aucun dont l'exiftence foit univerfelle ; ce qui fait que la dénomination de *feffile* peut convenir, felon les différens cas, foit au corps même de la plante, foit aux feuilles, foit aux fleurs, foit à l'anthère ou enfin au ftigmate.

420. Lorfque l'anthère a acquis un certain

degré de perfection ou de maturité, le fachet qui la compofe extérieurement s'ouvre de lui-même. La pouffière dont il eft rempli s'en échappe alors, fouvent même jaillit par une efpèce d'explofion, & tombe fur le ftigmate du piftil qui la tranfmet au germe, foit à l'aide du ftyle, foit imédiatement, pour féconder les femences. On a découvert, par des obférvations réitérées (*a*), que fi·les graines ne font

---

(*a*) Si l'on ôte de bonne heure toutes les étamines à un pied de tulipe, de lys, ou de toute autre plante à fleurs hermaphrodites, les ovaires non-fécondés de ces fleurs avorteront, & l'on n'obtiendra point de graines. Si au lieu de toucher aux étamines, on coupe les ftigmates de tous les piftils, ou que l'on enduife ces ftigmates de quelque matière graffe, capable d'empêcher le contact de la pouffière des étamines, on fupprimera encore la fécondation, & les plantes ne fructifieront point.

Si l'on ôte toutes les fleurs mâles d'un pied ifolé de melon ou de concombre, avant qu'elles aient produit leur pouffière fécondante, toutes les fleurs femelles auxquelles on n'aura point touché, demeureront cependant tout-à-fait ftériles. Il en feroit de même d'un pied femelle de chanvre, de houblon ou d'épinars, que l'on cultiveroit dans un lieu où l'on fe feroit affuré qu'à de très-grandes diftances, il n'exifteroit aucun individu mâle de ces plantes.

vivifiées par cette émission de la poussière fécondante, elles demeurent stériles & incapables de reproduire l'individu.

On peut donc considérer l'étamine comme l'organe mâle des fleurs, & le pistil comme leur organe femelle : ces deux parties n'existent pas toujours ensemble dans la même fleur ; c'est ce qui a donné lieu à la distinction des fleurs mâles, femelles & hermaphrodites.

421. Les fleurs mâles (*flores masculi*) sont celles qui n'ont que des étamines, & qui ne donnent jamais de fruit.

422. Les fleurs femelles (*flores fæminei*) sont celles qui n'ont que des pistils, & dans lesquelles se trouve toujours le fruit.

423. On appelle fleurs hermaphrodites (*flores hermaphroditi*) celles dans lesquelles les deux sexes sont réunis par la co-existence des étamines & des pistils.

On a aussi donné différens noms aux plantes, à raison des différentes manières dont les sexes se combinent dans les individus qui appartiennent à une même espèce.

424. On entend par plantes monoïques ou androgynes (*plantæ monoicæ, androgynæ*) celles

qui portent des fleurs mâles & femelles féparées fur un même individu. *Corylus, cucumis melo.*

425. On a nommé plantes dioïques (*plantæ dioicæ*) celles qui conftituent des efpèces dans lefquelles certains individus ne portent que des fleurs mâles, & d'autres des fleurs femelles. Dans ce cas, fur-tout, le vent fert de véhicule à la pouffière fécondante, qui fe tranfporte des étamines de l'individu mâle fur les piftils des individus femelles, que leur proximité met à portée de la recevoir. *Mercurialis annua, fpinacia oleracea.*

426. Il y a des plantes dont les tiges portent des fleurs hermaphrodites avec des fleurs unifexuelles, c'eft-à-dire, qui n'ont que des étamines ou des piftils : ces plantes fe nomment en général polygames (*plantæ polygamæ*); on en diftingue de plufieurs efpèces, favoir,

427. Les polygamiques monoïques mâles (*polygamæ-monoicæ mares*) lorfque fur le même individu fe trouvent des fleurs hermaphrodites & des fleurs mâles, comme dans le *celtis,* le *veratrum,* &c.

428.

428. Les polygamiques-monoïques femelles (*polygamæ - monoïcæ femineæ*) lorſque ſur le même individu ſe trouvent des fleurs hermaphrodites & des fleurs femelles, comme dans l'*atriplex*, le *parietaria.*

429. Les polygamiques-dioïques mâles (*polygamæ - dioicæ mares*) lorſqu'un individu porte uniquement des fleurs hermaphrodites, tandis que d'autres individus de la même eſpèce portent des fleurs hermaphrodites & en même temps des fleurs mâles. *Fraxinus, dioſpyros*, &c.

430. Les polygamiques - dioïques femelles (*polygamæ-dioicæ fœmineæ*) lorſqu'un individu porte uniquement des fleurs hermaphrodites, tandis que d'autres individus de la même eſpèce portent des fleurs hermaphrodites, & en même temps des fleurs femelles. *Rhodiola, rumex alpinus*, &c.

OBS. I. La pouſſière fécondante eſt ordinairement de couleur jaune : elle fournit aux abeilles la vraie cire brute, que ces inſectes recueillent à l'aide des broſſes de poils dont leurs cuiſſes ſont couvertes. Après avoir été triturée & préparée dans leur eſtomac, elle devient la vraie cire, eſpèce d'huile végétale, rendue concrète par la présence d'un acide que la Chimie en retire lorsqu'elle veut la rendre fluide.

Obs. II. On nomme *flétries* les parties des fleurs qui se fannent & se décolorent sans tomber. Fleur flétrie (*flos marcescens*), style flétri (*stylus marcescens*), &c.

Caractères qui se tirent de l'étamine.

(A)

Si on considère les anthères de l'étamine, quant à leur forme, on dit qu'elles font,

431. Oblongues (*oblongæ*), *lilium ;* arrondies (*subrotundæ*), *asparagus ;* globuleuses (*globosæ*), *mercurialis ;* anguleuses (*angulatæ*), *tulipa ;* en fer de flèche (*sagittatæ*), *crocus ;* cornues (*cornutæ*), *pyrola*, &c.

Si l'on considère leur disposition, on dit qu'elles font,

432. Réunies, connées (*coalitæ*, *connatæ*) lorsqu'elles font tellement adhérentes qu'elles ne composent qu'un seul corps, ou qu'elles forment une gaîne traversée par le pistil, comme dans presque toutes les composées. *Carduus*, *leontodon*, *chrysantemum*.

433. Conniventes (*conniventes*) lorſqu'elles ſont ſimplement réunies ſans adhérer entre elles. *Primula, cyclamen, capſicum.*

434. Ecartées (*diſtinctæ*) lorſqu'elles ſont ſenſiblement ſéparées les unes des autres. *Anagallis, ſcabioſa.*

435. Mobiles, vacillantes (*verſatiles incumbentes*) lorſque le filet qui les ſoutient s'inſère dans leur partie moyenne, & fait à leur égard comme l'office d'un pivot, ſur lequel elles ſont en équilible & ſe balancent facilement. *Albuca, plantago, gramina.*

436. Latérales (*laterales*) lorſqu'elles ſont attachées ſur le côté, ou ſur la partie moyenne de leur filet.

437. Souvent on conſidère auſſi leur nombre ſur le même filet, comme dans le *mercurialis*, où chaque filet en porte deux; le *fumaria*, où il en porte trois, &c. & enſuite la manière dont elles s'ouvrent pour fournir leur pouſſière ſéminale; c'eſt ainſi que dans l'*epimedium* elles s'ouvrent de bas en haut; latéralement dans le *leucoium*, & ſimplement par leur ſommet dans le *ſolanum.*

(B)

438. La considération des filets fournit aussi plusieurs caractères avantageux. Si l'on observe leur longueur par rapport au pistil ou à la corolle, on dit qu'ils sont ;

439. Très-longs (*longissima*), *plantago* ; très-courts (*brevissima*), *stellera*, *triglochin*, &c.

Si l'on a égard à leur proportion ou à leur disposition respective, on dit qu'ils sont,

440. Egaux (*æqualia*), c'est-à-dire, tous de même grandeur. *Parnassia*, *lysimachia*, *lilium*.

441. Inégaux (*inæqualia*) lorsqu'il s'en trouve dans la fleur qui diffèrent des autres par leur grandeur, la forme étant la même de part & d'autre. *Saxifraga*, *cerastium*, *cruciformes*.

442. Irrégulières (*irregularia*) lorsqu'ils diffèrent dans la même fleur, par leur grandeur, leur figure & leur direction. *Lonicera*, *alstroemeria*, *labiati*, *personati*, &c.

443. Libres (*libera*) lorsqu'ils sont sensiblement détachés les uns des autres. *Alsine*, *papaver*.

444. Réunis (*connata*, *coalita*) lorsqu'ils

font raffemblés en un feul ou plufieurs faifceaux. *Columniferæ , papilionaceæ , hyperici* , &c.

Si l'on confidère leur figure & leur infertion, on dit qu'ils font,

445. Capillaires (*capillaria*) lorfqu'ils font
femblables à des cheveux par leur ténuité, qui
eft la même dans toute leur longueur. *Plantago.*

446. En forme d'alène (*fubulata*), *tulipa* ;
en forme de coin (*cuneiformia*) , *thaliclrum.*

447. Planes (*plana*) lorfqu'ils font élargis
& applatis en manière de membrane. *Ornitho-*
galum , allium porrum.

448. Velus (*hirta*) lorfqu'ils font chargés de
poils ou d'un duvet laineux. *Verbafcum thapfus* ,
anagallis , tradefcantia.

449. Oppofés aux divifions de la corollé ,
comme dans l'*urtica*, ou difpofés alternativement
par rapport à ces mêmes divifions, *æleagnus.*

450. Inférés fur la corolle, *anchufa , conval-*
laria , colchicum ; inférés fur le calice , *rofa* ,
fragaria , potentilla ; inférés fur le piftil , *paf-*
fiflora , orchis , ariflolochia ; inférés fur le réceptacle (*voyez ce mot*, n°. 516) *ciftus, braf-*
fica , &c.

Obs. Le nombre des étamines dans chaque fleur, leur proportion, soit respective, soit à l'égard du piftil ou de la corolle, leur difpofition, leur infertion ; enfin, les différences fexuelles qui réfultent de leur préfence ou de leur abfence, ont fourni à M. Linné le fondement des grandes divifions de fon fyftême ; & on ne peut difconvenir qu'il n'ait tiré tout l'avantage poffible de ce point de vue, auffi varié que neuf & intéreffant. Le mal eft, que pour établir un fyftême fur la confidération de cette partie unique, il a fallu l'envifager fous toutes fes faces, & en épuifer toutes les reffources : or, comme je l'ai remarqué, ces mêmes reffources fe trouvent infuffifantes dans un grand nombre de cas, outre que le caractère qui fe tire d'un organe auffi délicat, échappe fouvent aux yeux, ou devient extrêmement difficile à obferver. Ainfi, la fimplicité du fyftême, fi féduifante dans la fpéculation, eft précifément ce qui en rend l'application défavantageufe, & en fait une fource de méprifes & d'incertitudes perpétuelles. L'analyfe, au contraire, toujours libre & indépendante dans fa marche, faifit les caractères lorfqu'ils fe trouvent tranchans, & les rejette par-tout où ils font défectueux & variables ; & fi d'un côté elle paroît enlever en partie à la Botanique le mérite d'être une fcience, ce n'eft que pour mieux lui affurer d'une autre part le principal avantage de la fcience, qui eft de porter par-tout la certitude dans fes opérations.

Caractères que fournit le piftil.

(A)

Je n'entrerai point dans le détail des caractères que j'ai empruntés, foit du nombre des ovaires, foit des divifions, de la forme ou des dimenfions de cette partie, parce que les titres dans lefquels j'ai employé ces mêmes caractères font intelligibles à la fimple lecture.

J'obferverai feulement ici, que l'on dit de l'ovaire qu'il eft,

451. Supérieur (*fuperum*) lorfqu'il ne porte point la corolle, au milieu de laquelle il paroît en entier. *Primula, fcrophularia, lilium.*

452. Inférieur (*inferum*) lorfqu'il porte la corolle, au fond de laquelle il ne paroît que peu ou point du tout. *Campanula, epilobium, daucus.*

(B)

A l'égard du ftyle, on peut confidérer dans les fleurs fa préfence ou fon abfençe, & on dit qu'il eft,

453. Nul (*nullus*) lorfque le ftigmate eft porté immédiatement par l'ovaire. *Papaver, nymphæa, caltha.*

Si l'on confidère l'exiftence multipliée ou les divifions du ftyle, on dit qu'il eft,

454. Solitaire (*folitarius*) quand l'ovaire n'eft chargé que d'un feul ftyle, comme dans le *lilium,* le *prunus;* tandis qu'il en porte deux dans le *cratægus,* le *dianthus;* trois dans l'*alfine,* l'*arenaria;* quatre dans l'*elatine,* le *paris;* cinq dans le *linum,* le *ftatice,* &c.

455. Bifide (*bifidus*) *ribes;* trifide (*trifidus*), *bryonia, cucurbita;* quadrifide (*quadrifidus*), *philadelphus;* quinquefide (*quinquefidus*), *hibifcus.* &c.

Quelquefois enfin, on confidère la figure du ftyle, & on dit qu'il eft,

456. Cylindrique (*cylindricus*) lorfqu'il eft arrondi comme un cylindre, & n'a aucun angle remarquable. *Ceanothus, lilium.*

457. Filiforme (*filiformis*) lorſqu'il a la forme & la ténuité d'un fil ordinaire. *Primula, anagallis.*

458. Sétacé (*ſetaceus*) lorſqu'il reſſemble à un fil de ſoie. *Blæria, corylus.*

459. En alène (*ſubulatus*) lorſqu'il va en diminuant, & ſe termine par une pointe aiguë. *Cynogloſſum, ornithogalum.*

460. Très-long (*longiſſimus*) par rapport aux étamines, *campanula*, ou à la corolle, *trachelium.*

Les termes par leſquels on exprime beaucoup d'autres caractères que fournit le ſtyle, ne font que la répétition de ceux que nous avons déjà employés dans des cas analogues : ainſi, je les ſupprime pour paſſer au ſtigmate.

(C)

461. On peut conſidérer les ſtigmates par rapport à leur nombre : la plupart des plantes n'en ont qu'un. On en trouve deux dans le *jaſminum*, le *ſyringa ;* trois dans le *campanula*, le *juncus ;* quatre dans l'*epilobium, ænothera ;* cinq dans le *pyrola*, le *geranium*, &c.

Si l'on obferve la forme du ftigmate, on dit qu'il eft,

462. Sphérique (*globofum*), *primula ;* en maffue (*clavatum*), *genipa ;* en tête (*capitatum*), *vinca ;* ovale (*ovatum*), *gentiana ;* obtus (*obtufum*), *andromeda ;* en cœur (*cordatum*), *rhus ;* tronqué (*truncatum*), *lathræa ;* échancré (*emarginatum*), *cynogloffum ;* en rondache (*orbiculatum*, *berberis ;* en plateau (*peltatum*), *nymphæa ;* en crochet (*uncinatum*), *viola ;* canaliculé (*canaliculatum*), *colchicum ;* triangulaire (*triangulare*), *lilium ;* plumeux (*plumofum*), *gramina ;* pubefcent (*pubefcens*), *cucubalus ;* barbu (*barbatum*), *lathyrus ;* rayonné (*radiatum*), *papaver ;* feuillé ou pétaliforme (*foliaceum*), *iris*, &c.

Obs. Le ftigmate eft perfiftant dans le *papaver,* le *nymphæa ;* fes divifions font contournées dans le *crocus*, capillaires dans le *rumex acetofa*, roulées en-dehors dans le *dianthus*, & infléchies de droite à gauche dans le *filene*, &c.

Des enveloppes de la fleur.

463. Si la fonction intéreffante de féconder les germes, a été confiée à des parties que la Nature n'a travaillées, pour ainfi dire, qu'en miniature, ce n'a pas été fans un foin particulier du Créateur, pour fuppléer à la délicateffe des organes par la fageffe des précautions. Suppofons les étamines & piftils deftitués de tout abri ; les variations de l'atmofphère, les pluies, les brouillards & d'autres caufes femblables, feront un obftacle perpétuel à la formation & à l'accroiffement de ces organes, fi déliés & fi foibles : c'eft pour parer à ces divers inconvéniens qu'ils ont été pourvus d'enveloppes, dont l'emploi eft de protéger leur enfance, & de fermer pendant un certain temps tout accès à l'action des corps extérieurs.

Ces enveloppes, en effet, ne s'ouvrent que quand les parties qu'elles garantiffoient ont acquis affez de confiftance pour n'avoir plus rien à craindre de l'impreffion des fluides environnans ; & non-feulement ces fluides ceffent alors d'être pour elle autant d'ennemis, mais plufieurs même, par leurs impreffions falutaires, tels que

le mouvement de l'air & le contact de la lumière, ne peuvent que féconder puissamment
la Nature, & mettre le dernier fceau aux pré-
paratifs de cette opération vivifiante, qu'elle
femble avoir amenée à fon point, par une fuite
d'attentions délicates & recherchées.

Si cette efpèce de membrane qui environne
immédiatement la fleur proprement dite, n'a,
dans tous les cas, d'autre deftination que de la
mettre à l'abri, jufqu'à ce qu'elle ait pris fes
premiers accroiffemens, il me femble que quelle
que foit la forme, la couleur, la confiftance & la
durée de cette enveloppe, elle ne doit point
changer arbitrairement de nom, & que celui
qu'elle aura une fois reçu, doit être auffi inva-
riable que fa fonction même (*a*).

____

(*a*) La couleur plus ou moins vive de la plupart des
fleurs, & principalement de leur corolle, n'eft point, en
général, l'effet direct d'une organifation particulière fa-
vorable à cette couleur, ni d'une partie colorante différente de la fubftance même de la plante; mais cette couleur provient très-certainement de l'altération même de
la matière colorante, qui fubit des changemens plus ou
moins prompts dans ces parties, où les fucs nourriciers
propres à les conferver, ne fe portent bientôt plus avec
la même affluence.

Il eft un phénomène digne de notre attention, & qui,

D'après l'établissement de ce principe qu'on ne peut rejetter, ce me semble, sans livrer la Botanique à des équivoques & à des incertitudes nuisibles aux progrès de cette science, la première enveloppe, celle qui environne immédiatement les étamines & les pistils, portera toujours dans cet ouvrage le nom de corolle, &

---

sans doute formeroit un coup-d'œil attrayant pour nous; sans l'expectative affligeante de la dégradation de la Nature; c'est lorsqu'à l'entrée, ou vers le milieu de l'automne, la fraîcheur de l'atmosphère, qui s'accroît par degrés, condense les liqueurs, ralentit ou même suspend tout-à-fait la végétation : alors la partie colorante des végétaux qui est naturellement verte, & qui se trouve en abondance dans les feuilles des arbres & des autres plantes, s'altère, se décompose insensiblement, & parcourt différentes intensités de couleurs que les principes salins développent & rendent plus ou moins brillantes.

On sait en effet que, dans cette circonstance, les feuilles des peupliers, des tilleuls, de l'érable, &c. passent au plus beau jaune, & que celles des cornouillers, des sorbiers, des ronces; &c. se peignent d'un rouge extrêmement vif : il n'est point de Botaniste qui n'ait remarqué cette même couleur dans les feuilles de l'*hypericum pulchrum*, du *geranium robertianum*, du *polygonum convolvulus*.

La corolle de la plupart des fleurs éprouve précisément le même effet, & pour la même cause. Cette partie,

jamais celui de calice; quelles que foient les modifications qui puiffent en diverfifier l'afpeét.

(A)

464. La corolle (*corolla*) eft donc cette enveloppe immédiate des parties fexuelles, qui eft
très-colorée, mais très-caduque dans le *papaver*,
le *chelidonium* ; très-colorée & point caduque

---

dont l'utilité ne dure qu'un inftant, qui eft celui où elle
favorife le développement des organes précieux qu'elle
renferme, cette partie, dis-je, n'eft point ouverte alors,
ainfi que je l'ai déjà remarqué; & comme fa préfence eft
néceffaire dans ce moment, la Nature lui fournit des fucs
affez abondans pour la conferver, ce qui fait que fa couleur eft encore verte, comme celle de la plante même.
Mais bientôt le fervice qu'elle rendoit devient inutile;
il pourroit même être nuifible, s'il étoit prolongé : alors
la Nature l'abandonne & tend à s'en débarraffer; fes
fibres fe roidiffent, & acquièrent une élafticité qui les
force de s'ouvrir : fes vaiffeaux s'obftruent ; les fucs s'altèrent par l'inaction ; la matière colorante s'élabore & fubit
divers changemens, felon la nature des principes falins de
chaque plante , & alors on dit que la fleur s'épanouit.

Cet inftant peut bien être celui où les organes effentiels
qui la compofent, ont acquis le degré de vigueur & de
perfection néceffaires pour remplir leur fonction ; mais la
corolle qui efface alors tout ce que la peinture a jamais
étalé de plus brillant à nos regards, ne doit point être

dans l'*hyacinthus*, le *narciſſus*; colorée & perſiſtante dans le *polygonum*, le *juncus*, colorée ſeulement en ſes bords dans l'*ornithogalum*, l'*helleborus niger*; colorée en-dedans, & point en-dehors dans le *theſium*, l'*herniaria*; & point coloré, c'eſt-à-dire, toujours verte, dans le *chenopodium*, le *mercurialis*, le *cannabis*, &c.

---

regardée pour cela comme dans un état de perfection réelle; c'eſt au contraire une partie ſouffrante, dans un état de dépériſſement, une partie qui languit, ſe deſſèche & approche de ſa deſtruction.

Il y a des fleurs, telles que celles des pavots, dont les corolles, ſans être encore épanouies, ſe trouvent fortement colorées : mais ce fait n'eſt point contraire à notre explication; car on peut obſerver que ces mêmes corolles ſe détachent bientôt après leur épanouiſſement, ce qui prouve qu'elles avoient déjà ſubi une altération conſidérable, lorſqu'elles étoient encore enfermées dans le calice.

La circulation, plus facile dans les vaiſſeaux extérieurs, toujours plus ſouples, moins ſerrés & moins affaiſſés, peut-être regardée comme la principale raiſon pour laquelle les calices communément ne ſe colorent point, & tombent plus tard que les corolles, qui s'inſèrent ſur un cercle de fibres ramaſſées dans un eſpace plus étroit : auſſi, dans le cas où le calice eſt ſuſceptible de ſe colorer, cet effet n'a-t-il jamais lieu lorſque la corolle eſt encore verte.

On la diftinguera toujours facilement du calice, en ce que celui-ci n'eft qu'une enveloppe fecondaire, qui fuppofe la préfence de la corolle, dont il diffère d'ailleurs néceffairement par quelque qualité particulière, comme la forme, la couleur, la confiftance ou la durée.

La corolle eft en général, de toutes les parties végétales, celle qui fournit les caractères les plus nombreux, les plus aifés à obferver, & les plus favorables pour diftinguer les plantes. Auffi M. de Tournefort a-t-il fu profiter des reffources que lui offroit ce bel organe, pour former les claffes de fa méthode, la plus facile & la plus commode, à cet égard, de toutes celles qui aient jamais paru. Mais cette méthode qui étoit fuffifante jufqu'à un certain point pour le temps où elle a été compofée, a bien perdu de fon prix par la multitude des nouvelles découvertes qui lui font devenues, fi j'ofe le dire, funeftes. L'intervalle d'une claffe à l'autre fe comble de jour en jour, à mefure que l'on obferve des plantes inconnues à ce célèbre Botanifte, & dont les caractères mitoyens participant à la fois des divifions voifines,

ne

ne leur permettent plus de trancher, & font difparoître les contraftes fi néceffaires dans une méthode.

La corolle n'eft pas abfolument effentielle aux fleurs, puifqu'il y en a qui en font tout-à-fait privées, comme celles du frefne commun, & qui ne laiffent pas malgré cela d'être fécondes ; mais le très-petit nombre des exceptions (*a*), ne doit point nous faire abandonner les principes établis précédemment fur l'utilité & les fonctions de cette partie. Tout ce que nous pouvons conclure de ces exceptions, c'eft que la nature, dont les reffources font infiniment variées, a fuppléé à l'abfence de la corolle par d'autres moyens équivalens.

Obs. Les écailles ou paillettes des fleurs graminées, pourroient, à la vérité, être confidérées comme les corolles de ces fleurs ; mais comme ces parties ont une difpofition qui leur eft particulière & fuffit pour les faire aifément diftinguer, & que donner à la corolle une

---

(*a*) Je ne connois pas dix plantes, dont les fleurs ne foient abfolument dépourvues de toute enveloppe.

étendue vague & fans bornes, ce feroit s'expofer à de nouveaux inconvéniens, j'ai trouvé
plus avantageux & plus commode pour l'analyfe, de ne regarder ces écailles, ni comme
corolle, ni comme calice, mais comme une
enveloppe à part, défignée fous le nom de *bâle*
(*voyez ce mot*, n°. 508).

On confidère dans la corolle, fa forme,
fa régularité, fes divifions, le nombre de fes
pièces, le lieu de fon infertion, & enfin fa
couleur.

465. On défigne ordinairement fous le nom
de pétale (*petalum*) les pièces dont eft compofée la corolle d'un grand nombre de fleurs :
ainfi, une corolle formée de quatre pièces,
comme celle du *papaver*, du *braffica*, &c. eft
dite à quatre pétales ; par où l'on voit que le
mot *pétale* peut exprimer même la corolle entière, lorfqu'elle eft d'une feule pièce : c'eft pourquoi l'on nomme,

466. Monopétale (*monopetala*) toute corolle
qui eft formée d'une pièce unique, c'eft-à-dire,
dont les divifions, fi elle en a, ne font point
prolongées jufqu'à fa bafe, de manière qu'on

peut l'enlever en entier du lieu de fon infertion : telle eft celle du *convolvulus ,* du *falvia ,*
du *veronica ,* ou même du *malva.*

467. Polypétale (*polypetala*) toute corolle
qui eft compofée de plufieurs pièces, c'eft-à-
dire, dont les divifions font prolongées jufqu'à
fa bafe, au point que l'on peut les détacher
les unes après les autres du lieu de leur infertion, fans déchirer la corolle. *Dianthus , leucoium, rofa.*

468. On appelle régulière (*regularis , æqualis*)
toute corolle, foit monopétale, foit polypétale,
dont les divifions font uniformes, femblables
entr'elles, & préfentent un enfemble très-fymé-
trique. *Ciftus, potentilla, borrago.*

469. Irrégulière (*irregularis , inæqualis*) toute
corolle, foit monopétale, foit polypétale, dont
les divifions ou les pièces diffèrent les unes des
autres, & ne préfentent qu'un enfemble irrégu-
lier. *Lamium, viola, phafeolus.*

470. On a donné le nom de limbe (*limbus*)
au bord fupérieur de la corolle ou des pétales :
le limbe eft prefque entier dans la corolle du
convolvulus fepium, il eft denté ou déchiré dans
celle du *dianthus.*

471. Onglet (*unguis*) eſt le nom que porte la partie qui termine inférieurement chaque pièce d'une corolle polypétale : les onglets ſont fort longs dans le *dianthus*, le *ſilène*, le *cucubalus*, & fort courts dans le *ranunculus*, le *papaver*, le *pœnia*.

472. Lame (*lamina*) eſt le nom de l'épanouiſ-ſement ou de la partie ſupérieure de chaque pétale : la lame des pétales eſt ſouvent fendue en deux dans le *cucubalus*, le *lichnis* ; elle eſt crénelée ou dentée dans le *dianthus*, & obtuſe dans l'*agroſtemma*.

473. On nomme évaſement (*faux*) l'entrée, l'ouverture ou la gorge de la corolle : il eſt étroit & très-reſſerré dans l'*androſace*, le *lithoſ-permum*, & libre & très-ouvert dans le *convol-vulus*, le *pulmonaria*.

On dit d'une corolle monopétale régulière, qu'elle eſt,

474. Campanulée (*campanulata*) lorſqu'elle a la forme d'une cloche, comme celle du *con-volvulus*, du *mandragora*, de l'*atropa*, du *cam-panula*.

475. Infundibuliforme (*infundibuliformis*) lorſ-

qu'elle reſſemble à un entonnoir, c'eſt-à-dire, lorſqu'elle eſt conique à ſa partie ſupérieure, & terminée inférieurement par un tube. *Mirabilis, primula, anchuſa.*

476. Tubulée (*tubulata*) lorſqu'elle eſt formée, ou qu'elle ſe termine par un tuyau un peu alongé qu'on nomme *tube*, comme toutes les infundibuliformes, le *trachelium*, le *gentiana centaurium minus.*

477. Hypocratériforme (*hypocrateriformis*) lorſqu'elle reſſemble à la ſoucoupe des anciens, c'eſt-à-dire, qu'elle s'évaſe ſupérieurement en manière de ſoucoupe ordinaire, & qu'elle ſe termine par un tube. *Androſace, ſamolus, phlox.*

478. En roue (*rotata*) lorſqu'elle reſſemble à une roue ou à une molette d'éperon, c'eſt-à-dire, qu'elle eſt très-applatie ſupérieurement, & n'a point de tube bien ſenſible. *Borrago, verbaſcum, lyſimachia.*

On dit d'une corolle monopétale irrégulière, qu'elle eſt,

179. En maſque ou labiée (*ringens, labiata*) lorſque ſon limbe formé deux lèvres, l'une ſupérieure & l'autre inférieure. *Lamium, pe-*

dicularis, melissa. La lèvre supérieure imite souvent un casque, & porte alors le nom de *galea*.

480. A éperon (*calcarata*) lorsqu'elle porte à sa base un prolongement corniforme que l'on nomme *éperon*. *Antirrhinum linaria, utricularia, pinguicula*.

On dit d'une corolle polypétale régulière, qu'elle est,

481. Cruciforme, cruciée (*cruciformis, cruciata*) lorsqu'elle est composée de quatre pétales disposées en croix, & que de plus ses étamines font au nombre de six. On appelle plantes cruciféres (*plantæ cruciferæ*) celles dans lesquelles la corolle est cruciforme.

482. Rosacée (*rosacea*) lorsqu'elle est composée de plusieurs pétales égaux, disposés en rose. *Cistus, prunus, hypericum*.

Si l'on considère le nombre de pétales dont la corolle est composée, on dit qu'elle est,

483. A deux pétales (*dipetala*), *circæa*; à trois pétales (*tripetala*), *alisma*; à quatre pétales (*tetrapetala*), *chelidonium*; à cinq pétales (*pentapetala*), *geranium*; à six pétales (*hexapetala*), *lilium*, &c.

Quant à la corolle polypétale irrégulière, on dit qu'elle eſt,

484. Papillonnacée (*papilionacea*) lorſqu'elle eſt compoſée de quatre ou cinq pétales dont la forme & la diſpoſition la rendent à-peu-près ſemblable à celle du pois commun : *lathyrus, ononis ;* & alors on nomme,

485. Etendard (*vexillum*) le pétale ſupérieur qui eſt plié en dos d'âne, ou quelquefois tout-à-fait relevé & étendu : il eſt ordinairement rayé dans l'*ononis*.

486. Carène (*carina*) le pétale inférieur qui repréſente l'*avant* d'une nacelle, & qui renferme preſque toujours les étamines & le piſtil. La carène eſt quelquefois compoſée de deux pieces ; *glycirrhiza, ulex :* elle eſt contournée dans le *phaſeolus*.

487. Les ailes (*alæ*) les deux pétales latéraux, qui portent ordinairement à leur naiſ-ſance deux appendices ou oreillettes : elles ſont ouvertes ou redreſſées dans le *trigonella*.

Nous donnerons plus bas une idée des corolles floſculeuſes, ſemi-floſculeuſes & radiées, quand nous traiterons de la diſpoſition des fleurs n°. 573 & ſuiv.)

I 4

Là corolle fait son insertion de trois manières :

488. Elle s'insère sur l'ovaire, & alors on la nomme supérieure (*corolla supera*). *Daucus, pastinaca, carduus, epilobium.*

489. Elle s'insère sous l'ovaire ou sur le réceptacle de l'ovaire, & alors on la nomme inférieure (*corolla infera*). *Primula, gentiana, alysson, cistus.*

490. Elle s'insère sur le calice, & dans ce cas elle est toujours polypétale. *Rosa, potentilla, lythrum, pyrus.*

491. Nectaire (*nectarium*) est le nom que l'on donne à une partie de la corolle ou de la fleur, qui contient le miel que les abeilles vont y chercher. Le nectaire est très-remarquable dans la corolle du *fritillaria imperialis*; mais comme toutes les fleurs n'ont pas de réservoir particulièrement destiné à contenir la liqueur dont il s'agit, on a donné une extension illimitée au mot de nectaire, en l'appliquant indistinctement à toutes sortes de productions de la fleur, qui n'ont aucun rapport entr'elles;

de forte que l'on a appellé de ce nom, tantôt des poils, des filets, des glandes, des écailles, des folioles ou des cornets ; tantôt des enfoncemens, des foffettes ou rainures ; tantôt enfin, le prolongement poftérieur de la corolle en forme d'éperon, ou même le prolongement antérieur de cette partie, tel que celui qu'on remarque dans les *orchis.* J'ai déjà obfervé (*Difcours préliminaire, première Partie*) combien c'étoit jetter d'équivoque dans l'étude de la Botanique, & pervertir l'ufage des noms, qui doivent toujours réveiller dans l'efprit une idée nette & précife : en conféquence, j'ai cru devoir plutôt indiquer & décrire féparément les différens organes dont je viens de parler, à mefure qu'ils fe font préfentés dans le cours de l'analyfe.

492. La fleur, confidérée quant à fa couleur (*color*), eft en général, ou blanche (*albus, candidus*), ou cendrée (*cinereus*), ou jaune (*luteus*), ou couleur de chair (*carneus, incarnatus*), ou rouge (*ruber*), vermeille (*rofeus*), pourpre (*purpureus*), ou bleue (*cæruleus*), ou brune (*fufcus*), ou aqueufe (*hyalinus*), ou noire (*niger*).

Quand on veut exprimer les nuances, on dit de la fleur qu'elle eſt d'un pourpre clair *dilutè purpureus*), tirant ſur le pourpre (*purpuraſcens*), pourpre foncé (*atro-purpureus*), tirant ſur le bleu (*ſub-cæruleus*) &c. & quand il y a diverſité de couleur ſur le même individu, on dit de la fleur qu'elle eſt panachée (*variegatus*) : on le dit auſſi d'une feuille (*folium variegatum*), lorſque le vert eſt mélangé de quelqu'autre couleur, comme cela a lieu dans une variété du houx, & dans une de l'érable platanier.

Oʙs. Parmi les différens préjugés qui ont retardé les progrès de la Botanique, on doit certainement ranger l'eſpèce d'averſion qu'ont eue la plupart des auteurs, & ſur-tout M. Linné, pour citer comme caractère la couleur de la corolle. Vraiſemblablement ils ont regardé cette couleur comme une modification trop variable pour fournir aucune marque diſtinctive, ſolide & tranchante; & ce qui leur aura fait prendre le change, ce ſont les variétés inépuiſables que l'on obtient par la culture, dans les anémones, les tulipes & les oreilles-d'ours.

Mais il me ſemble que s'ils avoient diſtin-

gué le lieu natal des plantes, d'avec ces parterres où elles font comme dans un climat étran-
ger, ils auroient pu regarder le caractère qui
fe tire de la couleur, comme prefque auffi
conftant que les autres : en effet, à peine trouve-
t-on une plante, parmi celles qui doivent
tout à la Nature & rien à l'art, dont la corolle varie dans fa couleur, lorfqu'elle eft
parvenue à fon vrai point de développement : car après cette époque, il peut arriver que la couleur fubiffe des altérations,
comme cela arrive dans le mélilot, où la fleur
en fe flétriffant, paffe peu-à-peu du jaune au
blanc.

J'avoue encore, qu'affez fouvent les corolles, avant de fe flétrir, diffèrent pour la
couleur parmi les individus d'une même efpèce ; mais dans ce cas, les variations ont toujours des limites bien décidées, que l'on peut
affigner pour caractères : ainfi, dans l'anémone des bois & la paquerette, la couleur
pourra bien fe nuancer, ou même former
une faillie du blanc au rouge ; mais jamais on
ne la verra dégénérer en jaune. Le *botanicon
parifienfe* de M. Vaillant, nous indique une

multitude de variétés femblables, dont les unes tiennent à l'âge de la plante, & les autres font des jeux de la végétation ; mais qui toutes tranchent fortement, par rapport à d'autres couleurs que la Nature paroît leur avoir refufées pour jamais.

Les exceptions qui font dues à l'art du Fleurifte, ne doivent donc point arrêter le Botanifte, qui n'eft comptable, pour ainfi dire qu'à la Nature, des principes qu'il établit. La couleur n'eft point d'ailleurs, à beaucoup près, la feule modification qui s'altère dans les plantes, dont le développement eft fécondé par la culture : fouvent les tiges penchées fe redreffent, le feuillage s'épaiffit, les parties velues deviennent prefque glabres, quelquefois même le nombre des divifions de la corolle augmente. Cependant, les Botaniftes emploient les caractères tirés de ces différentes circonftances de port & de figure ; & en effet, s'en interdire l'ufage, ce feroit appauvrir une fcience qui, à raifon de l'immenfe collection d'objets qu'elle embraffe, ne peut être trop féconde en reffources : feulement, il eût été à fouhaiter que les Botaniftes n'euffent jamais obfervé les plantes, que dans le fol qui les avoit vu naître & fe développer, & non pas dans les jardins, où elles font fouvent altérées par des traits d'emprunt, qui paffent enfuite eux-mêmes dans les defcriptions, & ne permettent plus d'y retrouver les vrais caractères de l'efpèce.

(B)

493. Le calice eft, comme nous l'avons dit (n°. 464) l'enveloppe fecondaire qui environne les fleurs d'un grand nombre de plantes : il fuppofe toujours l'exiftence de cette autre enveloppe, plus voifine des étamines & piftils, à laquelle on donne le nom de *corolle* ; il eft de plus, néceffairement diftingué de cette dernière, par une ou plufieurs qualités quelconques, que l'obfervateur faifira toujours facilement.

Par exemple, le calice fe trouve communément vert fous une corolle bleue, ou rouge ou jaune, &c. tantôt il eft à dix divifions fous une corolle à cinq pétales, comme dans le *potentilla*, le *fragaria*, &c. tantôt il a un nombre égal de divifions, mais placées dans les intermédiaires de celles de la corolle ; *alfine, arenaria* ; ou bien fes divifions, placées fous celles de la corolle en nombre égal , font beaucoup plus courtes (*ranunculus*), plus longues & plus étroites (*agroftemma gitago*), &c. &c.

Il réfulte de ce qui vient d'être dit, que le rang extérieur des pétales de l'anémone ou de toute autre corolle femblable , ne peut jamais être pris pour un calice.

494. Il paroît que la deftination du calice eft de venir à l'appui de la corolle, & de doubler l'efpèce de rempart que celle-ci forme autour des parties fexuelles, encore foibles & délicates. Le fecours qu'il leur prête eft même communément plus durable que celui de la corolle (*voyez la note au* n°. 463) : auffi, quand il n'exifte pas, la corolle fuplée-t-elle en partie à fon défaut , parce que les vaiffeaux qui la compofent, jouiffant alors d'une plus grande aifance, font moins fujets à s'oblitérer, & ne lui permettent de fe colorer que lentement, fouvent même la maintiennent toujours verte;

& par une suite nécessaire, prolongent son existence aux dépens de ses agrémens.

La Nature, toujours très-libérale dans les effets, mais économe dans les moyens, se sert quelquefois du calice pour garantir le fruit, jusqu'à sa parfaite maturité : cette observation a fait regarder le calice, à plusieurs illustres Naturalistes, comme étant par sa destination l'organe conservateur du fruit. D'après ce point de vue, ils se sont trouvés embarrassés, dans une multitude de cas, pour déterminer la partie que l'on devoit appeller calice, la corolle remplissant aussi souvent la même fonction auprès du fruit ; mais quelles inductions solides pouvoit-on tirer d'un principe ruineux en lui-même, puisqu'il est reconnu que dans plus de la moitié des végétaux les deux enveloppes périssent avant la maturité du fruit ?

M. Linné distingue sept espèces de calice ; mais comme dans l'énumération qu'il en fait, il comprend des parties qui n'ont aucun rapdort avec cet organe, j'ai cru devoir n'admettre que l'espèce qu'il nomme *périanthe*, dont il faut encore restreindre l'extension, aux seuls cas qui peuvent fe rapporter à la définition que j'ai donnée de cette partie.

Si l'on confidère le calice relativement à fa durée, on le nomme,

495. Caduc (*caducus*) lorfqu'il tombe avant les pétales, *papaver, epimedium;* tombant (*deciduus*) lorfqu'il tombe avec les pétales, *braffica, raphanus;* & perfiftant (*perfiftens*) lorfqu'il furvit à la fleur, *falvia, meliffa.*

Si l'on fait attention à fes divifions, on l'appelle,

496. Monophylle (*monophyllus*) lorfqu'il eft d'une feule pièce, c'eft-à-dire, que fes divifions ne s'étendent pas jufqu'à fa bafe. *Primula, dianthus.*

497. Polyphylle (*polyphyllus*) lorfqu'il eft compofé de plufieurs pièces, c'eft-à-dire, lorfque fes divifions s'étendent jufqu'à fa bafe ou jufqu'au réceptacle (*voyez ce mot* n°. 516); car au-deffous de cette partie, le calice paroîtra toujours monophylle, puifqu'il n'eft que l'épanouiffement de l'écorce du péduncule.

Parmi les calices polyphylles, on nomme,

498.

498. Diphylle, celui qui est composé de deux pièces, *papaver*, *fumaria* ; triphylle, celui qui en a trois, *alisma*, *tradescantia* ; tétraphylle, celui qui en a quatre, *leucoium*, *sagina* ; pentaphylle, celui qui en a cinq, *alsine*, *cistus*, &c.

On divise le calice en propre & en commun :

499. Le calice propre (*proprius*) est celui qui ne renferme qu'une seule fleur, comme dans l'œillet, la julienne : il est simple ou double.

500. Il est simple (*simplex*) lorsqu'il n'est composé que d'une seule enveloppe, qui est tantôt nue, & tantôt garnie de poils ou d'épines, & quelquefois même d'écailles placées à sa base : ainsi, le calice est nu dans l'*alsine*, velu dans le *papaver rheas*, épineux dans le *coris*, & écailleux dans le *dianthus*.

501. Il est double (*duplex*) lorsqu'il est composé de deux ou plusieurs enveloppes remarquables, toutes très-distinguées de la corolle. *Malva*, *hibiscus*, *epigæa*.

502. Le calice commun (*communis*) est celui qui renferme plusieurs fleurs, toutes disposées

fur le même réceptacle, & qui peuvent encore avoir chacune leur calice propre : tel eft le calice du *carduus*, du *lactuca*, du *chryfanthemum* & du *fcabiofa*. On en diftingue de trois fortes, & l'on nomme,

503. Calice commun fimple (*calix communis fimplex*) celui qui n'eft compofé que d'une feule pièce, comme dans le *tagetes*, l'*othonna*; ou celui qui n'eft compofé que d'un feul rang d'écailles, qui ne fe recouvrent point les unes les autres, comme dans le *tragopogon*, le *feriola*.

504. Embriqué (*imbricatus*) celui qui eft compofé d'écailles ou de folioles difpofées fur plus d'un rang, & qui fe recouvrent par gradation comme les tuiles d'un toit. *Carduus*, *fcorzonera*, *heliantus*.

505. Caliculé (*caliculatus*) celui qui eft fimple, mais garni à fa bafe extérieure de petites écailles qui forment prefque un fecond calice plus court que l'autre au moins de moitié. *Cacalia*, *cenecio*, *lampfana*.

506. On confidère auffi dans le calice, foit propre, foit commun, fa forme extérieure, &

fa pofition par rapport à l'ovaire ou aux différentes parties de la fleur dont il eft quelquefois chargé; ainfi, on dit qu'il eft arrondi (*fubro-
tundus*); dans le *cyclamen*; tubulé (*tubulofus*),
dans le *ceftrum*; fupérieur (*fuperum*), dans le
lonicera; corollifère & ftaminifère (*corolliferus*
& *ftaminiferus*), dans le *rofa*; raboteux (*fquar-
rofus*), dans le *conyza*, &c.

507. On nomme communément fleur complète (*flos completus*) celle qui eft ornée d'une
corolle & d'un calice; & fleur incomplète (*flos
incompletus*), celle qui n'a qu'une corolle &
point de calice.

Des parties acceffoires de certaines fleurs.

On trouve dans le voifinage d'un grand nombre
de fleurs, diverfes parties que l'on doit néceffairement diftinguer de la corolle & du calice :
ce font des efpèces d'acceffoires ou de défenfes,
que la Nature a placées auprès de ces fleurs,
qui font ordinairement plus imparfaites que les
autres, ou qui, à raifon de leur délicateffe,
exigent de plus grands fecours. On ne doit
point non plus confondre ces mêmes parties

avec les feuilles de la plante, dont elles diffèrent essentiellement : on peut en compter de quatre sortes, savoir, la bâle, le spathe, la collerette & la bractée ; mais je ne parlerai point ici de cette dernière, qui a été suffisamment décrite dans l'article des supports.

(a)

508. La bâle (*gluma*) est cette partie qui tient lieu de corolle & de calice dans toutes les plantes graminées, telles que les blés, les chiendents, les souchets, &c. elle est composée de paillettes ou d'écailles, inégales entr'elles, tantôt opposées les unes aux autres, simples ou doubles de chaque côté ; tantôt solitaires entre les fleurs, tantôt enfin embriquées en assez grand nombre, mais jamais insérées circulairement sur le réceptacle ; ce qui les fera toujours aisément distinguer de la corolle & du calice des autres plantes.

509. Ces paillettes sont ordinairement transparentes, coriaces, ovales-oblongues, pointues & peu colorées : on leur a donné le nom de valves ou de valvules (*valvæ*) ; ainsi, un assem-

blage de deux, de trois paillettes autour d'une même fleur, s'appelle une bâle à deux, à trois valves (*gluma bivalvis, trivalvis*), &c.

510. Elles portent fouvent, foit à leur extrémité, foit ailleurs, un filet pointu qu'on nomme barbe (*arifta*), & qui eft très-long dans l'*hordeum*, affez court dans le *bromus*, droit dans le *fecale*, & tort ou articulé dans l'*avena*.

Les deux valves qui renferment immédiatement les étamines & le piftil, repréfentent la corolle de la fleur, & lorfque ces valves font doubles de chaque côté, les deux extérieures tiennent lieu de calice.

Lorfque plufieurs petites fleurs qui ont chacune leur bâle propre, font réunies entre deux valves communes, ces valves repréfentent un calice commun ; & l'affemblage des petites fleurs qui y font contenues fe nomme *épillet.* (*Voyez ce mot*, n°. 568.)

(b)

511. Le fpathe (*fpatha*) eft une efpèce de coiffe ou de gaîne membraneufe, qui s'ouvre

tantôt de bas en haut, & tantôt de côté, & dont l'emploi est de renfermer une ou plusieurs fleurs avec leurs enveloppes, leurs péduncules, & souvent même des bouquets entiers de fleurs en panicule.

Cette partie est ordinairement d'une seule pièce ; elle périt & se sèche presque aussitôt qu'elle est ouverte dans l'*allium*, le *narcissus*, & persiste aussi long-temps que les fleurs, dans l'*arum*, le *calla*, &c. elle contient les panicules de fleurs que portent la plupart des palmiers.

OBS. On trouve sous certaines fleurs des écailles membraneuses, plus ou moins blanchâtres & transparentes, mais qui n'ont jamais contenu ces fleurs ; on doit les mettre au rang des bractées, & ne point les confondre avec les spathes, comme ont fait quelques Botanistes, donnant ainsi à cette partie une extension trop vague, & qui ne s'accorde plus avec l'idée qu'on attache communément au mot de spathe.

(ç)

512. La collerette (*involucrum*) est une

efpèce d'enveloppe qui environne une ou plufieurs fleurs ; mais qui eft toujours placée à quelque diftance de ces fleurs, & jamais contiguë à leur réceptacle.

Elle différe du fpathe, d'abord en ce qu'elle ne s'ouvre pas comme lui en forme de gaîne ; enfuite, en ce qu'elle eft prefque toujours découpée en plufieurs efpèces de folioles dont le nombre eft affez conftant ; & enfin en ce qu'elle fe foutient, en général, dans une pofition horizontale.

La plupart des plantes ombellifères (*voyez ce mot*, n°. 551) ont des collerettes remarquables, dont on diftingue deux efpèces, à raifon du lieu de leur infertion, favoir, la collerette partielle, & la collerette générale ou univerfelle.

513. La collerette partielle, (*involucrum partiale*) eft celle qui eft fituée à la bafe des péduncules propres de chaque fleur, comme dans le *chærophillum* & le *fcandix*.

514. La collerette univerfelle (*involucrum univerfale*) eft celle qui eft fituée à la bafe des péduncules communs des fleurs, c'eft-à-dire, à la bafe de l'ombelle univerfelle (n°. 556).

Les fleurs du *daucus* & de l'*ammi*, outre leurs collerettes partielles, en ont une universelle qui d'ailleurs eft remarquable par fes pièces ou folioles découpées & pinnatifides : le *chærophyllum* & le *scandix* n'ont point de collerette univerfelle.

On confidère dans la collerette fa forme, & particulièrement le nombre de fes pièces, & on dit qu'elle eft,

515. Monophylle (*monophyllum*), dans l'*apium petrofelinum* ; diphylle (*diphyllum*), dans l'*euphorbia* ; triphylle (*triphyllum*), dans le *butomus* ; tétraphylle (*tetraphyllum*), dans le *cornus* ; pentaphylle (*pentaphyllum*), dans le *bubon*, hexaphylle (*hexaphyllum*), dans l'*hæmanthus* ; polyphylle en général (*polyphyllum*), dans l'*athamantha*, le *daucus* ; &c.

Du Réceptacle.

516. Le réceptacle (*receptaculum*) eft l'efpèce de bafe fur laquelle repofent immédiatement la fleur & le fruit : c'eft, en général, l'extrémité du péduncule, & ordinairement le centre de la cavité du calice ; on lui donne le

nom de *placenta*, lorfqu'il reçoit les vaiffeaux ombilicaux, deftinés à tranfmettre la nourriture aux femences.

On divife le réceptacle en propre & en commun.

517. Le réceptacle propre (*receptaculum proprium*) eft celui qui ne porte que les organes d'une fructification fimple ; c'eft-à-dire, une feule fleur non compofée. *Lilium, convolvulus, rofa.* Il y a deux fortes de réceptacles propres; favoir, le complet & l'incomplet.

518. Le réceptacle complet (*receptaculum completum*) eft celui qui porte d'abord la fleur, & enfuite le fruit : tel eft celui du *dianthus*, du *primula*, du *leucoium*.

519. Le réceptacle incomplet (*receptaculum incompletum*) eft celui qui ne porte que le fruit & jamais la fleur; celle-ci s'inférant alors fur l'ovaire, comme dans le *daucus*, l'*epilobium*; ou fur le calice, comme dans le *pyrus*, le *rubus*, &c. ce qui fait que l'on diftingue fouvent le réceptacle du fruit d'avec celui de la fleur.

520. Le fruit adhère immédiatement au

réceptacle dans la plupart des plantes ; mais dans quelques-unes, la communication se fait à l'aide d'un pédicule qui soutient le fruit d'une part, & de l'autre repose sur le réceptacle, comme dans le *passiflora*, l'*euphorbia*, le *capparis*, &c.

521. Le réceptacle commun (*receptaculum commune*) est celui qui porte plusieurs petites fleurs, dont l'assemblage forme une fleur composée (*voyez ce mot*, n°. 573); dans ce cas, il conserve le nom de réceptacle, soit qu'il ait une figure plane, concave ou convexe, comme dans le *carduus*, le *leontodon*, le *chrysanthemum*; arrondie, comme dans l'*echinopus*, le *sphæranthus*; ou conique, comme dans le *dipsacus*, le *bellis*, &c.

522. Mais on le nomme chaton (*julus*, *amentum*) lorsqu'il forme une espèce d'axe, de filet ou de poinçon, imitant en quelque sorte la queue d'un chat, & environné dans toute sa longueur d'un amas de petites fleurs, ordinairement unisexuelles : ces fleurs sont presque toujours dépourvues de corolle & de calice; mais le chaton qui les porte est garni

d'écailles qui y suppléent. *Salix, populus, pinus, typha.*

523. Le chaton porte particulièrement le nom de poinçon (*spadix*) dans l'*arum*, le *dracontium*, le *calla*, l'*acorus*, l'*orontium* & le *ruppia* : il porte celui de rape (*rachis*) dans plusieurs graminées, telles que le *lolium*, le *triticum*, l'*hordeum*, le *secale*, l'*elimus*. (*Voyez le mot* Epi, n°. 568.).

La considération de la surface du réceptacle commun, fournit plusieurs caractères avantageux pour distinguer la plupart des fleurs composées : c'est pourquoi on dit qu'il est,

524. Nu (*nudum*) lorsqu'il n'est chargé d'aucunes productions particulières disposées entre les fleurs, & différentes de la corolle ou du calice : tel est le réceptacle du *leontodon*, qui paroît après la chûte des graines comme une tête entièrement chauve.

525. Velu (*villosum, pilosum, setosum*) lorsqu'il est chargé de poils plus ou moins flexibles. *Carduus, arctium lappa, centaurea cyanus.*

526. Lamellé (*paleaceum*) lorsqu'il porte des paillettes, ou des espèces de lames plus

ou moins linéaires, très-applaties & difposées entre les fleurs. *Cichorium, fcolymus, achillæa millefolium.*

527. Alvéolé (*favofum*) lorfqu'il eft chargé de rets alvéolaires, c'eft-à-dire, de cellules membraneufes & tétragones, comme dans l'*onopordum*.

De la difpofition des fleurs.

La Botanique, attentive à profiter des fecours multipliés que les fleurs lui offrent de toutes parts, a heureufement combiné la forme des organes intéreffans qui les compofent, avec les différentes manières dont elles font diftribuées fur la tige : elle a trouvé dans ce double point de vue des moyens fûrs & faciles, non-feulement pour diftinguer les genres & les efpèces, mais même pour former des groupes nombreux de plantes, dont un modèle commun femble avoir fourni les traits les plus parlans.

Les fleurs, confidérées relativement à leur difpofition, fe divifent principalement en fimples & en compofées.

(*A*)

De la Fleur simple.

528. La fleur simple (*a*) (*flos simplex*) est celle qui est unique sur son réceptacle : telle est la fleur de l'*anagallis*, de l'*alsine*, du *phaseolus*, & d'une multitude d'autres plantes.

(*a*)

Les fleurs simples se nomment,

529. Terminales (*terminales*) lorsqu'elles sont disposées à l'extrémité de la tige ou de ses rameaux. *Anemone, digitalis.*

530. Latérales (*laterales*) lorsqu'elles sont placées sur les côtés de la tige. *Teucrium chamæpytis, asperugo procumbens.*

531. Unilatérales (*secundi*) lorsqu'elles sont rangées du même côté de la tige.

532. Eparses (*sparsi*) lorsqu'elles sont distribuées sans ordre autour de la tige ou des rameaux. *Campanula rapunculoides.*

____

(*a*) Il ne faut point confondre la dénomination de *fleur simple*, dont il s'agit ici, avec celle que les Fleuristes emploient par opposition à la fleur double.

533. Seffiles (*feffiles*) lorfqu'elles n'ont point de péduncules, & qu'elles repofent immédiatement fur la tige ou fur fes rameaux. *Herniaria, ftellera pafferina.*

534. Pédunçulées (*pedunculati*) lorfqu'elles font portées par des péduncules. *Rofa, prunus.*

535. Solitaires (*folitarii*) lorfqu'elles font ifolées dans le lieu de leur infertion. *Anagallis, geranium fanguineum.*

536. On dit auffi d'une fleur qu'elle eft folitaire (*flos folitarius*) lorfqu'elle fe trouve feule fur la tige où elle eft ordinairement terminale. *Galanthus, tulipa.*

537. Ramaffées (*congefti*) lorfqu'elles font raffemblées en un feul ou plufieurs paquets. *Daphne cneorum, illecebrum ficoideum.*

538. Deux à deux, trois à trois, &c. (*bini, terni*, &c.) lorfqu'on détermine le nombre des fleurs réunies enfemble & inférées fur le même point. *Geranium robertianum, daphne mezereum,* &c.

539. Droites (*erecti*) lorfqu'elles font difpofées prefque perpendiculairement, & qu'elles regardent le ciel. *Dianthus, gentiana, centaurium minus.*

540. Penchées (*cernui, nutantes*) lorfqu'elles s'inclinent un peu vers la terre. *Tulipa fylveftris.*

541. Verticales (*verticales*) lorfqu'elles pendent perpendiculairement, & qu'elles font toutà-fait tournées vers la terre. *Convallaria maialis.*

542. Axillaires (*axillares*) lorfqu'elles font difpofées dans les aiffelles des feuilles ou des branches, c'eft-à-dire, lorfqu'elles naiffent dans le point de concours des feuilles ou des branches avec la tige. *Hyofcyamus, vicia.*

543. Radicales (*radicales*) lorfqu'elles naiffent immédiatement de la racine. *Colchicum.*

(b)

544. Verticillées (*verticillati*) lorfqu'elles font difpofées par étages en forme d'anneaux autour de la tige. *Phlomis, clinopodium, falvia.*

Dans ce cas, chaque anneau ou verticille s'appelle,

545. Seffile (*verticillus feffilis*) lorfque les fleurs qui le compofent n'ont point de péduncules fenfibles. *Marrubium, leonurus.*

546. Pédunculé (*verticillus pedunculatus*) lorfqu'il eft formé par des fleurs fenfiblement pédunculées. *Nepeta, meliffa.*

547. Colleté (*involucratus*) lorfqu'il eft garni en-deffous d'une efpèce de collerette, comme dans le *phlomis*, le *clinopodium*.

548. Feuillé (*foliatus, bracteatus*) lorfque inférieurement il eft accompagné de feuilles d'une forme particulière ou de bractées. *Lamium, lavandula.*

549. Nu (*nudus*) lorfqu'il n'a aucun acceffoire, à moins que ce ne foit des feuilles tout-à-fait femblables à celles de la plante.

550. Ramaffé (*confertus*) lorfqu'il eft compofé d'un grand nombre de petites fleurs très-ferrées entr'elles. *Phlomis, marrubium.*

(c)

551. On nomme fleurs en ombelle (*flores umbellati*) celles dont les péduncules fe réuniffent tous en un point commun, d'où ils divergent comme les rayons d'un parafol.

552. Cette difpofition des péduncules fuffit pour

pour conſtituer en général l'ombelle (*umbella*) ; mais il y a un ordre particulier de plantes auxquelles on a donné dans un ſens plus ſtrict le nom de plantes ombellifères (*plantæ um-bellifcræ*), ce ſont celles dont les fleurs, outre le caractère commun qui ſe tire des pédun-cules, ſont de plus remarquables par cinq éta-mines, par leur ovaire placé ſous la corolle qui eſt compoſée de cinq pétales, par deux ſtyles, & par un fruit nu, formé de deux ſemences adoſſées l'une contre l'autre. *Paſtinaca heracleum, apium*, &c.

On dit d'une ombelle qu'elle eſt,

553. Fauſſe ou bâtarde (*umbella ſpuria*) lorſque les péduncules après être partis en divergeant d'un point commun, ſe diviſent & ſe ramifient irrégulièrement. *Sambucus, vi-burnum.*

554. Simples (*ſimplex*) lorſque les pédun-cules propres des fleurs n'ont qu'un ſeul point de concours. *Hydrocotile.*

555. Compoſées (*compoſita*) lorſque plu-ſieurs péduncules communs, chargés chacun d'une ombelle ſimple, ſe réuniſſent en un

Tome I. L

même point, & forment ainsi une ombelle plus composée.

556. L'ensemble de toutes les parties d'une ombelle composée, forme l'ombelle universelle (*umbella universalis*).

557. On donne le nom d'ombelle partielle (*umbella partialis*, *umbellula*) à chacune des petites ombelles qui concourent à la formation de l'ombelle universelle. Les péduncules communs qui portent les ombelles partielles s'appellent les rayons de l'ombelle universelle ; ces rayons sont au nombre de trois ou quatre dans le *sanicula*, l'*astrantia* : il y en a un grand nombre dans l'*angelica*, le *peucedanum*.

Les ombelles partielles sont globuleuses dans le *sanicula*, l'*angelica* ; planes dans l'*heracleum*, le *chœrophillum*, &c.

(*d*)

558. On nomme corymbe (*corymbus*) ou fleurs en corymbe (*flores corymbosi*), une disposition de fleurs dont les péduncules partent graduellement de différens points d'un axe ou péduncule commun, & arrivent tous à la

même hauteur. *Spiræa opulifolia, achillæa millefolium.*

Le corymbe reſſemble à l'ombelle par ſon ſommet applati, & en diffère par l'inſertion graduée de ſes péduncules.

559. Ce que les Botaniſtes appellent fleurs en niveau (*flores faſtigiati*) ſe rapproche ſi ſenſiblement du corymbe, que je ne crois pas devoir en donner une définition à part ; ainſi, *flores corymboſi , flores faſtigiati*, feront employés dans le cours de cet ouvrage, comme expreſſions ſynonymes.

(e)

J'ai auſſi fait quelques changemens aux définitions que l'on donne communément du bouquet & de la grappe , parce que ces définitions n'expriment point de limites aſſez déterminées.

560. J'appellerai donc fleurs à bouquet (*flores thyrſoidei*) celles dont les péduncules partent graduellement de différens points d'un axe ou péduncule commun , toujours diſpoſé dans une ſituation droite, & arrivent à des hauteurs différentes , c'eſt-à-dire, que les inférieurs

fe terminent les premiers, & ainfi de fuite ; *fyringa vulgaris.*

561. Les fleurs en grappe (*flores racemofi*) font celles au contraire dont le péduncule commun eft toujours dans une direction inclinée ou pendante, & dont les péduncules particuliers font d'ailleurs étagés comme dans le bouquet.

Ainfi, le bouquet (*thyrfus*) eft diftingué du corymbe par fon fommet, qui n'eft jamais plane ; d'un autre côté, la grappe (*racemus*) diffère fenfiblement du bouquet par la fituation du péduncule commun, qui eft droit dans la première, & penché dans le fecond.

La grappe eft en général,

562. Simple (*fimplex*) lorfque les péduncules propres de fes fleurs n'ont aucune divifion.

563. Compofée (*compofitus*) lorfque ces mêmes péduncules font divifés, ou que l'axe commun eft tellement ramifié, qu'on a peine à le diftinguer.

564. Unilatérale (*unilateralis*, *fecundus*) lorfque les péduncules propres font tous fitués ou inférés du même côté

(*f*)

565. On appelle fleurs en panicules (*flores paniculati*) celles qui font difpofées fur des péduncules dont les divifions font très-nombreufes & très-diverfifiées. La panicule (*panicula*) eft ordinairement affez courte, lâche & très-étalée. *Panicum miliaceum, agroftis capillaris.* Elle fe nomme,

566. Diffufe (*diffufa*) lorfque les péduncules font très-ouverts & très-divergens ; refferrée (*coarctata*) lorfque les péduncules font rapprochés & à-peu-près parallèles entr'eux.

La panicule peut être regardée comme un bouquet, dont les parties font éparfes & difpofées à l'aife.

(*g*)

567. Les fleurs en épi (*flores fpicati*) font des fleurs prefque feffiles, raffemblées fur un péduncule commun, allongé & très-fimple.

568 Si les fleurs font entièrement feffiles, comme dans plufieurs graminées, telles que le *lolium*, le *triticum*, l'*hordeum*, le *fecale*, l'*eli-*

mus, &c. alors le péduncule qui les porte est regardé comme un réceptacle commun qui prend le nom de *rape*, espèce de chaton particulier à certaines plantes graminées (*voyez Rape*, n°. 522). L'épi s'appelle dans ce cas, épi faux ou épi chatonnier (*spica amentacea*), & on le distingue de l'épi proprement dit, qu'on nomme simplement (*spica*), & dont le caractère est d'avoir les fleurs non-sessiles, quoique portées sur de courts péduncules. *Panicum viride, phalaris canariensis.*

En général, l'épi est solitaire & terminal ; on trouve cependant quelquefois sur la même tige plusieurs épis portés par des péduncules simples.

569. On trouve aussi des graminées, telles que les *bromus*, les *festuca*, les *poa*, &c. dans lesquelles les péduncules divisés & rameux, soutiennent de petits épis particuliers, dont chacun se nomme épillet (*spicula , locusta*).

(*h*)

570. On nomme fleurs en tête (*flores capitati*) celles qui sont ramassées & disposées en

eſpèce d'épi fort court, plus ou moins arrondi. *Pſoralea bituminoſa.*

571. La tête (*capitulum*) eſt globuleuſe (*globoſum*), dans le *trifolium globoſum* ; arrondie (*ſubrotundum*), dans le *trifolium ſtrictum* ; arrondie d'un côté & un peu applatie de l'autre (*dimidiatum*), dans le *trifolium lupinaſter* ; garnie de feuilles, ſoit à ſa baſe, ſoit entre les fleurs (*folioſum*), dans l'*anthyllis vulneraria*, l'*ebenius cretica* ; nue, c'eſt-à-dire, ſans bractées quelconques (*nudum*), dans le *trifolium agrarium*, &c.

572. Si les fleurs ſont redreſſées, parallèles & réunies en manière de faiſceau, on les nomme faſciculées (*flores faſciculati*) ; telles ſont celles du *dianthus barbatus*, du *ſilene armeria*, &c.

(B)

De la Fleur compoſée.

573. La fleur compoſée (*flos compoſitus*) eſt celle qui eſt formée de la réunion de pluſieurs petites fleurs particulières, diſpoſées toutes ſur le même réceptacle, & ordinairement environnées par un calice commun (*n°. 501*). On diſtingue

deux sortes de fleurs composées, savoir la fleur composée proprement dite, & la fausse qu'on nomme aussi fleur agrégée.

574. La vraie fleur composée (*flos compositus verus*) est remarquable par un caractère commun à toutes les fleurettes dont elle est l'assemblage ; chacune de ces fleurettes a cinq étamines, réunies par leurs anthères en forme de gaîne ou de cylindre creux, au traversduquel passe le pistil. *Carduus*, *cichorium*, *calendula*.

Les corolles de ces mêmes fleurettes sont toujours monopétales & placées sur l'ovaire : on en distingue de deux espèces, à raison de leur forme, savoir, le fleuron, & le demifleuron.

575. Le fleuron ou la corolle tubulée (*flosculus, corolla tubulosa*) est une petite corolle tout-à-fait en cornet ou en tube, dont le bord supérieur est taillé plus ou moins régulièrement en quatre ou cinq parties, mais sans avoir aucun prolongement particulier.

576. Le demi-fleuron ou la corolle ligulée (*semi-flosculus, corolla ligulata*) est une petite

corolle tubulée vers sa base, mais dont le limbe se termine par une seule lame ou languette remarquable.

Les différentes manières dont les fleurons & demi-fleurons se combinent dans les fleurs vraiment composées, ont donné lieu à la division de ces dernières, en fleurs flosculeuses, semiflosculeuses & radiées.

577. La fleur flosculeuse (*flos flosculosus*) est celle qui est uniquement composée de fleurons. *Carduus*, *centaurea*.

578. La fleur semi-flosculeuse (*flos semiflosculosus*) est celle qui n'est composée que de demi-fleurons. *Scorzonera*, *lactuca*.

579. La fleur radiée (*flos radiatus*) est celle dont le milieu, qu'on appelle disque (*discus*), est occupé par des fleurons, & dont la circonférence est garnie de demi-fleurons, qui représentent autant de rayons; cependant, ce qu'on nomme communément le rayon (*radius*) dans la fleur radiée, c'est la totalité des demi-fleurons qui environnent le disque. *Chrysanthemum*, *bellis*, &c.

580. La fleur faussement composée, ou la

fleur agrégée (*flos aggregatus*) eſt auſſi un aſſemblage de fleurettes diſpoſées ſur un même réceptacle, mais dont les étamines ne ſont point réunies par les anthères. *Scabioſa, dipſacus,* &c.

Oʙs. Diverſes circonſtances particulières peuvent faire ſubir aux fleurs des altérations ou des changemens conſidérables, ſoit dans la forme, ſoit dans le nombre de leurs parties : on en trouve qui dérogent à léur eſpèce par le défaut de quelques pétales, ou même de quelques étamines; & dans ce cas, les autres parties ſe rapprochent pour l'ordinaire, & la ſymétrie de la fleur n'en eſt point troublée. J'ai obſervé cette eſpèce d'altération ſur pluſieurs pieds de l'*ornithogalum album*, dont toutes les fleurs n'avoient que quatre ou cinq pétales & autant d'étamines, placées reſpectivement à des diſtances égales. Certaines plantes des pays chauds perdent entièrement leur corolle lorſqu'on les cultive dans un climat froid; c'eſt ce qui arrive au *campanula perfoliata*, au *glaux maritima*, &c.

Mais les variations par excès ſont beaucoup plus communes que celles qui ſe font par dé faut, & la Nature jusque dans ses écarts, tend presque toujours vers l'accroissement & la richesse. Qu'une plante qui demande une séve abondante & vigoureuse, soit portée dans un terrein maigre & appauvri, elle sera grêle, foible, chargée d'un petit nombre de feuilles & de fleurs ; mais communément chacune de ses fleurs sera pourvue de toutes les parties qui caractérisent son espèce : au contraire, que la force des engrais & le soin de la culture, occasionnent dans certaines plantes une affluence extraordinaire de sucs nourriciers, outre que leurs parties se multiplieront & prendront de l'embonpoint, le nombre des pétales pourra croître dans chaque fleur, & cet accroissement se fera le plus souvent aux dépens des étamines (*a*), dont les unes dégénéreront en nouveaux pétales, & les autres resteront

______

(*a*) Si l'on décompose un narcisse double, on observera que la partie inférieure des étamines subsiste encore dans le tube de la corolle, tandis que la partie supérieure a acquis par la surabondance de la séve une force expansive qui l'assimile aux pétales ordinaires de la fleur.

la plupart fans anthères & ne feront qu'ébauchées : enfin , toutes les étamines , & les piftils eux-mêmes ; pourront fe convertir en pétales, & alors il n'y aura plus de fleur proprement dite, & par conféquent plus de fruit à attendre. On a diftingué des fleurs de plufieurs fortes, à raifon de ces différentes variations , & l'on a appellé ;

581. Fleur fimple . (*flos fimplex*) celle qui n'a que le nombre de pétales qui convient à fon efpèce.

582. Fleur double . (*flos multiplex*) celle qui acquiert un plus grand nombre de pétales qu'elle ne doit avoir naturellement, mais dans laquelle les organes fexuels fubfiftent encore en partie, & fourniffent quelques graines fécondes : l'œillet offre des exemples de la fleur double. Les Fleuriftes diftinguent encore un degré intermédiaire entre la fleur fimple & la fleur double, favoir, la fleur femi-double : cette dernière variété eft très-commune parmi les renoncules & les anémones.

583. Fleur pleine (*flos plenus*) celle dont la corolle eft occupée toute entière par des

pétales, provenus de l'expansion des étamines & des pistils, & qui, par cette raison, reste absolument stérile, où ne peut se multiplier qu'à l'aide des rejets & des boutures. On trouve souvent des fleurs pleines sur la matricaire, la pivoine, certaines espèces de rosiers, &c.

La fleur pleine est le but vers lequel tendent les soins du Fleuriste, dont les intérêts sont à tous égards séparés de ceux du Botaniste. Le premier, en effet, plus jaloux de jouir que de connoître, appelle continuellement l'art au secours de la Nature, pour exciter celle-ci à des efforts inconnus, & ménager à l'œil des surprises par la nouveauté des couleurs & par le luxe pompeux des ornemens : il sacrifie tout au brillant & à l'apparence ; il néglige l'espèce en faveur de quelques individus qu'il a adoptés, auxquels il prodigue ses soins, & qu'il transforme en de nouveaux êtres, qui, sous les dehors de la fécondité & de l'abondance, cachent une dégradation réelle.

Le Botaniste, au contraire, uniquement attentif à étudier, à épier la Nature, se plaît à la contempler dans cette naïve fimplicité, plus précieufe fans doute que ces agrémens dont on ne l'embellit que par la contrainte : il n'adopte les nuances qu'autant qu'elles n'altèrent point d'une manière fenfible la conftance des formes primitives ; en un mot, l'individu qui s'offre à lui dans fes recherches, n'eft point à fes yeux un être ifolé ; il y voit comme le type & le modèle de l'efpèce entière, & il aime à y retrouver ces traits unis, mais vrais, que la Nature a fidèlement prononcés dans les productions qui lui appartiennent tout entières.

Une grande partie des fleurs qui naiffent à l'aide de la culture, font donc de véritables monftres végétaux ; mais la multiplication ou le développement contre Nature des parties fimples, qui, dans le règne animal produit des difformités choquantes, ne fait ici qu'ajouter à l'individu de nouvelles graces & un nouveau prix, pour ceux qui fe bornent à la fatisfaction momentanée du coup-d'œil ; au refte, la Botanique n'aura jamais rien à craindre de l'art du Fleurifte. La Nature eft fi riche & a des reffources fi multipliées, que l'abandon qu'elle fait dans nos parterres de fes plus beaux droits, est moins une perte pour elle, que l'occasion d'une des plus agréables jouissances qu'elle puisse accorder à l'amateur des jardins.

584. Il arrive quelquefois que la séve, qui se porte toujours avec plus d'affluence dans la direction de l'axe de la plante, tend à faire éclore une seconde fleur à côté de celle qui doit occuper le centre : mais insuffisante pour fournir à ce double emploi, elle laisse son opération imparfaite, & il n'en résulte qu'une monstruosité d'un genre particulier, une fleur jumelle dans laquelle le nombre des étamines varie au-dessus de celui qui est affecté à l'espèce, sans cependant être jamais doublé. Cette variation, que l'on peut observer dans le *teucrium nissolianum*, a fait regarder par plusieurs Botanistes le caractère qui se tire des divisions de la corolle, comme équivoque & fautif : cette difficulté, si elle étoit solide, porteroit également contre le nombre des étamines : mais on auroit dû remarquer que dans le cas même dont il s'agit, l'intention de la Nature est toujours marquée, outre que la constance des autres fleurs de l'individu, empêchera qu'un accident de l'espèce de celui dont

je parle, puisse être une cause de méprise pour un observateur tant soit peu attentif.

585. On appelle fleur prolifère (*flos prolifer*) celle qui produit de son centre une seconde fleur ordinairement semblable à la première , & même quelquefois accompagnée de feuilles : la camomille devient prolifère par la piqûre d'une petite mouche appellée *ichneumon.*

Du Fruit , & de ses dépendances ou accessoires.

586. Parmi les différens moyens de reproduction qui concourent à perpétuer la succession des êtres végétaux, on sait que la fructification est le plus universel, & comme l'opération familière de la Nature ; elle est en même temps le but vers lequel sont dirigées les principales fonctions de la végétation : à mesure qu'elles s'avancent vers ce but , à mesure que le fruit s'accroît & se perfectionne, les organes qui avoient eu le plus de part à sa formation , l'abandonnent, dépérissent , & le laissent parvenir à son entier développement

développement à l'aide des feuls fucs nourriciers, qui ceffent à leur tour de lui fournir, dès qu'il a atteint fa maturité.

C'eft dans cet organe, confervateur de l'efpèce, que la Nature déploie fes plus fécondes reffources : ce n'eft point affez pour elle d'avoir multiplié les fleurs fur la plupart des individus, elle a encore donné plufieurs femences à un grand nombre de fleurs ; il en eft même à l'égard defquelles fes profufions en ce genre ne connoiffent plus de mefures : on ne fait quelquefois ce qu'on doit le plus admirer, ou de la quantité innombrable, ou de l'extrême fineffe de ces corpufcules, qui ne font eux - mêmes que des enveloppes groffières par rapport aux germes qu'ils recèlent (*a*). Ce terme qui étonne déjà notre imagination, n'eft cependant pas encore le dernier effort de la Nature : l'expérience prouve qu'une feule graine eft comme le ré-

---

(*a*) Un feul pied du *χεa* ou *maïs* a donné jufqu'à deux mille graines ; de l'*inula*, trois mille ; de l'*helianthus*, quatre mille ; du *papaver*, trente deux-mille ; du *typha*, quarante mille ; & du *nocotiana*, trois cent foixante mille, au rapport de Rai.

Tome I. M

fervoir commun d'un grand nombre de jets ;
que des circonftances favorables peuvent faire
éclorre & développer (*a*) : en un mot, la
multitude des femences qui fe difperfent de
toutes parts après la maturation eft fi prodigieufe que, par le calcul qui en a été fait, le
produit complet d'un terrein de quelques lieues
de contour, pourroit fuffire au bout de quelques
années, pour peupler de végétaux la furface
entière du globe.

Mais la Nature qui ne femble fuir l'indi-
gence & la difette qu'en fe portant vers l'excès
de l'abondance, fe trouve, pour ainfi dire,
arrêtée fur fa route par divers obftacles, qui
refferrent dans de juftes bornes l'emploi de fes
facultés. La plupart des femences avortent &
demeurent ftériles, par les accidens qu'elles ef-
fuient dans leur difperfion, par l'intempérie de
l'air, & plus encore par le défaut de prépa-
ration dans le fol même : par-là l'immenfité
des reffources fe tourne en précaution contre

(*a*) Pline rapporte que l'on envoya à Néron trois
cent quarante tiges provenues d'un feul grain de blé.
Hift. Nat. liv. XVIII, chap. 10.

les dangers, & la terre fans ceffer d'être prodigue, nous montre jufque dans les préfens
qu'elle nous refufe, des traits marqués de la
Sageffe infinie qui préfide à fa fécondité.

Mais d'ailleurs, quel parti ne tire pas le Cultivateur laborieux, de cette tendance prefque
fans bornes de la Nature vers la reproduction!
Sollicitée par des mains affidues; dégagée des
obftacles qui captivoient fes puiffances; nourrie
par des engrais falutaires, elle recouvre une
grande partie de fes droits : elle nous reftitue
avec ufure les femences que nous lui avons
confiées avec économie; elle nous dédommage
d'un léger facrifice, pris fur fes libéralités, par
ces moiffons abondantes qui nous rendent le
fer qui leur a préparé la voie, mille fois plus
précieux que l'or dont on les paie, & qui,
d'un fimple gramen rejetté dans nos fpécula-
tions vers la limite du règne végétal, font à
notre égard la plus parfaite & la première de
toutes les plantes.

587. Le fruit (*fructus*) n'eft donc, comme
on a déjà pu le voir, que l'ovaire même qui
a furvécu à la plupart des autres organes de

la fleur, & que la maturité a groſſi & déve-
loppé. Cette partie prend quelquefois des ac-
croiſſemens très-conſidérables ; tout le monde
ſait que le fruit dans le potiron, le melon, &c,
ſurpaſſe de beaucoup en volume tout le reſte
de la plante.

On diſtingue dans le fruit, la graine que
l'on appelle auſſi la *ſemence*, & ſon enveloppe
qui porte le nom de *péricarpe* : il faut y joindre
ſon réceptacle propre, que l'on nomme *placenta*.

De la Semence.

588. La ſemence (*ſemen*) eſt cette partie du
fruit qui renferme le principe d'une nouvelle
plante, de la même eſpèce que celle dont elle
eſt une production.

Si l'on décompoſe une ſemence, & que pour
faire plus facilement cette opération, on choi-
ſiſſe une féve, un pois ou un pepin de courge,
que l'on aura laiſſé pendant quelques momens
dans l'eau chaude, on y diſtinguera pluſieurs
parties plus ou moins eſſentielles, ſavoir,

589. La tunique propre (*arillus*) ; on nomme
ainſi cette eſpèce de membrane ou d'écorce

qui enveloppe la femence : on l'appelle *robe* dans la féve ; elle eft très-vifible encore dans les pepins de poire, de pomme, &c., dans la graine du jafmin, &c.

590. Les lobes ou cotyledons (*cotyledónes*); ce font deux corps charnus appliqués l'un fur l'autre, mais qui ne fe tiennent réellement que par un point commun, placé tantôt latéralement, tantôt vers leur extrémité, & auquel aboutiffent les vaiffeaux nombreux dont les ramifications fe diperfent dans leur fubftance.

Ces corps que l'on peut remarquer dans la féve, où ils fe détachent aifément après que l'on a enlevé la tunique, font ordinairement convexes à l'extérieur, applatis du côté où ils fe touchent, & un peu concaves vers le point où fe fait leur réunion : leur fubftance eft mucilagineufe, fermentefcible dans les graminées, les légumineufes, &c. elle eft comme cornée dans le café, les ombelles, &c.

Dans le plus grand nombre des plantes connues, les femences ont deux lobes ou cotyledons bien diftincts ; mais dans les liliacées, les graminées & les palmiers, on n'en observe qu'un feul, & l'on croit que les mouffes & les lichens en font abfolument privés.

591. La plantule ou l'embrion (*plantula, corculum*) eft le vrai germe qui eft comme em- boîté dans les cotylędons, & placé au point où fe réuniffent les vaiffeaux dont on a parlé. On diftingue dans le germe deux parties, favoir, la radicule & la plumule.

592. La radicule (*radicula, roftellum*) eft le rudiment de la racine : fa forme approche d'un petit beç qui fort des lobes, & eft couché fur la ligne de leur jonction ; c'eft la partie infé- rieure de la plantule, d'où fortiront les petites racines deftinées à aller chercher dans le fein de la terre les fucs propres à la nourriture du jeune fujet.

593. La plumule (*plumula*) eft le rudi- ment de la tige ; elle occupe la cavité des lobes, & fe termine par un petit rameau femblable à une plume ; c'eft la partie de la plante qui monte & tend à fortir de la terre.

En obfervant avec plus d'attention le petit

rameau qui forme l'extrémité de la plumule (je suppose toujours qué l'on fait cette observation sur une féve), on remarquera que cette partie est composée de deux petites feuilles cordiformes, dont chacune est pliée en deux, & que l'on pourra étendre avec la tête d'une épingle : on les appelle *feuilles séminales* (*a*).

Dans un grand nombre de plantes, & en particulier dans la féve, les lobes ou cotylédons s'alongent & sortent de terre en même temps que la tige naissante, sous la forme de deux feuilles épaisses, qui, après avoir garanti son enfance, se dessèchent & périssent ; mais il y a des semences, comme le pépin d'orange, le pois, le gland, &c. dont les cotyledons restent dans la terre où ils pourrissent, & alors ce sont les feuilles séminales qui servent d'abri à la jeune plante, après qu'elle est levée : il

_____

(*a*) Si l'on jette dans l'eau bouillante quelques grains de café, au bout d'une ou deux heures on trouvera que plusieurs auront germé ; la radicule sortira d'environ une ligne, & en ouvrant le grain avec précaution, on détachera la plantule entière, dont la plumule est formée par deux petites feuilles séminales, ouvertes & exactement appliquées l'une sur l'autre,

M 4

réfulte de cette obfervation que l'on ne doit pas confondre, comme l'ont fait la plupart des Botaniftes, les feuilles féminales avec les lobes ou cotyledons.

On a remarqué que les feuilles féminales avoient très-fouvent une forme tout-à-fait différénte de celles qui par la fuite naiffent fur la tige.

Telle eft en général l'organifation intérieure de la femence, d'après laquelle on voit que la plantule eft la feule partie vraiment effentielle qui la conftitue. Quant aux caractères que fournit l'afpect de la femence, ils fe tirent principalement de fa forme & de fes appendices; ainfi, on dit qu'elle eft,

594. Réniforme (*reniforme*), dans le *phafeolus*; globuleufe (*globofum*), dans le *pifum*; arrondie (*fubrotundum*), dans l'*orobus*, le *vicia*; triangulaire (*triangulare*, *triquetrum*), dans le *polygonum*, &c.

595. On la nomme échinée (*muricatum*, *echinatum*) lorfqu'elle eft couverte de piquans, *caucalis*, ou de poils rudes, *daucus*, &c.

596. Nue (*nudum*) lorfqu'elle n'a d'autre

enveloppe que ſa tunique propre, comme dans les graminées, les labiées, les bourraches, les ombelles, &c.

597. Couverte (*tectum*) lorſqu'indépendamment de ſa tunique propre, elle eſt renfermée dans une ſeconde enveloppe que l'on nomme péricarpe (*voyez ce mot*, n°. 602).

598. Couronnée (*coronatum*) lorſqu'elle eſt chargée du calice propre de la fleur, qui eſt perſiſtant, comme dans le *ſcabioſa*, l'*œnanthe*, &c.

599. Aigretée (*pappoſum*) lorſqu'elle eſt ſurmontée d'un panache ou d'une eſpèce de plumet ; telles ſont les ſemences de la plupart des fleurs compoſées.

600. L'aigrette eſt ſimple (*pappus ſimplex*) lorſqu'elle eſt compoſée d'un ſeul faiſceau de poils ou de filets, *lactuca*, *ſonchus*, &c. ; elle eſt branchue (*plumoſus*) lorſqu'elle ſe diviſe en rameaux, *ſcorzonera*, *cnicus*, &c. ; elle eſt pédiculée (*ſtippitatus*) lorſqu'elle eſt portée ſur un pivot ou pédicule particulier, *leontodon*, *hypochœris*, &c. ; elle eſt ſeſſile (*ſeſſilis*) lorſqu'elle repoſe immédiatement ſur le ſommet de la ſemence, &c.

601. On appelle encore femence ailée (*femen alatum*) celle qui porte une efpèce de membrane faillante, plus ou moins ferme. L'aile (*ala*) fe remarque fur les femences de l'*acer*, du *bignonia*, &c.

Obs. Les aigrettes & les ailes ont été vifiblement deftinées à faciliter la difperfion des femences. On voit quelque temps après la maturité, celles qui ont été pourvues de ces acceffoires légers & délicats, voltiger de toutes parts au gré du vent, & entretenir entre les différentes portions de terrein une forte de commerce & de circulation de richeffes. Dans certaines plantes, l'élafticité que la capfule acquiert en fe defféchant, fupplée aux aigrettes & aux ailes : c'eft une furprife agréable de voir cette enveloppe éclater fubitement avec explofion, & faire, pour ainfi dire, l'office de la main du femeur, en lançant à quelques pieds de diftance les graines qu'elle tenoit renfermées : on peut faire cette obfervation fur le gênet, le *geranium*, le *momordica elaterium*, &c. L'*impatiens noli me tangere* a été ainfi nommé, parce que quand fon fruit eft mûr, il s'ouvre avec effort au plus léger choc, & fait jaillir une multitude de femences entre les doigts de celui qui l'a touché.

Du Péricarpe.

602. Le péricarpe (*pericarpium*) eſt cette partie du fruit qui enveloppe & défend les femences ; ainſi, on peut dire qu'il eſt à l'egard des femences, ce que la corolle eſt par rapport aux étamines & piſtils : lorſqu'il n'exiſte pas, c'eſt ordinairement le calice ou le receptacle qui le remplace dans fes fonctions.

Le péricarpe varie dans fa forme & dans fa confiſtance ; ce qui fait qu'on en diſtingue de pluſieurs fortes, favoir, la capfule, le follicule, la finique, la gouffe, la prunette, la pommette, la baie & le cône.

(A)

603. La capfule (*capfula*) eſt une enveloppe ordinairement formée de pluſieurs panneaux, qui fe joignent par leurs bords avant la maturité, & s'ouvrent enfuite comme autant de valves ou de battans, pour laiffer une iffue libre aux femences.

Le péricarpe, à raifon du nombre des capfules dont il eft quelquefois compofé, fe nomme,

604. Unicapfulaire, (*unicapfulare*), *lichnis*,
gentiana, *verbafcum*, &c.; bicapfulaire, (*bicap-
fulare*), *pœnia*, *acer*, *afclepias*; tricapfulaire
(*tricapfulare*), *veratrum*, *delphinium*; quadricap-
fulaire (*quadricapfulare*), *rhodiola*, *tetracera*;
quinquecapfulaire (*quinquecapfulare*), *aquilegia*,
nolana; & en général, multicapfulaire (*multi-
capfulare*) *trollius*, *fempervivum*, &c.

Lorfque l'on confidère la forme de la capfule, on dit qu'elle eft,

605. Cylindrique (*cylindrica*), *faponaria*,
dianthus, *gentiana*, &c.; globuleufe (*globofa*),
hydrophillum, *cyclamen*, &c.; ovale (*ovata*),
alfine; courbée (*incurvata*), *ceraftium vulgatum*;
anguleufe (*angulata*), *campanula*; torfe (*con-
torta*), *fpiræa ulmaria*; fcrotiforme (*fcrotiformis*),
c'eft-à-dire, compofée de deux globes réunis
& un peu comprimés du côté où ils fe touchent,
comme dans le *mercurialis*.

606. On confidère auffi les différentes manières dont s'ouvre la capfule : elle s'ouvre par
le haut dans le *papaver*, le *dianthus*; par le

bas dans le *campanula* ; en travers dans l'*anagallis* ; & alors on la nomme *circumcissa*, c'est-à-dire, découpée circulairement ; enfin, elle s'ouvre longitudinalement dans l'*aquilegia*, &c.

Quelquefois on considère le nombre des valves que la capsule forme en s'ouvrant, & on dit qu'elle est,

607. Univalve (*univalvis*) lorsqu'elle ne s'ouvre que par un côté, *delphinium*, *pænia*, &c. ; bivalve (*bivalvis*) lorsqu'elle forme en s'ouvrant deux panneaux bien distincts, *chrysosplenium*, *mitella*, *tiarella*, &c. ; trivalve (*trivalvis*), *lilia*, *polycarpon*, *holosteum*, &c. ; quadrivalve (*quadrivalvis*), *epilobium*, *œnothera*, *erica*, &c. ; quinquévalve (*quinquevalvis*), *lychnis*, *coris*, &c.

D'autres fois on considère dans la capsule le nombre de ses cavités que l'on nomme *loges*, & on dit qu'elle est,

608. Uniloculaire (*unilocularis*) lorsque sa cavité n'est point divisée, comme dans le *primula*, le *viola*, le *samolus* ; biloculaire ou à deux loges (*bilocularis*), *hyosciamus*, *lythrum*, *digitalis*, &c. ; triloculaire (*trilocularis*), *lilia*, *phlox*, *croton* ; quadriloculaire (*quadrilocularis*),

evonimus, *vaccinium* ; quinqueloculaire (*quin-quelocularis*), *pyrola*, *andromeda* ; fexloculaire (*fexlocularis*), *afarum*, *ariftolochia* ; à huit loges (*octolocularis*), *linum radiola* ; à dix loges *decem locularis*), *linum* ; à loges nombreufes (*multilocularis*), *nymphæa*, &c.

(B)

609. Le follicule ou la coque (*folliculus*, *conceptaculum*) eft une efpèce de péricarpe alongé, membraneux, qui s'ouvre longitudinalement d'un feul côté, & auquel les femences ne font point adhérentes. *Vinca*, *afclepias*, &c.

La coque eft ordinairement gonflée par l'air qui s'y dilate, *periploca*, *plumeria*, *afclepias*, &c.; ou bien elle eft remplie d'une pulpe qui entoure les femences, *tabernæmontana*.

(C)

610. La filique (*filiqua*) eft une efpèce de péricarpe bivalve, ou compofé de deux panneaux réunis par des futures longitudinales. Les femences font attachées à l'une & à l'autre.

de ces futures, à l'aide d'un filet qui fait l'office de cordon ombilical. *Cruciformes, chelidonium glaucium*, &c.

611. On lui donne le nom de silique proprement dite, lorsque sa longueur surpasse sensiblement, c'est-à-dire, une fois au moins, sa largeur ; & on l'appelle silicule (*silicula*) lorsque sa longueur est égale à sa largeur, ou ne la surpasse pas d'une quantité sensible ; ainsi le *cheiranthus* porte de vraies siliques, & le *lepidium* n'a que des silicules.

Tantôt on considère la figure de la silique, & on dit qu'elle est,

612. Articulée (*articulata*) lorsqu'elle est rétrécie & renflée alternativement comme celle du *raphanus*.

613. Comprimée (*compressa*) lorsqu'elle est applatie, & que ses bords sont minces & tranchans ; telle est celle du *thlaspi*.

614. Tétragone (*tetragona*) lorsqu'elle a quatre angles & quatre faces opposées deux à deux, *erysimum*.

615. Arrondie (*subrotunda*), *bunias* ; lancéolée (*lanceolata*), *isatis* ; lobée (*lobata*),

bifcutella ; orbiculée (*orbiculata*), *clypeola* ; un peu en cœur (*obcordata*), *lepidium* , *thlafpi* , *burfa paftoris* , &c.

Tantôt on confidère la pofition de la cloifon à l'égard des panneaux, & on dit de cette dernière qu'elle eft,

616. Parallèle (*diffepimentum parallelum*) lorfque fes deux côtés tranchans s'infèrent dans les futures des panneaux. *Lunaria* , *draba* , *alyffum* , &c.

617. Tranfverfale (*diffepimentum tranfverfum*) lorfque fes deux côtés tranchans coupent longitudinalement les panneaux par le milieu. *Thlafpi* , *lepidium.*

(D)

618. La gouffe (*legumen*) eft affez femblable à la filique par la forme & la réunion de fes panneaux, que l'on nomme *coffes* ; mais elle en diffère par la difpcfition de fes femences, qui font attachées feulement à l'une des futures qui forment la ligne de jonction des panneaux.

On confidère ordinairement la figure de la gouffe,

gousse, ou sa structure intérieure, & on dit qu'elle est,

619. Ovale (*legumen ovatum*), *astragalus*, *aspalathus*; arrondie (*subrotundum*), *geoffræa*, *ebenus*; linéaire (*lineare*), *clitoria*; cylindrique (*teres*), *galega*, *coronilla*; gonflée (*turgidum*), *cicer*, *ononis*; enflée ou vésiculaire (*inflatum*), *colutea*; articulée (*articulatum*), *hedysarum*, *coronilla*; contournée (*contortum*), *medicago sativa*, *scorpiurus*.

620. Uniloculaire à une seule loge (*uniloculare*); telle est celle de la plupart des légumineuses; biloculaire (*biloculare*), *astragalus*, *bisserula*.

OBS. La gousse de l'*hippocrepis* est remarquable par les échancrures profondes de l'un de ses bords; celle du *coronilla* est partagée suivant sa longueur par divers étranglemens; celle du *lotus* semble interrompue par des espèces de petites lames perpendiculaires & transversales; enfin, celle de l'*ornithopus*, paroît formée de plusieurs petites portions soudées les unes à la suite des autres.

(E)

621. La prunette ou le fruit à noyau (*drupa*) eſt une eſpèce de péricarpe double, compoſé à l'extérieur d'une pulpe ou d'une enveloppe charnue, plus ou moins ſucculente, & intérieurement d'une petite boîte ligneuſe connue ſous le nom de noyau, & dans laquelle eſt renfermée la ſemence que l'on appelle *amande*. *Prunus, amygdalus, amyris, eugenia,* &c.

(F)

622. La pommette ou le fruit à pepin (*pomum*) eſt une eſpèce de péricarpe compoſé d'une pulpe charnue & ſolide, diviſée vers ſon centre en pluſieurs loges membraneuſes, qui contiennent des ſemences que l'on nomme *pepins*. *Pyrus, malus, cucumis, cucurbita,* &c.

623. On dit de la pommette qu'elle eſt ombiliquée (*pomum umbilicatum*) lorſqu'elle a une petite cavité dans ſa partie ſupérieure, avant le développement du fruit ; cette cavité étoit le réceptacle propre de la fleur, porté ſur l'ovaire : on remarque encore en ſes bords

les débris du calice deſſéché , ce qui forme cette eſpèce d'ombilic que les jardiniers nomment *œil.*

(G)

624. La baie (*bacca*) eſt une eſpèce de péricarpe , d'une forme ordinairement arrondie ou ovale , mou dans ſa maturité , ce qui le diſtingue principalement de la pommette , & renfermant une ou pluſieurs ſemences au milieu d'une pulpe ſucculente ; tantôt ſans aucune apparence de loge, comme dans le *vitis* , le *ribes* , &c ; & tantôt avec des loges, comme dans le *cactus* , le *ſolanum* , l'*atropa* , &c.

625. Lorſque les baies ſont petites & ramaſſées en grappes ou en corymbe , on leur donne le nom de *grains* ; telles ſont celles du *ribes* , du *berbéris* , du *ſambucus* , &c. Les fruits du *morus* & du *rubus* ſont compoſés de pluſieurs petites baies , raſſemblées en tête arrondie ou ovale ſur un réceptacle commun.

La baie du *phyſalis* eſt renfermée dans une enveloppe membraneuſe & colorée, qui n'eſt autre choſe que le calice de la fleur renflé par la maturité ; celle du rofier provient de la bafe du calice, amplifiée, amollie & colorée ; celle de l'if eft un receptacle devenu charnu & fucculent, qui s'ouvre par degrés pour laiffer échapper la femence, après l'avoir tenu enveloppée pendant quelques temps.

On confidère fouvent le nombre des femences contenues dans la baie, & felon qu'elle en renferme une, ou deux, ou trois, &c. ou un nombre indéterminé, on l'appelle,

626. Monofperme (*monofperma*), *daphne*, *rhus* ; difperme (*difperma*), *coffea*, *berberis* ; trifperme (*trifperma*), *convallaria*, *hæmanthus* ; tétrafperme (*tetrafperma*), *adoxa*, *callicarpa* ; polifperme (*polyfperma*), *ceftrum*, *capparis*, &c.

(H)

627. Le cône (*ftrobilus*) eft un compofé d'écailles ligneufes, fixées par leur bafe fur un axe commun, dont elles s'écartent par leur partie fupérieure, & qu'elles entourent, en fe recouvrant les unes les autres par gradation. Sous chacune de ces écailles on trouve

une ou deux femences anguleufes, & ordinairement garnies d'un feuillet faillant, ou d'une
efpèce d'aîle, comme dans le pin, &c.

On peut regarder le cône comme une efpèce de péricarpe, puifque les écailles en font
les fonctions, & fervent d'enveloppes aux femences, jufqu'au temps de la maturité; mais
fi l'on confidère le cône dans le temps de la
floraifon, alors c'eft un vrai chaton ou un réceptacle commun, autour duquel font difpofées, entre des écailles, de petites fleurs in-
complètes.

La forme du cône eft ovale ou un peu
oblongue dans les pins, les fapins & les me-
lèfes; celui du *thuya* eft court & obtus, &
celui du cyprès eft arrondi & prefque orbiculaire.

O B S. La noix (*nux*) doit être rangée
parmi les fruits à noyau; c'eft une efpèce de
fruit offeux, compofé de deux pièces qu'on
nomme *écailles*, qui contiennent une femence
ovale à quatre lobes finueux, & terminée
d'un côté par une pointe où fe trouve la plantule : ces lobes font féparés par une cloifon

que l'on appelle *zeft*. Les deux écailles de la noix font recouvertes d'une enveloppe coriace, un peu charnue, liffe & d'un goût très-amer, que l'on nomme *brou*. Cette enveloppe répond à la pulpe fucculente de la prunette; & la coque ligneufe ou offeufe qui renferme les lobes, répond au noyau de la prunette, dans lequelle eft logée la femence.

Du Placenta.

628. Le placenta (*receptaculum feminale*) eft le réceptacle propre de la femence; c'eft la partie du fruit fur laquelle porte immédiatement la femence, lorfqu'elle eft environnée d'un péricarpe, comme dans le *gentiana*, l'*epilobium*, &c.; c'eft le réceptacle propre du fruit, lorfque la femence n'a point de péricarpe, & que l'ovaire étoit placé fous la corolle, comme dans les plantes ombellifères, & dans la plupart' des compofées; enfin, c'eft en même temps le réceptacle du fruit & celui de la fleur, lorfque la femence n'a point de péricarpe, & que l'ovaire n'étoit point placé fous la corolle, comme dans le *polygonum*, les graminées, &c.

Ce receptacle eſt ſec & adhérent dans le *potentilla* ; il eſt charnu, ſucculent & caduc dans le *fragaria* ; il eſt formé, comme on l'a remarqué, par une des ſutures de la gouſſe, & par les deux ſutures de la ſilique ; par les cloiſons ou les bandelettes de la capſule dans le *nicotiana*, le *datura*, le *gentiana* ; par un axe feuilleté & libre dans la coque de l'*aſclepias*, de l'*apocynum* ; & par une colonne dans les mauves, &c.

De la Végétation.

.629. Après avoir décrit ſucceſſivement les différentes parties qui entrent dans la ſtructure des végétaux, il ne ſera pas inutile de réunir ſous une même vue générale, les fonctions de ces mêmes parties, & de faire, pour ainſi dire, l'hiſtoire de la plante, en la ſuivant dans les diverſes époques par leſquelles elle paſſe depuis le moment de ſa naiſſance, juſqu'au dernier terme de ſon dépériſſement.

630. Lorſqu'aux approches du printemps, la température de l'air s'eſt adoucie, & qu'un premier degré de chaleur a diſpoſé toute la

Nature au mouvement, les semences confiées à la terre commencent à s'imbiber des parties aqueuses qui les environnent, & en même temps des sucs nourriciers que ces parties entraînent avec elles. Les lobes ou cotyledons se gonflent ; la radicule qui a participé à leur nourriture, s'étend & sort par une petite ouverture pratiquée à la tunique qui les recouvre : cette première époque du développement de la plante s'appelle *germination* (*germinatio*).

631. Bientôt la dilatation de l'air fait crever la tunique & force les lobes de s'écarter ; la plantule monte peu-à-peu, accompagnée des lobes ou seulement des feuilles séminales qui la tiennent comme empaquetée par son extrémité. La partie moyenne est assez souvent la première qui se montre, sous la forme d'un petit arc qu'elle avoit déjà lorsqu'elle étoit encore renfermée entre les lobes : on dit alors que la plante lève.

Jusque-là les lobes avoient comme allaité le jeune sujet, & lui avoient fait une nourriture légère & délicate de la féve, qui s'étoit

épurée en paſſant à travers leur ſubſtance ;
mais à meſure que la plante s'élève, ils lui
deviennent inutiles ; & ceſſant eux-mêmes de
recevoir les ſucs nourriciers que la radicule
tranſmet immédiatement à la petite tige, ils
ſe defsèchent & périſſent : les feuilles ſémi-
nales qui n'ont auſſi qu'un uſage momentané,
éprouvent le même ſort.

632. Les graines en tombant dans la terre
comme au haſard, ont pris néceſſairement
toutes ſortes de ſituations, de manière qu'il
y en a une grande partie qui s'y trouvent
renverſées, c'eſt-à-dire, que la plumule eſt
tournée vers le bas, & la radicule vers le
haut. Dans ce cas, celle-ci monte d'abord,
& la plumule deſcend, ce qui dure tant que
l'une & l'autre ne tirent leurs ſucs que des
lobes ; mais bientôt la racine, à raiſon de
ſes canaux plus dilatés, ſe trouve en état
d'exercer ſur la ſéve même qui vient de la
terre, la force de ſuccion dont elle eſt douée,
ſur-tout à ſon extrémité. Alors elle ſe recourbe & ſe dirige inſenſiblement vers cette
même ſéve dont le mouvement ſe fait de bas
en haut, comme celui de toutes les vapeurs

qui s'exhalent par l'action de la chaleur ; enfin, elle va chercher dans le sein même de la terre une nourriture plus abondante. La féve, en continuant d'enfiler la racine de bas en haut, fait effort pour redresser la tige à l'endroit où celle-ci forme un coude, & agissant de proche en proche sur les parties enfoncées dans la terre, elle parvient à les relever & à corriger le vice d'une situation qui eût été mortelle pour l'individu.

633. Les tiges tendent constamment à s'élever, à moins que leur foiblesse ne soit telle, qu'elles se trouvent obligées de céder à leur poids : en général, elles se portent toujours de préférence vers le côté d'où viennent l'air & la lumière, qui, comme nous le verrons plus bas, contribuent aussi à leur nourriture & à leur développement. Les plantes qui croissent dans des caisses sur les fenêtres, ou dans des endroits qui d'un côté leur dérobent l'air & la lumière, prennent bientôt une direction inclinée qui les ramène vers la partie voisine de l'atmosphère. Si l'on détache de terre une tige du *sedum telephium*, & qu'on la suspende par la partie inférieure à l'aide d'un fil dans

un appartement, au bout de quelques jours on verra cette tige fe recourber de bas en haut, tendre vers la fenêtre ; & comme la plante eft très‑graffe, & ne fe defsèche que difficilement, on pourra jouir de cette expérience pendant des mois entiers (*a*).

634. Les plantes s'accroiffent, comme l'on fait, en longueur & en groffeur. Quand la plante eft parvenue à une certaine élévation, on voit fortir du milieu des feuilles féminales une nouvelle portion de tige, terminée ordinairement par une touffe de feuilles, qui font difpofées autour d'un axe très‑raccourci, & qui iront fe placer fur cet axe à différentes diftances, à mefure qu'il fe prolongera. Ce prolongement fe fait d'une manière graduelle,

---

(*a*) Quelques perfonnes fe procurent un effet récréatif de même genre, à l'aide d'un navet que l'on a retiré de la terre, avant que la tige parût. On fufpend ce navet par fon extrémité, on pratique une ouverture fur le côté pour y verfer de l'eau, que l'on a foin de renouveller à mefure que le creux fe vuide : la tige du navet fort à l'ordinaire, & après s'être recourbée, elle continue de croître de bas en haut, & donne même des fleurs.

& n'eſt d'abord ſenſible que dans la partie inférieure, en ſorte que tous les entre-nœuds ſemblent être autant de jets qui ſortent ſucceſſivement les uns des autres, & dont chacun eſt comme prolifère par rapport au ſuivant. Souvent avec le jet principal qui forme la continuation de la tige, il ſort d'autres jets latéraux qui donneront les branches, & pourront ſe ramifier eux-mêmes par de nouvelles extenſions.

635. Dans les plantes qui ont une hampe, il n'y a qu'un ſeul jet, à compter depuis la racine; c'eſt, comme on l'a remarqué, une eſpèce de péduncule dont l'extrémité ſe développe avec le temps pour donner des fleurs & quelquefois auſſi des feuilles. Dans les arbres, les arbriſſeaux & les plantes dont la tige eſt perſiſtante, chaque année ne donne communément qu'un ſeul jet, garni de quelques feuilles qui tomberont aux premiers froids, & terminé par un bouton deſtiné à garantir, pendant la ſaiſon rigoureuſe, le principe du nouveau jet, ou de la petite plante qui paroîtra l'année d'après.

636. Le bouton ou bourgeon (*gemma*,

oculus) s'obferve facilement durant l'hiver, lorfque la chûte des feuilles le laiffe comme ifolé fur les tiges ou fur les rameaux des arbres. Les plantes annuelles, & celles d'entre les vivaces qui perdent leurs tiges à la fin de l'automne, n'ont point de bouton ; cette production manque même dans quelques arbriffeaux ou herbes dont les tiges perfiftent, tels que le *frangula*, l'alaterne, le bec de grue, &c.

637. On diftingue trois fortes de boutons ; le bouton à fleurs (*gemma florifera*), le bouton à feuilles (*gemma foliifera*), & le bouton en même temps à fleurs & à feuilles, que l'on pourroit appeller bouton mixte (*gemma mixta*). Les différentes parties des plantes que le bouton renferme comme en raccourci, y font repliées les unes, fur les autres avec une forte d'artifice, & logées dans des efpèces d'écailles qui fe recouvrent par gradation, & qui tomberont fucceffivement, lorfque ces mêmes parties qu'elles défendoient fe feront développées.

638. Le cayeu peut être confidéré comme un bouton qui naît fur la racine des plantes

bulbeufes ; il paroît être l'unique moyen de reproduction que la Nature emploie par rapport à certaines efpèces de plantes, telles que les *orchis*, dont on ne peut faire lever les graines, mais par une forte de compenfation, le fuccès de la multiplication qui fe fait par les cayeux, eft beaucoup plus fûr, en général, que celui de la reproduction par les femences.

639. A mefure que le cayeu s'accroît, la bulbe d'où étoit fortie la plante-mère fe def-sèche & tombe en pourriture ; c'eft ce qui donne lieu à la furprife que l'on éprouve, lorf-qu'on déracine une tulipe qui a pris tous fes accroiffemens : cette tulipe paroît s'être dé-placée, parce que l'oignon qui l'a produite s'eft pourri dans la terre, & qu'on n'apperçoit plus que le cayeu d'où doit fortir l'année fui-vante une nouvelle tulipe, & qui eft fitué fur le côté de la tige.

640. L'accroiffement en groffeur dans les plantes fe fait par de nouvelles couches que forme la féve, en dilatant les canaux par lef-quels elle paffe, & en y dépofant des parties qui y prennent de la confiftance, & s'incor-

porent avec celles qu'elles y ont trouvées. Ces couches, qui se recouvrent les unes les autres, sont très-sensibles dans les arbres, où elles présentent à la vue, lorsqu'on a scié le tronc horizontalement, autant de couronnes concentriques, dont le nombre peut faire juger de celui des années de l'arbre. On a prétendu que ces couronnes se trouvoient toujours applaties vers le Nord, & enflées vers le Midi, & l'on a attribué cette différence à la manière même dont l'arbre étoit orienté, & à la plus grande abondance de séve que l'aspect du Midi devoit attirer de ce côté. Mais les expériences de MM. de Buffon & Duhamel, prouvent que l'épaississement dont il s'agit, se fait vers différens points cardinaux, & toujours du côté où les racines & les branches sont en plus grand nombre & ont plus de vigueur. *Hist. Nat. Supplém. t. IV. p. 1 & suiv.*

641. La foliation (*frondescentia*) indique en général l'époque de la naissance des plantes annuelles, & du renouvellement de celles qui sont vivaces. Cependant parmi les unes & les autres, il y en a qui produisent leurs fleurs avant les feuilles : du nombre de celles-là

font les tuffilages ; & à l'égard des plantes vivaces, tout le monde a obfervé, dans les arbres fruitiers & autres, l'anticipation des fleurs fur les feuilles.

642. Toutes les pofitions refpectives des feuilles ainfi que des branches, peuvent fe réduire à deux, c'eft-à-dire, qu'elles font en général alternes ou oppofées. Cette dernière difpofition fe remarque toujours dans les feuilles féminales, du moins lorfqu'elles font récentes, & affez ordinairement dans les feuilles qui occupent le bas de la tige. Souvent même, celles qui font alternes ont commencé par être exactement oppofées, & ne fe font quittées que par l'effet d'un allongement inégal dans les fibres de la plante, qui ont été plus tirées d'un côté que de l'autre par l'action de la féve. Communément les irrégularités fe trouvent vers les parties fupérieures, où la féve eft en quelque forte dévoyée, comme on peut s'en convaincre par l'infpection de plufieurs fauffes labiées, telles que les fcorphulaires, les *antirrhinum*, &c. dans lefquelles les feuilles jufque-là conftamment oppofées, commencent à devenir alternes vers le fommet de la tige.

L'exacte

L'exacte symétrie, qui est le cas le plus rare, n'est nulle part plus admirable que dans les vraies labiées, comme le *lamium*, le *sideritis*, le *mentha*, &c. où la forme carrée de la tige, l'opposition des branches & des feuilles dont les paires voisines se coupent à angles droits, la situation des fleurs, soit verticillées, soit en égal nombre de chaque côté dans les aisselles, où tout en un mot semble contraster par l'uniformité & la précision, avec ces jeux si variés que la Nature offre ailleurs à notre admiration.

643. Jusqu'ici nous n'avons parlé que de la séve ascendante, c'est-à-dire, de celle que la racine pompe dans la terre, & communique à la tige ; mais la séve a aussi un mouvement descendant, par lequel elle va des feuilles à la racine : elle monte pendant le jour, par un effet de l'action de la chaleur qui dilate les canaux de la plante ; alors les feuilles font les fonctions de vaisseaux excrétoires, & exhalent au-dehors le superflu, ou la portion trop fluide des sucs nourriciers. Pendant la nuit, la fraîcheur resserre & rapproche les parties qui sont restées, ce qui produit né-

cessairement leur dépôt dans les mailles ou interstices des fibres du livret, & enfin leur assimilation avec la substance même de la plante : en même temps les feuilles changent de fonction ; les petites trachées qui sont à leur surface, reçoivent les sucs de l'atmosphère, qui, n'éprouvant plus aucun obstacle de la part de l'air intérieur condensé dans les canaux, continuent leur route & descendent jusqu'à la racine. Cette théorie est fondée sur des expériences qui paroissent décisives, contre le sentiment de ceux qui attribuent à la séve un vrai mouvement de circulation, semblable à celle du sang humain (*a*).

644. On a reconnu encore que la lumière considérée même indépendamment de la chaleur, non-seulement contribue à donner aux

______

(*a*) Lorsqu'on a lié fortement une jeune branche par son extrémité, & qu'on l'a mise en terre pour la faire reprendre de bouture (*voyez ce mot*, n°. 664), il se forme au-dessus des ligatures, des bourrelets qui renferment les principes d'une multitude de petites racines, & qui ne peuvent être attribués qu'au mouvement de la séve descendante.

fleurs un ton de couleur plus vif & plus animé, mais favorife même le développement de toute la plante : peut-être cette propriété de la lumière tient-elle à fon analogie, ou même à fon identité avec la matière électrique. On fait en effet que celle-ci accélère le cours des liquides, & doit par conféquent augmenter l'affluence des fucs nourriciers, & hâter le progrès de la végétation : c'eft auffi ce que confirme l'expérience.

645. La floraifon (*florefcentia*), c'eft-à-dire, le moment où les plantes pouffent leurs premières fleurs, eft de tous les états du végétal celui qui a le plus fourni à l'obfervation ; c'eft comme l'époque à laquelle le Botanifte attendoit la Nature : alors, invité par la préfence des parties de la fruĉtification, il entreprend ces courfes favantes que l'on nomme *herborifations*; il va, le fyftême ou la méthode à la main, cultiver, étendre fes connoiffances ; & à l'aide d'une combinaifon ingénieufe de caraĉtères, il démêle, au milieu d'une nomenclature immenfe, le point commun dans lequel fe réuniffent les recherches de tant d'hommes célèbres, fur l'objet particulier qu'il a devant les yeux.

646. C'eft lorfque la fleur eft ouverte que s'opère la fécondation (*fecundatio*), c'eft-à-dire, la fonction par laquelle l'étamine tranfmet au piftil la pouffière vivifiante qu'elle recéloit : on peut obferver, aux premiers rayons du foleil, cette merveille momentanée fur la pariétaire, où elle s'opère par un jet élaftique qui la rend très-fenfible. Les reffources ont été encore ici prodiguées par le Créateur, pour parer à la multiplicité des dangers, & affurer l'efpérance des récoltes à venir. Outre que les fleurs, dans le plus grand nombre des plantes, ont été pourvues de plufieurs étamines, la fageffe des précautions éclate encore en diverfes manières, tantôt dans la pofition des étamines qui font courbées vers le piftil, tantôt dans la fituation de la fleur même, qui fe penche pour faciliter la communication du *pollen* au piftil, fi ce dernier eft plus long que les étamines, ou fe dreffe s'il eft plus court. L'agitation de l'air concourt avec ces circonftances avantageufes & d'autres femblables, pour déterminer la pouffière à fe porter vers le ftigmate : la moindre parcelle fuffit au fuccès de l'opération. Les abeilles profitent du fuperflu,

qui eſt, comme on l'a dit, la matière de la cire, en même temps qu'elles recueillent la partie la plus ſubtile de la ſéve qui a ſuinté à travers la corolle, & dont ces inſeĉtes compoſent leur miel.

647. Les différens dégrés de chaleur propres à faire ſortir les premières fleurs des plantes, ont fourni à M. Linné l'idée de ſon calendrier de Flore, auquel d'autres auteurs ont ajouté leurs propres obſervations, en marquant l'époque de la floraiſon pour chacune des plantes les plus connues; mais comme ces époques tiennent à des circonſtances que la diverſité des climats, le retard ou l'anticipation de la chaleur & la nature du terrein peuvent faire varier, on ſent aſſez que ces ſortes de déterminations ne peuvent ſe réduire qu'à aſſigner les termes moyens ou les cas extrêmes.

648. Il en faut dire autant de ce que le même auteur appelle l'*horloge de Flore*; c'eſt une table des différentes heures du jour auxquelles s'épanouiſſent les fleurs d'un certain nombre de plantes, à raiſon du dégré de température qu'exige la délicateſſe plus ou

moins grande de leurs fibres, pour produire l'épanouissement.

649. La naissance successive des fleurs sur un même individu, procure au Botaniste l'avantage d'observer à la fois, dans certaines plantes, la fleur & le fruit, & d'avoir sous les yeux le tableau presque entier du développement de l'individu. Cet effet a lieu dans les crucifères, où le fruit se forme promptement, & dans les *geranium*, les véroniques, &c. & beaucoup d'autres plantes où la pousse des jets supérieurs est assez retardée pour donner le temps aux fruits qui sont sur les jets inférieurs de prendre de l'accroissement.

650. On nomme *biferæ* les plantes qui donnent des fleurs deux fois l'année, comme la violette, la primevère, la pervenche, &c.; & *multiferæ* celles qui renouvellent souvent leurs fleurs, comme la rose de tous les mois, &c.

651. La maturation (*frutescentia*) est le temps qui suit la floraison. Le fruit se montre & commence à grossir; alors on dit qu'il est noué : en même temps toute la plante acquiert une nouvelle consistance. Le vert des feuilles se

charge d'une teinte plus foncée, & des traits plus mâles & plus vigouteux fuccèdent aux graces & à la fraîcheur de la jeuneffe.

652. Tant que le fruit continue de fe développer, l'affluence non interrompue de la féve, parmi les fucs hétérogènes qui le rempliffent, entretient dans ces mêmes fucs les fonctions propres au mécanifme de l'organifation ; mais dès que le fruit eft parvenu à un certain point d'accroiffement, les fibres par lefquelles il tient à la plante, roidies & oblitérées par la vieilleffe, réfufent le paffage à la féve que la tige continue d'envoyer vers eux. Les fucs dont il s'eft nourri ceffent alors d'être dirigés felon les loix de la végétation, & abandonnés pour ainfi dire à eux-mêmes, ils éprouvent néceffairement des changemens & des altérations : s'ils peuvent s'exhaler promptement, comme cela a lieu dans les fubftances farineufes, telles que le blé, le pois, le haricot, &c. la portion aqueufe abandonnera la maffe, dont les parties en s'uniffant plus étroitement, prendront une forte de fixité ; & telle eft la raifon pour laquelle ces efpèces de fruits fe durciffent & deviennent plus fermes en mûriffant.

Il n'en eſt pas ainſi des baies & des fruits pulpeux; les ſucs hétérogènes qui s'y trouvent renfermés, étant trop abondans pour être épuiſés par une prompte évaporation, & devenus libres par l'interruption du cours de la ſéve, commencent à éprouver ce mouvement inteſtin que les Chimiſtes appellent *fermentation*. D'un côté, leur activité ſe déploie contre les fibres qui maintenoient la ſubſtance du fruit dans un état de roideur; ils entament ces fibres, les agitent & opèrent en elles une ſorte de diſſolution, qui eſt la cauſe de cette molleſſe que prend alors le fruit : d'un autre côté, le nouveau mélange qu'ils forment, en ſe combinant les uns avec les autres, modifie, tempère leur ſaveur, & les fait paſſer à ce point de perfection qui n'exiſte qu'un inſtant, & qui tient le milieu entre leur première âpreté, & la fadeur à laquelle de nouveaux degrés de fermentation les conduiroit.

653. On ſait que ces fruits ſi agréables au goût ne ſont point la production primitive de l'arbre. La Nature rude & agreſte par-tout où la main de l'homme n'a point paſſé, a beſoin encore ici d'être perfectionnée, & pour ainſi

dire civilisée, par l'insertion de ces branches adoptives que l'on nomme *greffes*, & que le cultivateur substitue aux branches véritables.

654. L'idée en a été conçue sans doute d'après l'observation de ce qui arrive dans les forêts, lorsque les branches de deux arbres voisins, après s'être froissées & dépouillées mutuellement d'une partie de leur écorce, s'appliquent exactement par les aubiers, & bientôt jouissent en commun de la séve qui coule dans les canaux de l'une & l'autre tige. L'art instruit par la Nature même a imité son procédé, & nous a fourni une nouvelle occasion d'admirer combien elle devient complaisante & docile, lorsqu'elle est secondée par l'industrie & le travail.

655. Toutes les manières de greffer ou d'enter (*a*) peuvent se réduire à deux. Ou bien c'est une branche de l'arbre de bonne qualité que l'on insère dans une entaille faite au sauvageon, soit après avoir détaché cette

____

(*a*) L'action de greffer s'appelloit en général *insitio* chez les Latins.

branche de fon fujet, foit en l'y laiffant fubfifter, pour la couper lorfqu'elle aura repris
fur le fauvageon ; ou bien c'eft une portion
d'écorce enlevée fur le bon arbre & chargée
d'un bourgeon, laquelle s'applique fur le côté
de la tige du fauvageon, après qu'on l'a dé-
pouillé lui-même de fon écorce en cet endroit.
Ces opérations diverfifiées ont fait naître une
multitude de procédés ingénieux, dont on peut
voir le détail dans la première partie de l'ouvrage de M. Adanfon, qui a pour titre : *Familles
des Plantes.*

656. Tout l'art confifte à faire en forte que
les aubiers des deux arbres fe touchent exactement, & que les vaiffeaux renfermés entre
les écorces & ces aubiers puiffent s'aboucher,
& établir une communication entre les deux
féves. La tête du fauvageon eft toujours re-
tranchée par le fer du cultivateur, foit à l'inftant même, foit au printemps fuivant : fi on
la laiffoit fubfifter, elle continueroit de donner
des fruits d'un goût âpre & défagréable ; elle
eft remplacée par la greffe, qui fe développe,
fe ramifie, & profite aux dépens de la tige
du fauvageon, en même temps que la féve de

celui-ci s'élabore, se raffine, & se perfectionne en passant par d'autres conduits que ceux qui l'attendoient.

657. Le temps de la maturité est suivi de la dispersion des semences que l'on appelle la *sémination* (*seminatio*). Nous avons déjà observé combien les ressources de la Nature étoient admirables dans la variété des agens qu'elle employoit pour favoriser cette dispersion : on peut joindre à ce que nous avons dit des ailes & des aigrettes, ainsi que du jeu élastique des capsules, la considération des crochets ou hameçons par lesquels une quantité de graines, comme celles de l'*aparine*, du *lappa*, &c. s'attachent aux animaux, qui s'en débarrassent par une légère secousse; & l'action même des eaux courantes & des torrens qui servent de véhicule à une multitude d'autres, & souvent vont enrichir un terrein éloigné par de nouvelles productions qui s'y naturalisent peu-à-peu.

658. Après que les végétaux ont jetté leurs semences, tout tend en eux au dépérissement. Les uns ayant les vaisseaux d'autant plus prompts à s'oblitérer, qu'ils sont plus délicats, cessent de recevoir les sucs nourriciers de la

terre & de l'air : en même temps l'ardeur du foleil les mine & les épuife par une évaporation qui ne fe répare plus ; ou fi la plante eft plus tardive, & qu'elle paffe l'automne, les premiers froids produifent dans fes canaux un refferrement qui éteint le mouvement de la féve, & conduit l'individu à la mort. Dans la plupart des arbres & des plantes vivaces, la dégradation fe borne à la chûte des feuilles, que l'on nomme l'*effeuillaifon* (*effoliatio*), à moins que leurs fibres n'aient acquis par la vétufté une rigidité fi grande, que la végétation, dans laquelle confifte le principe vital de la plante, n'en foit entièrement fupprimée.

659. Les feuilles de plufieurs végétaux réfiftent à la rigueur de l'hiver, à raifon de leur fubftance plus ferme & moins fucculente ; telles font celles de l'alaterne, du buiffon ardent, de l'if, &c.; on dit par cette raifon de ces arbres ou arbuftes, qu'ils font toujours verts (*femper virentes*).

660. Les feuilles après leur chûte ne reftent pas inutiles ; elles recouvrent les femences, les garantiffent de l'âpreté du froid, les aident

à germer au printemps fuivant , & même en fe pourriffant , fervent encore d'engrais au terrein qu'elle ne peuvent plus orner , & lui reftituent une partie des fucs qu'elles en avoient reçus.

661. Il ne nous refte plus qu'un mot à dire fur les divers moyens de propagation que que l'art emploie pour feconder la fécondité de la Nature : ces moyens fe réduifent en général à faire d'une branche détachée d'un arbre , un nouvel arbre complet dans toutes fes parties. Les branches que l'on fait reprendre ont reçu différens noms , felon les diverfes pofitions qu'elles avoient fur l'arbre auquel on les enlève , ou les divers genres d'opération qu'on leur fait fubir : on appelle ,

662. Drageons ou rejets (*ftolones*) des branches enracinées qui tiennent au pied de l'arbre, d'où on les arrache pour les replanter.

663. Vives racines, plants enracinés (*vivi radices*) des branches qui croiffent à une certaine diftance du tronc & fur les racines, avec une partie defquelles on les enlève, ce qui rend le fuccès de l'opération plus affuré.

664. Boutures (*taleæ*) des branches garnies de bourgeons, que l'on fépare du tronc & qu'on met en terre, après les avoir préparées par des entailles ou des ligatures faites à l'extrémité dont on veut obtenir des racines. Quelquefois on courbe la branche, & on l'enterre par les deux bouts qui reprennent également ; on coupe enfuite à l'endroit de la courbure, & l'on a deux arbres au lieu d'un feul.

665. D'autres fois on fait reprendre la branche fans la détacher du fujet, foit en lui faifant faire un coude que l'on enfonce dans le fol même, foit en la faifant paffer dans un mannequin que l'on remplit enfuite de terre. Quand la branche a pouffé des racines, alors on la coupe près du tronc, & on la laiffe vivre uniquement de fa propre féve : cette opération fe nomme *marcote* (*circumpofitio*). On la pratique communément fur la vigne ; c'eft ce qui s'appelle *provigner*, ou *faire des provins* (*facere propagines*).

Ainfi, les phénomènes de la reproduction, déjà fi multipliés dans les végétaux abandonnés à eux-mêmes, femblent ne plus reconnoître de limites dans ceux que l'homme entreprend de gouverner. Par ſes ſoins induſtrieux, le même arbre qu'il voit renaître chaque année de ſes graines, lui cède encore avec une partie de ſes branches des arbres tout formés, & qui, paſſant tout d'un coup à une vigoureuſe jeuneſſe, hâteront leurs libéralités & ſes jouiſſances.

FIN des Principes.

SUITE·des Plantes qui croissent naturellement ⟨en⟩ France, servant à compléter celles qui sont ana-lysées dans le second & le troisième volumes de ⟨cet⟩ Ouvrage.

1240.

Fleurs indistinctes.

Cryptogamie. Linn.

Les plantes de cette division n'ont point de fleurs vraim⟨ent⟩ distinctes. Dans quelques-unes, la fructification est com⟨me⟩ nulle ou tout-à-fait insensible ; dans les autres, on obse⟨rve⟩ des parties qui paroissent réellement en tenir lieu ; mais ⟨la⟩ nature & le véritable usage de ces parties, ne sont enc⟨ore⟩ malgré cela que soupçonnés. Outre que ces plantes ⟨sont⟩ extrêmement nombreuses, les caractères qui doivent se⟨rvir⟩ à les déterminer, se cachent en général sous des nuance⟨s si⟩ délicates, que la distinction des genres, & sur-tout des espè⟨ces⟩ qui les composent, est on ne sauroit plus difficile à étab⟨lir.⟩ J'en excepte celles que M. Linné a réunies sous la déno⟨mi-⟩nation commune de fougères, qui forment une division m⟨oins⟩ composée, & dont les différences sont d'ailleurs plus facil⟨es à⟩ saisir. Je me bornerai donc ici à analyser ces dernières ; & ⟨en⟩ attendant que des observations suffisantes m'aient mis à po⟨rtée⟩ d'appliquer ma méthode à l'ensemble des plantes qui co⟨m-⟩posent la cryptogamie, je vais présenter simplement les qu⟨atre⟩ ordres formés par M. Linné, & je les disposerai selo⟨n le⟩ rang qu'il leur a assigné dans son système.

Ordres de M. Linné.

Fougères. . . . . { Fructification ramassée ou en épi terminal, ou sur le dos des feuilles, ou dans le voisinage des racines. 1241

Mousses. . . . . . . { Fructification non ramassée, formée par des urnes libres, simples, très-entières, & qui naissent immédiatement des tiges. . . . 1258

Algues. . . . . { Fructification, ou non apparente, ou non formée par des urnes; mais par des cupules simples, ou bifides, ou quadrifides, ou multifides. 1268

Champignons. . . . . { Fructification tout-à-fait insensible; plantes non feuillées & composées d'une substance fongueuse, poreuse ou lamellée. 1280

1241.

Fougères.

Les Fougères peuvent être distinguées en fougères fausses ou improprement dites, & en fougères vraies; les premières n'ont point leur fructification disposée sur le dos des feuilles, mais ou elle est située dans le voisinage de leur racine, ou elle forme, soit un épi, soit une espèce de grappe, qui termine une véritable tige tout-à-fait différente des feuilles, même en naissant : les fougères vraies sont remarquables par leurs feuilles roulées en crosses, avant leur développement, & chargées sur le dos de globules ou vésicules sphériques, qui contiennent une poussière séminiforme. Quelques-unes de ces plantes n'ont pas toutes leurs feuilles chargées de fructification; elles n'en ont souvent qu'une seule, encore

(3)

1241. ne l'est-elle quelquefois que dans sa partie supérieure, &
alors l'abondance des fructifications déforme presque entièrement cette feuille ou cette portion de feuille, la fait paroitre
comme mutilée, & lui donne l'aspect d'une espèce de grappe ;
mais il est toujours facile de s'appercevoir que c'est une véritable feuille.

Division des Fougères.

Fougères fausses. . . . .
- Fructification disposée dans l[e] voisinage de la racine ; feuilles toute[s] radicales, ou situées sur des tige[s] rampantes. . . . . 124[
- Fructification disposée en une e[s]pèce de cône écailleux & terminal[;] feuilles verticillées ou nulles. 124[
- Fructification disposée en épi l[i]néaire ou rameux ; une seule feui[lle] caulinaire. . . . . 124[

Fougères vraies. . . . . .
- Fructification disposée sur le d[os] des feuilles & jamais sur de vérit[a]bles tiges ; feuilles roulées en cro[sse] avant leur développement. 12[

1242. *Fructification disposée dans le voisinage de la racine ; feuilles toutes radicales, ou situées sur des tiges rampantes.* . . . .
- Feuilles simples, linéaires [&] sessiles. . . . . 12[
- Feuilles pétiolées, quaternées, opposées & point linéaires. 12[

1243. *Feuilles simples, linéaires & sessiles.*

Pilulaire globulifère. *Pilularia globulifera.* Linn. Sp. 16[

Pilularia palustris, juncifolia. Vail. Paris. 159, t. XV.

Sa tige est une souche grêle, rampante, longue de d[eux]
à trois pouces, fortement attachée à la terre par des fi[ls]

P 2

1243. chevelues, qui naiffent de diftance en diftance comme par paquets ; fes feuilles font très-menues, cylindriques, prefque filiformes, longues de trois pouces, & naiffent deux ou trois enfemble à chaque nœud de la fouche : à leur bafe, on trouve un globule fphérique, velu, d'un brun rouffâtre, prefque feffile & quadriloculaire. Cette plante croît dans les lieux humides & fur les bords des mares, qu'elle tapiffe en formant des gazons fins & d'un vert gai.

1244. *Feuilles pétiolées, quaternées, ou oppofées & point linéaires.*

Marfile. *Marfilea.*

Les fleurs de marfille ont leurs fexes féparés, & font ou contenues dans une enveloppe fermée & globuleufe, qui naît fur les pétioles des feuilles ou aux articulations de la tige (*Hall. Hift.* n°. 1608), ou difpofées les unes parmi les racines, & les autres fur la furface des feuilles.

A N A L Y S E.

Feuilles difpofées quatre enfemble au fommet de longs pétioles.	Feuilles oppofées, & portées chacune fur de très-courts pétioles.
I.	I I.

I. *Feuilles difpofées quatre enfemble au fommet de longs pétioles.*

Marfile à quatre feuilles. *Marfilea quadrifolia.* Linn. Sp. 1563.

Lenticula paluftris, quadrifolia. Mapp. Alfat. 166.

Sa tige eft une fouche affez longue, rampante, & qui pouffe à différens intervalles, des paquets de racines fibreufés ; fes feuilles font compofées de quatre folioles liffes, vertes, arrondies à leur fommet, réunies à leur bafe, difpofées en manière de croix, & foutenues par de longs pétioles : les globules, qui contiennent la fructification de cette plante,

1244.

son velus & solitaires ou géminés sur leurs péduncules. On trouve cette plante en Alsace, dans les lieux humides & sur le bord des étangs. ♃

II. *Feuilles opposées, & portées chacune sur de très - courts pétioles.*

Marsile flottante. *Marsilea natans.* Linn. Sp. 1562.

Lenticula palustris, latifolia. Bauh. prodr. 153.

Cette plante diffère beaucoup de la précédente par son port & par sa fructification ; ses tiges sont menues, rampantes ou flottantes ; garnies de beaucoup de feuilles dans toute leur longueur, & poussent des racines à leurs articulations : ses feuilles sont ovales - obrondes ; opposées le long des tiges, peu écartées les unes des autres, & remarquables par leur superficie chargée de points ou de verrues, que Michelli dit être des fleurs mâles. Entre les racines de la base des tiges on trouve plusieurs globules ou espèces de capsules uniloculaires, polyspermes, & disposées souvent deux à quatre ensemble. Cette plante croît dans les environs de Montpellier dans les fossés aquatiques & les étangs.

1245.

Fructification disposée en une espèce de cône écailleux & terminal ; feuilles verticillées ou nulles.

Prêle. *Equisetum.*

Les fleurs de prêle sont disposées en un épi terminal ovale-oblong, ressemblant à une massue, & composé d'écailles soutenues chacune par un pivot perpendiculaire à l'axe de cet épi ; la face intérieure de ces écailles est garnie de cellules qui contiennent une poussière assez abondante : ces parties sont regardées comme des fleurs mâles ; les fleurs femelles en ce cas, sont encore inconnues.

A N A L Y S E.

Gaînes des articulations presque entières, & légèrement crénelées en leurs bords.	Gaînes des articulations bordées de dents profondes & aiguës.
I.	I I.

1245.

I. *Gaînes des articulations presque entières , & légèrement crénelées en leurs bords.*

Prèle d'hiver. *Equisetum hyemale.* Linn. Sp. 1517.

Equisetum foliis nudum, non ramosum, seu junceum, hippuris aphyllos. Tournef. 533. Bauh. theatr. 248.

Ses tiges sont hautes d'un pied & demi, nues, lisses, sillonnées, articulées & d'un vert un peu glauque ; ses articulations sont écartées les unes des autres, & forment des entre-nœuds de deux ou trois pouces de grandeur ; les gaînes des articulations sont noirâtres en leur bord qui est légèrement crénelé, & n'ont que deux lignes de longueur : elles ont aussi quelquefois un cercle brun ou roussâtre à leur base. On trouve cette plante dans les lieux humides. ♃

II. *Gaîne des articulations bordées de dents profondes & aiguës.*

Tiges fleuries nues, & les stériles feuillées. III.	Tiges fleuries garnies de feuilles. V I.

III. *Tiges fleuries nues, & les stériles feuillées.*

Verticilles des tiges stériles, composés de huit à quinze feuilles. IV.	Verticilles des tiges stériles, composés de plus de quinze feuilles. V.

IV. *Verticilles des tiges stériles, composés de huit à quinze feuilles.*

Prèle des champs. *Equisetum arvense.* Linn. Sp. 1516.

Equisetum arvense, longioribus setis. Tournef. 533.

Ses tiges stériles sont longues d'un pied ou environ, couchées dans leur partie inférieure & garnies de feuilles longues, grêles, articulées, anguleuses & en petit nombre à chaque verticille ; ces feuilles ne sont que des espèces de rameaux

1245.

menus & verticillés. Les tiges fleuries font nues, droites
hautes de fix ou fept pouces ; les gaînes de leurs articulatio
font brunes dans leur partie fupérieure, & profondément divifé
en dents aiguës. On trouve cette plante dans les cham
humides. ♉

V. *Verticilles des tiges ſtériles, compoſés de plus de qui*
feuilles.

Prêle majeure. *Equiſetum maximum.*

> *Equiſetum paluſtre , longioribus ſetis.* Tournef. 533.
> *Equiſetum fluviatile.* Linn. Sp. 1517.

Cette efpèce eft remarquable par fa grandeur, par la lo
gueur de fes feuilles , & par leur grand nombre à chaq
verticille ; fes tiges ſtériles font droites , épaiſſes , garnies
beaucoup d'articulations peu écartées les unes des autres ,
s'élèvent à la hauteur de trois pieds ; fes feuilles font menu
fort longues , articulées , tétragones , & difpofées vingt
quarante par verticille ; les tiges fleuries font nues , épaiſſ
hautes d'un pied , & naiſſent au printemps. On trouve ce
plante fur le bord des bois humides , & dans les marais
les prés couverts. ♉

VI   *Tiges fleuries garnies de feuilles.*

Feuilles ſimples.	Feuilles compoſées.
V I I.	V I I I.

VII.   *Feuilles ſimples.*

Prêle des marais. *Equiſetum paluſtre.* Linn. Sp. 1516.

> *Equiſetum paluſtre brevioribus ſetis.* Tournef. 533.
> β. *Equiſetum paluſtre , minus polyſtachion.* Bauh. theatr. 2
> γ. *Equiſetum limoſum.* Linn. Sp. 1517. Hal. hiſt. n°. 1

Ses tiges font hautes d'un pied ou environ, articulé
fillonnées & garnies à leurs articulations de cinq à neuf feui
redreſſées , ſimples & aſſez courtes : la variété β eft rem
quable par fes feuilles ou efpèces de rameaux terminés
plupart par un fort petit épi. La variété γ eft prefque
tièrement nue , particulièrement dans fa jeuneſſe ; fa tige

1245. liſſe & fiſtuleuſe. On trouve cette eſpèce dans les lieux marécageux & aquatiques, ♃ ; elle paſſe pour aſtringente, ainſi
que les autres eſpèces.

VIII.   *Feuilles compoſées.*

Prêle des bois. *Equiſetum ſylvaticum.* Linn. Sp. 1516.

Equiſetum ſylvaticum, tenuiſſimis ſetis. Tournef. 533.

Sa tige eſt grêle, articulée & s'élève juſqu'à un pied &
demi ; les gaînes de ſes articulations ſont lâches & fort grandes ;
ſes verticilles ſont compoſés de feuilles extrêmemenr menues,
aſſez nombreuſes & chargées elles-mêmes d'autres verticilles
à leurs articulations, mais fort petits : l'épi eſt terminal, un
peu long & comme panaché. On trouve cette plante dans
les bois & les prés montagneux. ♃

1246. *Fructification diſpoſée en épi linéaire ou rameux ; une
ſeule feuille caulinaire.*

Ophiogloſſe. *Ophiogloſſum.*

Les ophiogloſſes ont leur fructification compoſée de petites
verrues, ſeſſiles, unilatérales ou diſtiques, & diſpoſées au
ſommet d'une tige ſimple, en un épi linéaire ou en une
eſpèce de grappe rameuſe.

ANALYSE.

Feuille caulinaire très-ſimple.	Feuille caulinaire ailée.
I.	I I.

I.   *Feuille caulinaire très-ſimple.*

Ophiogloſſe vulgaire. *Ophiogloſſum vulgatum.* Linn. Sp.
1518.

Ophiogloſſum vulgatum. Tournef. 548.

Sa racine eſt compoſée de pluſieurs fibres ramaſſées en
faiſceau, & pouſſe une tige grêle, ſimple & haute de cinq

1246. à sept pouces ; cette tige est garnie, à deux pouces de dis- tance de sa racine, d'une feuille ovale, amplexicaule, très- entière, glabre & sans nervure : l'épi est distique, pointu, long presque d'un pouce & demi, & termine la tige qui s'élève beaucoup au-dessus de la feuille On trouve cette plante dans les prés humides, les marais, ♃ ; elle est vulnéraire.

II.   *Feuille caulinaire ailée.*

Ophioglosse ailée. *Ophioglossum pinnatum.*

Osmunda foliis lunatis. **Tournef.** 547.
Osmunda lunaria. **Linn. Sp.** 1519.

Sa racine est disposée comme celle de l'espèce précédente, & pousse une tige grêle, cylindrique, simple & haute de quatre à six pouces ; cette tige est garnie dans sa partie moyenne, d'une feuille glabre un peu charnue, ailée, & composée de huit ou dix folioles arrondies à leur sommet, & qui ont un peu la forme d'un croissant : la fructification est disposée en une espèce de grappe rameuse, & termine la tige, qui est, dès sa naissance, très-distinguée de la feuille : les petites verrues qui la composent, sont situées sur la partie antérieure des rameaux, & disposées sur deux rangs ; en quoi cette plante diffère sensiblement des osmondes & des autres vraies fougères qui portent leur fructification sur le dos de véritables feuilles. On trouve cette plante dans les prés secs & montagneux, ♃ ; elle est vulnéraire & astringente.

1247.

Fructification disposée sur le dos des feuilles & jamais sur de véritables tiges ; feuilles roulées en crosse avant leur développement.

Partie supérieure des feuilles, mutilée, tout-à-fait déformée par l'abondance de la fructification, & ressemblant à une espèce de grappe, ... **1248**

Feuilles plus ou moins chargées de fructification, mais conservant leur forme, & ne ressemblant point à une grappe. **1249**

1248. *Partie supérieure des feuilles, mutilée, tout-à-fait déformée par l'abondance de la fruïification, & ressemblant à une espèce de grappe.*

Osmonde royale. *Osmunda regalis.* Linn. Sp. 1521.

Osmunda vulgaris & palustris. Tournef. 547.

Cette plante s'élève à la hauteur de trois ou quatre pieds; ses feuilles font droites, très-grandes, deux fois ailées, composées de pinnules opposées, oblongues, lancéolées, sessiles, & garnies d'une nervure longitudinale, d'où partent de chaque côté d'autres petites nervures très-nombreuses : les pétioles communs des feuilles naissent de la racine, & ressemblent, par leur grandeur, à des espèces de tiges divisées dans leur partie supérieure, en rameaux opposés. La fruïification est composée de globules ou verrues roussâtres très-ramassées, & qui changent, par leur grand nombre, le sommet des feuilles en une espèce de grappe panniculée ou rameuse. On trouve cette plante dans les lieux marécageux, aquatiques; & dans les bois humides, ♃; elle est vulnéraire, anti-herniaire & détersive.

1249. *Feuilles plus ou moins chargées de fruïification, mais conservant leur forme, & ne ressemblant point à une grappe. . . .*
{
Fruïification couvrant entièrement le dos des feuilles, sans vuide remarquable. 1250

Fruïification ne couvrant pas entièrement le dos des feuilles, & laissant des vuides sur leur disque. . 1251
}

1250. *Fruïification couvrant entièrement le dos des feuilles, ... sans vuide remarquable.*

{
Acrostique. *Acrostichum.*

La fruïification des acrostiques est abondante, couvre entièrement le dos des feuilles, & n'affecte dans sa distribution, aucune forme particulière.
}

ANALYSE.

Feuilles linéaires & bifides, ou trifides ou laciniées.	Feuilles ailées, & à pinnules nombreuses & confluentes.
I.	I I.

I. *Feuilles linéaires & bifides, ou trifides ou laciniées.*

Acrostique septentrionale. *Acrostichum septentrionale.* Linn. Sp. 1524.

Filix saxatilis, corniculata. Tournef. 542.

Cette plante est fort petite ; ses feuilles sont radicales, très-menues, linéaires, & bifides ou trifides dans leur partie supérieure ; elles sont hautes de deux ou trois pouces, & courbées en leur sommet en manière de crochet ou de corne : leurs divisions ne sont point chargées de fructification à leur base ni à leur extrémité. On trouve cette plante dans les lieux pierreux & les fentes des rochers, ⚥ ; elle a été observée en Champagne, par M. Renault.

II. *Feuilles ailées, & à pinnules nombreuses & confluentes.*

Acrostique des bois. *Acrostichum nemorale.*

Polypodium angustifolium, folio vario. Tournef. 540.
Osmunda spicant. Linn. Sp. 1522.

Sa racine pousse plusieurs feuilles ramassées en un faisceau très-ouvert ; ces feuilles sont longues de sept à dix pouces, ailées dans presque toute leur longueur, rétrécies à leur sommet & à leur base, & ressemblent à celles du polypode commun : leurs pinnules sont nombreuses, oblongues, très-entières & légèrement confluentes à leur base ; celles du milieu des feuilles sont plus grandes que celles de leurs extrémités : les feuilles extérieures du faisceau commun sont stériles, & celles du centre sont plus longues, plus étroites, & abondamment chargées sur leur dos, de fructification, qui ne laisse sur chaque foliole qu'un sillon médiocre. On trouve cette plante dans les bois montagneux. ⚥

1251.

Fructification ne couvrant pas entièrement le dos des feuilles & laissant des vuides sur leur disque...

> Fructification rangée sur une ligne qui borde le contour de la partie postérieure des feuilles. 1252
>
> Fructification interrompue, & ne bordant pas le contour de la partie postérieure des feuilles. 1253

1252.

Fructification rangée sur une ligne qui borde le contour de la partie postérieure des feuilles.

Pteris.

Les pteris sont remarquables par leur fructification disposée en manière d'ourelet, le long du bord postérieur des feuilles.

ANALYSE.

Feuilles trois ou quatre fois ailées, & larges de plus de six pouces.	Feuilles décomposées, & larges de moins de six pouces.
I.	II.

I. *Feuilles trois ou quatre fois ailées, & larges de plus de six pouces.*

Pteris aquilin. *Pteris aquilina.* Linn. Sp. 1533.
(Fougère femelle).

Filix ramosa, major, pinnulis obtusis, non dentatis. Tournef. 536.

Sa racine est oblongue, brune ou roussâtre en dehors, & remarquable lorsqu'on la coupe en travers, par deux lignes qui se croisent, & représentent, en quelque sorte, l'Aigle de l'Empire ; les feuilles sont radicales, droites, hautes de deux à cinq pieds, trois ou quatre fois ailées, fort amples, & portées sur des pétioles nus dans toute leur moitié inférieure, & qui ressemblent à des tiges : les pinnules des feuilles sont très-nombreuses, & les dernières, ou celles des extrémités, sont lancéolées & très-entières. La fructification est peu apparente, & forme une ligne blanchâtre qui borde le contour de la partie postérieure des pinnules ; ces pinnules

1252. font glabres en-deffus & velues en-deffous. Cette plante eft commune dans les bois & les lieux ftériles, & fa racine eft aftringente, & un fpécifique contre le ver folitaire.

II. *Feuilles décompofées, & larges de moins de fix pouces.*

Pteris à feuilles menues. *Pteris tenuifolia.*

Filicula fontana, folio vario. Tournef. 542.
Ofmunda crifpa. Linn. Sp. 1522.

Sa racine pouffe plufieurs feuilles hautes de fept ou huit pouces, portées fur des pétioles très-grêles & nus dans leur plus grande partie ; ces feuilles font de deux fortes, les unes ftériles, & les autres chargées de fructification : les premières ont leurs folioles ou pinnules un peu élargies & dentées à leur fommet ; celles qui font fertiles, ont leurs folioles étroites, prefque linéaires, très-entières, & garnies en leur bord poftérieur, de fructification rangée en une ligne qui borde très-diftinctement le contour de ces folioles, & laiffe fur leur difque, un vuide longitudinal ou un fillon enfoncé. Ces feuilles, en général, n'ont pas trois pouces de largeur, & ont la forme d'un triangle un peu alongé ; leurs folioles font petites, alternes, & portées fur des ramifications affez fines. Cette plante croît dans les montagnes du Dauphiné, & m'a été communiquée par M. Liottard, neveu.

1253. *Fructification interrompue ; & ne bordant pas le contour de la partie poftérieure des feuilles.*

Fructification difpofée par paquets arrondis & épars fur le dos des feuilles. 1254

Fructification non difpofée par paquets arrondis & épars fur le dos. 1255

1254. *Fructification difpofée par paquets arrondis & épars fur le dos des feuilles.*

Polypode. *Polypodium.*

Les polipodes ont leur fructification compofée de petits paquets arrondis, ifolés & qui reffemblent à des points difperfés fur le dos des feuilles.

Feuilles simplement pinnatifides ; leur pinnules principales font confluentes à leur bafe. I.	Feuilles une ou plufieurs fois ailées ; leurs pinnules principales ne font point confluentes à leur bafe. I V.

I. *Feuilles fimplement pinnatifides.*

Pinnules des feuilles très-entières ou légèrement dentées. I I.	Pinnules des feuilles laciniées & prefque pinnatifides. I I I.

II. *Pinnules des feuilles très-entières ou légèrement dentées.*

Polypode commun. *Polypodium vulgare.* Linn. Sp. 1544.

> *Polypodium vulgare.* Tournef. 540.
> β. *Polypodium minus.* Ibid.

Sa racine eft épaiffe, alongée, couverte d'écailles brunes, garnie de beaucoup de fibres noirâtres, & pouffe plufieurs feuilles longues de fix à dix pouces ; ces feuilles ont leur pétiole nu vers fa bafe & chargé dans le refte de fa longueur de folioles ou pinnules lancéolées, parallèles difpofées alternativement, confluentes à leur bafe & qui vont en diminuant de grandeur vers le fommet des feuilles : les paquets de fructification forment deux rangées fur le dos de chaque pinnule. On trouve cette plante dans les lieux pierreux, fur les vieux murs & au pied des arbres, ♃ ; fa racine eft apéritive & hépatique : on l'emploie quelquefois avec fuccès dans la toux & contre la goutte.

III. *Pinnules des feuilles laciniées & prefque pinnatifides.*

Polypode lacinié. *Polypodium laciniatum.*

> *Polypodium cambro-britannicum, pinnulis ad margines laciniatis.* Tournef. 540.
> *Polypodium cambricum.* Linn. Sp. 1546.

Sa racine eft oblongue, horizontale, garnie de fibres &

1254. pousse plusieurs feuilles moins longues & plus larges que celle du polypode commun ; ces feuilles ont leurs pinnules presque opposées, lancéolées, pointues, laciniées, & plus étroites vers leur base que dans leur partie moyenne. On trouve cette plante dans les environs de Montpellier. ⅞.

IV. *Feuilles une ou plusieurs fois ailées.*

Feuilles une seule fois ailées ou imparfaitement bipinnées ; leurs pinnules principales sont simples, ou ont des folioles confluentes. V.	Feuilles deux fois ailées ou davantage très-distinctement ; leurs pinnules principales ont des folioles non confluentes. X V I.

V. *Feuilles une seule fois ailées ou imparfaitement bipinnées.*

Pinnules bordées de cils spinuliformes. V I.	Pinnules non bordées de cils spinuliformes. I·X.

VI. *Pinnules bordées de cils spinuliformes.*

Pinnules simples, appendiculées, légèrement dentées & ciliées. V I I.	Pinnules pinnatifides, appendiculées, dentées & ciliées. V I I I.

VII. *Pinnules simples, appendiculées, légèrement dentées & ciliées.*

Polypode lonkite. *Polypodium lonchitis.* Linn. Sp. 1548.

Lonchitis aspera. Tournef. 538.

Sa racine pousse plusieurs feuilles longues de près d'un pied, un peu dures, & ailées dans presque toute leur longueur,

1254.

ces feuilles ont leur pétiole commun chargé d'écailles rouſ-sâtres, & garni de pinnules nombreuſes, très-rapprochées les unes des autres, aſſez petites, ſimples, à peine dentées, ciliées; rudes, un peu courbées en croiſſant, & remarquables par une appendice ou oreillette ſituées à l'angle ſupérieur de leur baſe : ces pinnules ſont convexes en leur ſurface poſtérieure, & les inférieures ſont ſouvent ſtériles. On trouve cette plante dans les lieux montagneux de . l'Alſace & des provinces méridionales. ♃

VIII. *Pinnules pinnatifides , appendiculées , dentées & ciliées.*

Polypode à aiguillons. *Polypodium aculeatum.* Linn. Sp.
1552.

Lonchitis aculeata , major. Tournef. 538.

Sa racine eſt garnie de beaucoup de fibres noirâtres, écail-leuſes à ſon collet, & pouſſe pluſieurs feuilles longues de ſix à dix pouces ; ces feuilles ont leur pétiole couvert d'écailles rouſſâtres , & chargé dans preſque toute ſa longueur, de pinnules aſſez nombreuſes, très-rapprochées les unes des autres, ovales-oblongues, un peu courbées en forme de croiſſant, ciliées, ſimplement dentées vers leur ſommet, pin-natifides, dans leur partie inférieure, & remarquables par une oreillette ſituée à l'angle ſupérieur de leur baſe : ces pinnules ſont moins dures que celles de l'eſpèce précédente, & ne ſont certainement pas ailées. Cette plante eſt commune dans les haies épaiſſes & les bois montagneux. ♃

Obs. La plante de Moriſſon, *ſect.* 14. *tab. 3 , fig. 15 ,* citée par M. Linné, *mant. 506 ,* diffère beaucoup de celle que je viens de décrire. Je l'ai dans mon herbier, & je la regarde comme une eſpèce tout-à-fait à part ; mais j'ignore ſi on la trouve en France.

IX. *Pinnules non bordées de cils ſpinuliformes.*

Pinnules ayant à peine ſix lignes de longueur.	Pinnules longues de plus d'un pouce.
X.	X I.

X

1254.

X. *Pinnules ayant à peine six lignes de longueur.*

Polypode de fontaine. *Polypodium fontanum.* Linn. Sp. 1550.

Filicula fontana, minor. Tournef. 542.

Cette espèce est très-petite; sa racine est un paquet de fibres noirâtres, d'où s'élèvent cinq à huit feuilles étroites, simplement ailées, & longues de trois pouces; ces feuilles sont garnies dans presque toute leur longueur de pinnules alternes fort courtes & incisées ou légèrement pinnatifides; ces pinnules sont obtuses à leur sommet & ont leurs découpures presque arrondies; celles de la partie inférieure des feuilles sont lâches & fort écartées entr'elles. On trouve cette plante en Alsace, en Dauphiné & en Provence. ♃

XI.   *Pinnules longues de plus d'un pouce.*

Pinnules ayant leurs folioles dentées. X I I.	Pinnules ayant leurs folioles très-entières. X I I I.

XII.   *Pinnules ayant leurs folioles dentées*

Polypode fougère-mâle. *Polypodium filix mas.* Linn. Sp.

Filix non ramosa, dentata. Tournef. 536.

Ses feuilles sont grandes, larges, longues d'un pied & demi, garnies de pinnules dans presque toute leur longueur & naissent de la racine, disposées en un faisceau un peu ouvert; leurs pinnules inférieures sont courtes, celles du milieu sont très-grandes, & les supérieures diminuent insensiblement, & forment une pointe au sommet de la feuille; ces pinnules sont profondément pinnatifides & ont des folioles obtuses, dentées, confluentes à leur base & inclinées sur la nervure commune: les paquets de fructification sont réniformes, & ne bordent point le contour des folioles comme ceux de l'espèce suivante. Cette plante est commune dans les bois & les lieux stériles; ♃ sa racine passe pour apéritive, anti-hydropique, & sa décoction a la propriété d'expulser le fœtus mort.

1254.

XIII. *Pinnules ayant leurs folioles très-entières.*

Pinnules n'ayant aucune de leurs folioles plus étroite à sa base que vers son sommet. **XIV.**	Pinnules ayant leur première foliole inférieure, longue, pendante & rétrécie à sa base. **XV.**

XIV. *Pinnules, n'ayant aucune de leurs folioles plus étroite à sa base que vers son sommet.*

Polypode ptérioïde. *Polypodium pterioides.*

> *Polypodium pinnis ramorum integris, frequentibus, ordinatim decrescentibus.* Hall. enum. Helv. p. 139.
>
> β. *Filix minor, non ramosa.* Mapp. alsat. 107, ic. VII.
>
> *Acrosticum thelipteris.* Linn. Sp. 1528.

Cette espèce ressemble beaucoup à la précédente par son port ; ses feuilles sont radicales, garnies de pinnules dans la plus grande partie de leur longueur, & s'élèvent presque jusqu'à deux pieds ; leurs pinnules sont longues, assez rapprochées les unes des autres, & vont en diminuant vers le sommet de la feuille, qui est terminée en pointe ; ces pinnules sont pinnatifides & composées de folioles ovales, obtuses & très-entières. La fructification est formée par de petites verrues, rangées sous les folioles, en ligne exactement marginale, comme, dans les ptéris, mais toutes séparées les unes des autres. La variété β est beaucoup plus petite, & sa fructification couvre plus fortement le disque des folioles. Cette plante m'a été communiquée par M. Liottard neveu ; elle croît en Dauphiné & en Alsace. ♃

XV. *Pinnules ayant leur première foliole inférieure longue, pendante & rétrécie à sa base.*

Polypode phégoptère. *Polypodium phegopteris.* Linn. Sp. 1550.

> *Polypodium foliis pinnatis, reflexis, pinnis ovatis, hirsutis, primis cum nervo confluentibus.* Hall. hist. n°. 698.

Ses feuilles sont radicales, longues d'un pied ou environ, molles, d'un vert gai, & garnies de pinnules dans la plus

1254. grande partie de leur longueur : leur pinnules font pinnatifide
& compofées de folioles ovales, très-entières, prefque obtufes
confluentes à leur bafe & chargées de quelques poils en leu
bords ; la première foliole de la rangée inférieure de chaqu
pinnule eft plus longue que les autres, pendante & rétréc
à fa bafe. On trouve cette plante dans les bois & les lieu
humides.

XVI. *Feuilles deux fois ailées, ou davantage, très-diftinctemer*

Pétiole chargé de paillettes ou écailles rouffâtres.	Pétiole glabre ou velu, mais point chargé de paillettes.
X V I I.	X V I I I.

XVII. *Pétiole chargé de paillettes ou écailles rouffâtres.*

Polypode à crête. *Polypodium criftatum.* Linn. Sp. 155

Filix mas ; ramofa ; pinnulis dentatis. Vaill. Parif. ç

*Filix ramofa, dentata, ramulis & pinnulis longius ab invi
diftantibus.* Mapp. alfat. 106, f. 8.

Ses feuilles font radicales, longues d'un à deux pieds ; ch
gées de paillettes rouffâtres fur leur pétiole & garnies d
la plus grande partie de leur longueur de pinnules, la plup
alternes & lâches ou un peu écartées les unes des autres,
pinnules font ailées & ont elles-mêmes des folioles oblongu
obtufes, un peu lâches ; pinnatifides & dentées : les pinn
inférieures font ordinairement ftériles. On trouve cette pla
dans les lieux humides & montueux.

XVIII. *Pétiole glabre ou velu, mais point chargé de paillette*

Pinnules inférieures des feuilles n'étant pas plus grandes que celles du milieu.	Pinnules inférieures des feuilles beaucoup plus grande que celles du milieu.
X I X.	X X V I.

1254.

XIX. *Pinnules inférieures des feuilles n'étant pas plus grandes que celles du milieu.*

Feuilles deux fois ailées & point décompofées. **X X.**	Feuilles trois fois ailées & prefque décompofées. **X X V.**

XX. *Feuilles deux fois ailées & point décompofées.*

Pinnules ayant plus de vingt folioles étroites , & toutes très-rapprochées les unes des autres. **X X I.**	Pinnules ayant moins de vingt folioles, lefquelles font la plupart lâches & peu ferrées entr'elles. **X X I I.**

XXI. *Pinnules ayant plus de vingt folioles étroites, & toutes très-rapprochées les unes des autres.*

Polypode fougère femelle. *Polypodium filix femina.* Linn. Sp. 1551.

> *Filis mollis five glabra , vulgari mari non ramofæ accedens* Tournef. 537. Morif. fec. 14, t. 3, f. 7.
> β. *Filix non ramofa, petiolis tenuiffimis & tenuiffime dentatis.* Tournef. 537.

Ses feuilles font radicales , hautes d'un pied & demi, & garnies dans la plus grande partie de leur longueur , de pinnules nombreufes, peu écartées entr'elles, ailées, pointues, longues de quatre à cinq pouces, & qui vont en diminuant de grandeur vers le fommet de chaque feuille qui eft pointu ; ces pinnules font compofées de trente à quarante folioles un peu étroites, longues de deux à quatre lignes, profondément & finement dentées en leurs bords dans toute leur longueur, & point confluentes à leur bafe comme celle du polypode fougère-mâle, nº. XII. Ces folioles font un peu obtufes à leur fommet, & toutes fort rapprochées les unes des autres. La variété β a fes pinnules principales plus écartées entre elles & garnies de folioles tout-à-fait pointues. Cette plante eft commune dans les bois montagneux & humides. ɫ

1254.

XXII. *Pinnules ayant moins de vingt folioles, lesquelles sor[t]
la plupart lâches & peu serrées entr'elles.*

Pinnules composées de folioles obtuses. X X I I I.	Pinnules composées de folioles pointues. X X I V.

XXIII. *Pinnules composées de folioles obtuses.*

Polypode blanc. *Polypodium album.*

> *Filicula fontana, major, sive adiantum album, filicis foli[is]*
> Tournef. 542. *Dryopteris candida, dodonæi.*
> *Polypodium fragile.* Linn. Sp. 1553. *Quoad descriptionem*
> β. *Filicula regia, fumariæ pinnulis.* Vail. t. 9, f. 1.
> *Polypodium regium.* Linn. Sp. 1553.

Sa racine pousse plusieurs feuilles hautes de cinq à hui[t]
pouces, dont les pétioles sont nus dans leur partie inférieure[,]
roussâtres à leur base & garnis dans les deux tiers de leur longueur, de pinnules lâches, sur-tout les inférieures, & qu[i]
vont en diminuant de grandeur vers le sommet de chaque feuille[:]
ces pinnules sont presque opposées, ailées & ont des foliole[s]
lâches, ovales, obtuses, crénelées, incisées & presque la[-]
ciniées : les découpures de ces folioles sont plus profonde[s]
d'un côté que de l'autre, & arrondies ou sensiblement émoussée[s]
à leur sommet. On trouve cette plante dans les lieux humide[s]
& sur le bord des ruisseaux. ♃

XXIV. *Pinnules composées de folioles pointues.*

Polypode rhétique. *Polypodium rhæticum.*

> *Filix saxatilis non ramosa, nigris maculis punctata.* Bau[h.]
> pin. 358. Morif. fec. 14. t. 4, f. 28.
> *Filix pumila sexatilis.* 2. Cluf. hift. 2, p. 212.

Cette espèce est très-distinguée de la précédente ; sa racin[e]
est horizontale, garnie de fibres, & pousse plusieurs feuill[es]
hautes d'un pied ou environ ; ces feuilles ont leur pétiole n[u]
dans toute sa moitié inférieure, glabre, d'un rouge-brun, [&]
chargé dans sa moitié supérieure, de pinnules lâches, do[nt]
la longueur n'excède pas deux pouces : ces pinnules sont ailée[s]

1254.

composées de folioles un peu lâches, petites, lancéolées, pointues & dentées : les folioles de la base des pinnules font un peu pinnatifides : la fructification eſt d'une couleur brune, & couvre preſqu'entièrement le dos des feuilles. Cette plante rare & peu connue des auteurs modernes, croît dans les montagnes du Dauphiné, parmi les rochers, & m'a été communiquée par M. Liotard, neveu.

XXV. *Feuilles trois fois ailées, & preſque décompoſées.*

Polypode des Alpes. *Polypodium alpinum.*

Filicula alpina, criſpa. Bauh. pin. 358.

Polypodium pinnis pinnarum pinnatis, laxiſſime diviſis, lobulis obtuſis, dentatis, Hall. hiſt. n°. 1709.

Cette eſpèce a un port très-élégant ; ſa racine eſt horizontale, & pouſſe pluſieurs feuilles d'un vert clair, découpées extrêmement menu, & hautes de cinq ou ſix pouces : ces feuilles ont leur pétiole nu & rouſſâtre à ſa baſe, garni dans les deux tiers de ſa longueur, de pinnules, la plupart alternes, bipinnées, pointues, peu ſerrées entr'elles, ſurtout les inférieures, & à peine longues d'un pouce & demi ; les pinnules du ſecond ordre ſont alternes, un peu étroites, longues de deux à quatre lignes, & compoſées de folioles très-petites, pareillement alternes, bifides ou trifides, & émouſſées à leur ſommet. La fructification naît par paquets arrondis & ſouvent ſolitaires ſur chaque foliole ou pinnule du troiſième ordre. Cette plante croît dans les montagnes du Dauphiné, & m'a été communiquée par M. Liottard, neveu.

XXVI. *Pinnules inférieures des feuilles beaucoup plus grandes que celles du milieu.*

Feuilles deux fois ailées, & d'un vert obſcur ; pétiole glabre. XXVII.	Feuilles trois fois ailées, & d'un vert clair ; pétiole velu. XXVIII.

1254.

XXVII. *Feuilles deux fois ailées, & d'un vert obscur; pétiol*
glabre.

Polypode dryoptère. *Polypodium dryopteris.* Linn. Sp. 155

Filix ramofa, minor, pinnulis dentatis. Tournef. 536.

β. *Filix pumila faxatilis* I. Cluf. hift. II. p. 212.

Sa racine eft cylindrique, horizontale, noirâtre, garni
de fibres menues, & pouffe plufieurs feuilles qui s'élèven
depuis huit pouces jufqu'à un pied ; ces feuilles ont leu
pétiole très-grêle, nu dans la plus grande partie de fa longueur
& chargé vers fon fommet de plufieurs pinnules, la plupa
oppofées : les deux pinnules inférieures font ailées, & cha
cune prefque auffi grande que toutes les autres enfemble, d
forte que chaque feuille a une forme triangulaire, & paro
compofée de trois folioles grandes & ailées ; les pinnules d
fecond ordre font ovales-oblongues, obtufes, groffièremer
dentées & prefque pinnatifides. La variété β s'élève un pe
plus ; fes pinnules font beaucoup plus amples, plus lâch
& tout-à-fait pointues, même celles du fecond ordre. O
trouve cette plante dans les lieux pierreux, montueux
humides.

XXVIII. *Feuilles trois fois ailées, & d'un vert clair; pétiole velu*

Polypode de montagne. *Polypodium montanum.*

Filix montana, ramofa, minor, argutè denticulata. Vail.

Polypodium triplicato-pinnatum, pinnulis tertiis femipinnat
lobulis trifidis. Hall. Hift. n°. 1710.

Sa racine pouffe plufieurs feuilles hautes de fept à
pouces, & foutenues chacune par un pétiole très-grêl
légèrement velu, & nu dans fa plus grande partie ; ces feuil
ont une forme triangulaire, & reffemblent, en quelc
manière, à celles du cerfeuil fauvage : leurs pinnules f
prefque toutes oppofées; les deux inférieures font bipinné
& auffi grandes chacune que toutes les autres enfemble,
qui fait que les feuilles de cette efpèce paroiffent, com
celles de la précédente, compofées de trois parties, n
fimplement ailées dans la première, & bipinnées dans celle-

Q 4

1254. les folioles du troisième ordre font dentées en leurs bords, ou même un peu pinnatifides. Cette plante croît dans les lieux montagneux & couverts.

1255.

Fructification non disposée par paquets arrondis & épars fur le dos des feuilles. . . . .
{
Fructification difposée fur le dos des feuilles par paquets oblongs & épars, ou prefque parallèles entre eux. 1256

Fructification difposée fur le bord poftérieur & terminal des feuilles ou de leurs folioles. 1257
}

1256. *Fructification difposée fur le dos des feuilles par paquets oblongs & épars ou prefque parallèles entr'eux.*

Doradille. *Afplenium.*

Les doradilles font remarquables par leur fructification difposée par paquets ovales-oblongs, ou qui reffemblent quelquefois à de petites lignes éparfes fur le dos des feuilles.

A N A L Y S E.

Feuilles très-fimples, & entières ou lobées. I.	Feuilles pinnatifides, ou ailées ou furcompofées. I V.

I.   *Feuilles très-fimples, & entières ou lobées.*

Feuilles dont la largeur beaucoup plus grande à leur bafe que dans leur milieu, va toujours en diminuant jufqu'à leur fommet. I I.	Feuilles prefque point plus larges à leur bafe. que dans leur milieu, & dont les bords font parallèles dans la plus grande partie de leur longueur. I I I.

1256.

II. *Feuilles dont la largeur beaucoup plus grande à leur base que dans leur milieu, va toujours en diminuant jusqu'à leur sommet.*

Doradille hemionite. *Asplenium hemionitis.* Linn. Sp. 1536.

Hemionitis vulgaris. Tournef. 546.

Sa racine pousse plusieurs feuilles lisses, hastées, échancrées en cœur, fort élargies inférieurement, distinguées par deux grandes oreillettes à leur base, & portées sur des pétioles glabres ; la fructification naît sur le dos des feuilles, disposée par petits paquets oblongs, presque parallèles entre eux, & inclinés ou obliques par rapport à la nervure moyenne de chaque feuille. On trouve cette plante dans les environs de Marseille, ♃ ; elle est pectorale, un peu astringente & vulnéraire.

II. *Feuilles presque point plus larges à leur base que dans leur milieu, & dont les bords sont parallèles dans la plus grande partie de leur longueur.*

Doradille scolopendre. *Asplenium scolopendrium.* Linn. Sp. 1537.

Lingua cervina officinarum. Tournef. 544.
β. *Lingua cervina, multifido folio.* Ibid. 545.

Ses feuilles sont radicales, longues presque d'un pied, larges d'un pouce on quelquefois un peu plus, échancrées en cœur à leur base, légèrement ondulées en leurs bords, pointues, vertes, lisses, un peu coriaces, & portées sur des pétioles chargés de poils roussâtres ; la fructification naît sur leur dos, diposée par paquets linéaires, nombreux, parallèles entr'eux, & presque perpendiculaires à la nervure commune. La variété β est remarquable par ses feuilles laciniées à leur sommet. On trouve cette plante dans les lieux couverts & humides, dans les puits & sur le bord des ruisseaux ; elle a les mêmes vertus que l'espèce précédente.

1256.

IV. *Feuilles pinnatifides , ou ailées ou furcompofées.*

Feuilles pinnatifides , ou une feule fois ailées. **V.**	Feuilles plufieurs fois ailées , ou furcompofées. **X.**

V. *Feuilles pinnatifides , ou une feule fois ailées.*

Feuilles pinnatifides. **V I.**	Feuilles ailées. **V I I.**

VI. *Feuilles pinnatifides.*

Doradille ceterach. *Afplenium ceterach.* Linn. Sp. 1538.

Afplenium five ceterach. Tournef. 544.

Cette efpèce eft fort petite ; fa racine pouffe un faifceau de feuilles longues de deux ou trois pouces, larges de quatre à fix lignes, vertes en-deffus, & couvertes en-deffous de petites écailles très-abondantes, rouffâtres ou ferrugineufes, & brillantes comme des paillettes d'or : ces feuilles font garnies, dans la plus grande partie de leur longueur, de pinnules la plupart alternes, confluentes à leur bafe & obtufes à leur fommet. On trouve cette plante dans les lieux pierreux & fur les murailles, ♃ ; elle eft pectorale & un peu aftringente.

VII. *Feuilles ailées.*

Folioles très-petites , ovales-obrondes , & au-delà de vingt. **V I I I.**	Folioles affez grandes , ovales, appendiculées, cunéiformes à leur bafe , & point au-delà de vingt. **I X.**

1256.

VIII. *Folioles très-petites, ovales-obrondes, & au-delà de vingt.*

Doradille politric. *Asplenium trichomanes.* Linn. Sp. 1540.

Trichomanes sive polytrichum officinarum. Tournef. 539.
β. *Trichomanes minus & tenerius.* Ibid. 540.
γ. *Trichomanes foliis eleganter incisis.* Ibid. 539.

Sa racine est chevelue, fibreuse, & pousse beaucoup de feuilles longues de trois ou quatre pouces, étroites, ailées & composées souvent de plus de trente folioles fort petites ; ces folioles sont ovales-arrondies, légèrement crénelées, sessiles & disposées en manière d'aile, le long d'un pétiole commun très-grêle & d'un pourpre noirâtre : les inférieures sont un peu triangulaires ; la fructification forme cinq ou six petites lignes courtes & divergentes sur le dos de chaque foliole. On trouve cette plante dans les lieux couverts & humides, dans les rochers garnis de mousses, & sur les vieux murs, ♃ ; elle est apéritive & béchique.

IX. *Folioles assez grandes, ovales, appendiculées, cunéiformes à leur base, & point au-delà de vingt.*

Doradille marine. *Asplenium marinum.* Linn. Sp. 1540.

Lonchitis maritima. Tournef. 538.

Cette espèce a beaucoup de rapports avec la précédente, & n'en est peut-être qu'une variété ; mais ses feuilles ont des folioles beaucoup plus grandes, moins nombreuses, presque triangulaires, dentées en scie, & presque toutes remarquables par une appendice ou un lobe en leur bord latéral supérieur ; elle croît dans les îles d'Hières.

X. *Feuilles plusieurs fois ailées ou surcomposées.*

Pétioles nus dans leur plus grande partie, & divisés à leur sommet en rameaux courts, chargés la plupart de trois folioles obtuses.	Pétioles nus seulement dans leur moitié inférieure, & garnis dans l'autre de pinnules lancéolées, & ailées ou pinnatifides.
X I.	X I I.

1256. XI. *Pétioles nus dans leur plus grande partie, & divisés à leur sommet en rameaux courts, chargés la plupart de trois folioles obtuses.*

Doradille des murs. *Asplenium murorum.* (Sauve-vie).

Ruta muraria. Tournef. 541.
Asplenium ruta muraria. Linn. Sp. 1541.

Sa racine est chevelue & pousse des feuilles longues de deux ou trois pouces, un peu dures, décomposées & imitant en quelque sorte celles de la rue ; ces feuilles ont un pétiole grêle, nu dans la plus grande partie de sa longueur, ramifié à son sommet & chargé de folioles courtes, obtuses, denticulées en leur bord supérieur, quelquefois incisées ou lobées, & un peu fermes, la fructification forme sur le dos de chaque foliole deux ou trois lignes fort petites, & qui par la suite de leur développement se réunissent en un seul paquet ovale. Cette plante est commune dans les fentes des murs, des vieux édifices, & des rochers, ♃ ; on la regarde comme très-pectorale & apéritive. M. de Haller doute de ses qualités adoucissantes & béchiques. Hall. hist. n°. 1691.

XII. *Pétioles nus seulement dans leur moitié inférieure, & garnis dans l'autre de pinnules lancéolées, & ailées ou pinnatifides.*

Doradille noire. *Asplenium nigrum.*

Filicula quæ adiantum nigrum officinarum, pinnulis obtusioribus (& acutioribus). Tournef. 542.
Asplenium adiantum. Linn. Sp. 1542.

Sa racine pousse plusieurs feuilles hautes de cinq ou six pouces, un peu luisantes en-dessus & d'un vert foncé presque noirâtre ; leur pétiole est brun à sa base & garni dans toute sa moitié supérieure de pinnules, dont les inférieures sont les plus grandes, & chargées de deux ou trois folioles à leur base, très-distinctes, non confluentes, incisées & dentées : les autres pinnules vont en diminuant de grandeur jusqu'au sommet de la feuille qui est pointu, & sont simplement pinnatifides : leurs lobes sont dentés & un peu obtus. On trouve cette plante dans les lieux couverts & les bois humides, ♃ ; elle passe pour pectorale & apéritive.

1257. *Fructification difposée fur le bord poftérieur & terminant des feuilles ou de leurs folioles.*

Capillaire à feuilles de coriandre. *Adiantum coriandrifolium.*

Adiantum foliis coriandri. Tournef. 543.
Adiantum capillus veneris. Linn. Sp. 1558.

Ses feuilles font radicales, ramifiées, décompofées & hautes de cinq ou fix pouces, leur pétiole eft liffe, luifant, d'un rouge-noirâtre & très-grêle ; fes ramifications font prefque capillaires & foutiennent des folioles glabres, minces, cunéiformes, incifées & découpées en leur bord fupérieur : le fommet de chaque découpure eft réfléchi ou replié en-deffous, & recouvre les paquets de fructification qui font difpofés poftérieurement au bord fupérieur des folioles. On trouve cette plante dans les lieux pierreux, couverts, & humides ; au bord des fontaines & au parois des puits, dans les provinces méridionales, ♃ ; elle eft regardée comme pectorale, béchique & apéritive.

1258.

Mouffes.

Les mouffes font des plantes communément fort petites, vivaces, & toujours vertes particulièrement pendant l'hiver, où la plupart fleuriffent ou fructifient, tandis que prefque tous les autres végétaux paroiffent dans un état d'anéantiffement ou de langueur ; elles végètent lentement, & ont la faculté de reverdir & de revivre lorfqu'on les met dans l'eau, même après avoir été gardées en deffication pendant un temps confidérable. Ces plantes font ramaffées en gazon ou rampent en s'étendant fur la terre, fur les pierres & fur le tronc des arbres, en forme de tapis ; elles ont de véritables tiges plus ou moins rameufes, & des feuilles qui en font tout-à-fait diftinguées : leurs feuilles font très-petites, fimples, feffiles, nombreufes, très-rapprochées les unes des autres, éparfes, prefque embriquées, & quelquefois oppofées ou même verticillées. Leur fructification eft très-fenfible, mais peu connue ; elle se fait principalement remarquer par des urnes ou des efpèces de capfules fimples, ovales ou arrondies, & communément portées chacune fur un pédicule affez long, qui naît latéralement ou qui eft tout-à-fait terminal : ces urnes contiennent la plupart une efpèce de

1258. pouſſière compoſée de globules arrondis & de nature inflammable ; elles ont ſouvent leur bord ſupérieur un peu renflé en manière de bourrelet, ou quelquefois couronné de cils, & ſont preſque toujours chargées d'un couvercle particulier, obtus, ou pointu ou conique, que l'on nomme *opercule*. Dans un grand nombre de mouſſes, le ſommet des urnes eſt caché pendant un temps plus ou moins long, ſous une eſpèce de coiffe membraneuſe, caduque, ſouvent velue, & qui a la forme d'un bonnet pointu ou d'un éteignoir.

On a donné aux urnes le nom d'*anthère*, & pluſieurs auteurs les regardent comme des fleurs mâles ; ils prennent pour fleurs femelles, certains boutons ſeſſiles, que l'on obſerve aſſez ſouvent ſur les tiges non garnies d'urnes de pluſieurs eſpèces : ces boutons ſont compoſés de petites feuilles ramaſſées d'abord en manière de cône ovale, mais qui s'ouvrent enſuite, & forment une roſette ou une étoile campanulée, au centre de laquelle on remarque quelquefois de petites écailles rouſſâtres, qui ſe sèchent, tombent, & reſſemblent alors à de la limaille ou de la ſciure de bois. Je ne connois pas d'expérience qui prouve bien clairement que ces parties ſoient de véritables fleurs ; & le ſentiment des Botaniſtes, qui les prennent pour des bourgeons, d'où devoient naître de nouveaux jets, me paroît d'autant plus fondé, que le polytric commun & pluſieurs eſpèces de *Mnium* en fourniſſent ſouvent des exemples ; l'on donne auſſi le nom de *fleurs femelles* à certains globules nus, fongueux ou poudreux & d'une nature tout-à-fait différente des roſettes de feuilles dont je viens de parler.

D'après ce que j'ai dit à l'entrée de la Cryptogamie ſur l'extrême difficulté que l'on éprouve en général dans la formation, ſoit des genres, ſoit des eſpèces qui compoſent cette diviſion de plantes ; on me permettra d'adopter pour le préſent les genres de M. Linné, quoique pluſieurs ne ſoient qu'imparfaitement diſtingués entr'eux, & d'y rapporter ſans analyſe les eſpèces qui ont été juſqu'à préſent obſervées en France.

Genres ſelon M. Linné.

Urnes n'ayant jamais de coiffe.	Lycopode. 1259
	Sphaigne. 1260
	Phaſque. 1261

1258.

Urnes chargées de coiffe dans leur jeunesse. . . . .

Individus de deux sortes; les uns portent des urnes, & les autres ont seulement des rosettes de feuilles ou des globules nus & poudreux.

Mnie. . . . . 126̄2
Splanc. . . . . 126̄3
Polytric. . . . . 126̄4

Individus, non de deux sortes, ils portent tous des urnes très-distinctes.

Bry. . . . . , . . 126̄
Hipne. . . . . 126̄
Fontinale. . . . . 126̄

Lycopode. *Lycopodium.*

1259.

Les lycopodes ont leurs urnes réniformes, bivalves, privées d'opercule & de coiffe, sessiles, & cachées dans les aisselles de bractées ou paillettes nombreuses, disposées vers l'extrémité des tiges ou des rameaux, souvent en manière d'épi ou de massue.

Espèces.

I. Lycopode à massue. *Lycopodium clavatum.* Linn. Sp. 156

Muscus squamosus, vulgaris, repens, clavatus. Tournef. 5

Sa tige est longue de deux à quatre pieds, rampante, rameuse, & couverte de feuilles éparses, très-rapprochées & presque embriquées; ces feuilles sont étroites, aiguës & terminées par un poil assez long; les péduncules qui soutiennent la fructification, naissent de l'extrémité des rameaux, sont presque nus, chargés de très-petites écailles écartées entr'elles, & se divisent dans leur partie supérieure en deux rameaux courts, terminés chacun par une masse écailleuse & d'un blanc jaunâtre. Les urnes répandent dans leur maturité une poussière abondante, jaunâtre, qui s'e

1259. flamme facilement, fulmine prefque comme la poudre à canon, & qu'on nomme vulgairement *foufre végétal*. On trouve cette plante dans les bois & dans les lieux montagneux, pierreux & couverts, ♃; elle paffe pour diurétique & anti-dyffentérique: la pouffière des-urnes eft regardée comme anti-fpafmodique & carminative. On la croit auffi utile contre la plique.

II. Lycopode cilié. *Lycopodium ciliatum.*

Selaginoides foliis fpinofis. Dillen. mufc. 460, t. LXVIII, f. 2.

Lycopodium felaginoides. Linn. Sp. 1565.

Cette efpèce eft fort petite ; fes tiges font rampantes & divifées en rameaux, la plupart affez droits & longs de deux ou trois pouces : fes feuilles font éparfes, liffes, luifantes, lancéolées, pointues, dentées & comme ciliées en leurs bords. Célles qui fervent de bractées font plus grandes que les autres, & d'une couleur jaunâtre. Cette plante croit dans les montagnes du Dauphiné, & m'a été communiquée par M. Faujas de Saint-Fond.

III. Lycopode des marais. *Lycopodium paluftre.*

Lycopodium paluftre, repens, clava fingulari. Vail. Parif. 123, t. XVI, f. 11. Dillen. mufc. t. LXI. f. 7.

Lycopodium inundatum. Linn. Sp. 1565.

Ses tiges font longues de trois à cinq pouces, rameufes, rampantes & entièrement couvertes de feuilles. Les rameaux fertiles font redreffés, feuillés, longs d'un pouce & demi, & fe terminent chacun par une maffue également feuillée & longue de fept ou huit lignes. Les feuilles font éparfes, très-rapprochées les unes des autres, étroites-lancéolées, pointues, très-entières, glabres & d'un vert pâle ou jaunâtre ; celles des rameaux rampans font courbées, & les autres font droites & embriquées. On trouve cette plante dans les lieux marécageux & humides.

IV.

1259.

IV. Lycopode épais. *Lycopodium denfum.*

Mufcus fquamofus , abietiformis. Tournef. 553.
Lycopodium felago. Linn. Sp. 1565.

Ses tiges font affez droites, longues de trois à cinq pouces ;
rameufes, cylindriques, épaiffes, compactes, difpofées en
faifceau corymbiforme , & tout-à-fait couvertes de feuilles ;
ces feuilles font lancéolées, pointues, un peu fermes, très-
nombreufes & embriquées fans ordre remarquable. Les urnes
font axillaires & éparfes ; on obferve en outre dans les aiffelles
fupérieures des feuilles , de petites rofettes particulières, compofées de quatre feuilles dures & inégales, que M. de Haller
regarde comme des bourgeons. On trouve cette plante fur les
montagnes de l'Alface : elle eft purgative & un peu émétique.

V. Lycopode à feuilles de Genévrier. *Lycopodium juni-
perifolium.*

Mufcus fquamofus , foliis juniperinis , reflexis. Tournef. 453.
Lycopodium annotinum. Linn. Sp. 1566.

Ses tiges font longues d'un pied ou davantage, rampantes
& ont leurs rameaux fertiles longs & redreffés ; fes feuille
font éparfes, étroites, aiguës, légèrement dentées, un pet
fermes, lâches, ouvertes & fouvent réfléchies. La fructification forme des maffues feffiles, terminales & embriquée
d'écailles ou folioles un peu élargies & pointues. Cette plant
croît dans les montagnes du Dauphiné, où elle a été obfervé
par M. de Villars.

VI. Lycopode des Alpes. *Lycopodium alpinum.* Linn. Sp. 1567.

Mufcus fquamofus , montanus , repens , fabinæ folio. Tourne
553.

Ses tiges font longues, rampantes, prefque nues & garnie
de rameaux courts, nombreux, difpofés par faifceaux, & tout
à-fait couverts de feuilles ; ces feuilles font petites, lancéolées
pointues, un peu épaiffes, ferrées contre les rameaux &
embriquées fur quatre rangs ou côtés oppofés : les maffue
font grêles, feffiles & terminent les rameaux fertiles. O
trouve cette plante dans les bois des montagnes de la Provenc
& du Dauphiné.

1259.

VII. Lycopode applati. *Lycopodium complanatum.* Linn. Sp.
1567.

> *Lycopodium cupreſſi foliis.* Vaill. Pariſ. 1567.
> *Lycopodium ſpicis petiolatis, quaternis, caulibus complanatis, foliis adpreſſis.* Hall. hiſt. n°. 1723.

Cette eſpèce a beaucoup de rapport avec la précédente; ſes tiges ſont rampantes, preſque nues & pouſſent des rameaux la plupart redreſſés, faſciculés, applatis & tout-à-fait couverts de feuilles; ces feuilles ſont fort petites, embriquées comme ſur deux rangs, & ſerrées contre les rameaux : les épis ſont cylindriques, pédunculés, & géminés ou bigéminés. Cette plante croît dans les environs de Paris.

VIII. Lycopode denticulé. *Lycopodium denticulatum.* Linn. Sp. 1569.

> *Muſcus denticulatus, minor.* Tournef. 556.
> β. *Muſcus denticulatus, major.* Ibid.
> *Lycopodium helveticum.* Linn. Sp. 1568.

Ses tiges ſont très-menues, rampantes, rameuſes & ont quelquefois preque un pied de longueur; elles ſont garnies de feuilles très-petites, ovales, inégales entr'elles, liſſes, d'un vert-clair, alternes & qui paroiſſent embriquées ſur deux rangs; ces feuilles, par leur diſpoſition, donnent aux tiges & aux rameaux, un aſpect denticulé & diſtique : les urnes ſont preſque éparſes, ou forment des inaſſues lâches, feuillées & terminales. On trouve cette plante en Provence.

1260.

Sphaigne. *Sphagnum.*

Les urnes de ſphaigne ſont ovales ou globuleuſes, non ciliées en leur bord, chargées d'un opercule, dépourvues de coiffe, & ſeſſiles ou preſque ſeſſiles.

Eſpèces.

I. Sphaigne des marais. *Sphagnum paluſtre.* Linn. Sp. 1569.

> *Muſcus ſquamoſus, paluſtris, candicans, moliſſimus.* Tournef. 554.
> β. *Sphagnum paluſtre, molle, deflexum, ſquamis capillaceis.* Dillen. muſc. 243, t. XXXII, f. 2.

Ses tiges ſont longues de trois ou quatre pouces, aſſez

1260. droites & garnies de beaucoup de rameaux courts, feuilles
remarquables par leur molleſſe & communément réfléchis
elles ſont ramaſſées & forment des gazons très-épais, q
occupent ſouvent un grand eſpace de terrein : leurs rameau
ſupérieurs ſont preſque pendans & forment un paquet den
& terminal, ou une eſpèce de tête : les feuilles ſont très-petite
lancéolées, pointues, embriquées, molles, d'un vert-glauque
& deviennent preſque blanches : les urnes ſont globuleuſ
& diſpoſées pluſieurs enſemble au ſommet des tiges, ſur
très-courts pédunculés. On trouve cette plante dans les lie
humides & marécageux.

II. Sphaigne des arbres. *Sphagnum arboreum.* Linn. Sp. 157

Muſcus apocarpos, arboribus adnaſcens, polyſpermos. Vai
Pariſ. 129, tab. XXVII, f. 17.

Ses tiges ſont longues d'un pouce ou un peu plus, rameuſ
rampantes, & ramaſſées en petits gazons aſſez touffus
d'un vert-foncé : elles ſont garnies de feuilles très-petites, po
tues, & fort ſerrées les unes contre les autres : les ur
ſont ovales, latérales, ſeſſiles & diſpoſées la plupart du mê
côté, le long de chaque rameau. On trouve cette eſp
ſur le tronc des arbres.

1261. ## Phaſque. *Phaſcum.*

Les phaſques ont leurs urnes ſeſſiles, ciliées en leur bo
chargées d'un opercule & dépourvues de coiffe.

Eſpèces.

I. Phaſque ſans tige. *Phaſcum acaulon.* Linn. Sp. 157

Muſcus trichoides, acaulos, minor, latifolius. Vaill. 1
t. XXVII, f. 2.

Cette mouſſe extrêmement petite, forme des gazons d
la hauteur égale à peine une ligne & demie; ſes feuilles ſ
ovales-lancéolées, pointues, d'un vert-jaunâtre & ramaſ
en une petite roſette, au centre de laquelle eſt diſpoſée
urne ovale, rouſſâtre, & dont l'opercule eſt terminé par
petite pointe. On trouve cette plante ſur la terre, dans
allées des jardins, & ſur les bords des foſſés.

1261.

II. Phasque subulé. *Phascum subulatum.* Linn. Sp. 1570.

Muscus trichoides minor, acaulos, capillaceis foliis. Vaill. 128, t. XXIX, f. 4.

Cette mousse est une des plus petites que l'on connoisse ; sa tige est longue d'une ligne ou environ , & garnie de feuilles très-étroites, subulées, aussi menues que des cheveux, d'un vert-jaunâtre, & d'un aspect soyeux ou luisant : l'urne est sessile, globuleuse, d'un roux-pâle & extrêmement petite. On trouve cette espèce sur la terre , dans les bois, & sur les bords des fossés.

1262.

Mnie. *Mnium.*

Les Mnies sont la plupart remarquables par deux sortes d'individus ; les uns portent des urnes pédunculées, pourvues d'opercule & surmontées d'une coiffe : les autres ont seulement ou des rosettes de feuilles , ou des globules nus & poudreux.

Espèces.

I. Mnie transparent. *Mnium pellucidum.* Linn. Sp. 1574.

Muscus coronatus , minimus, capillaceis foliis, capitulis oblongis.—Vaill. 130, t. XXIV, f. 7.

Ses tiges sont longues de quatre à six lignes , droites ; simples , nues & rousses à leur base, ramassées par faisceaux ou petits gazons , & garnies de feuilles ovales , pointues , transparentes & d'un vert-pâle : les urnes sont droites , cylindriques & soutenues chacune par un péduncule terminal & un peu plus long que la tige qui le porte : la coiffe des urnes est d'un blanc-sale à sa base, & brune ou roussâtre à son sommet. On trouve cette plante dans les bois.

II. Mnie androgin. *Mnium androgynum.* Linn. Sp. 1574.

Muscoides qui muscus capillaceus minimus , capitulo minimo, pulverulento. Tournef. 552. Vaill. 128, t. XXIX, f. 6.

Ses tiges sont hautes de quatre à huit lignes , un peu rameuses, ramassées en petit gazon , & garnies de feuilles fort petites , étroites , très-rapprochées les unes des autres ; les unes sont terminées par des globules pédiculés , poudreux

1262.

& extrêmement petits ; & les autres, selon Dillen, porten[t] des urnes droites, pédunculées & terminales. Cette plant[e] est commune dans les bois.

III. Mnie des fontaines. *Mnium fontanum.* Linn. Sp. 1574.

> *Muscus capillaceus, tenuissimus, pediculo longissimo, purpu[ra]scente, capitulo rotundiori.* Tournef. 551. Vaill. tab[.] XXIV, f. 10.
>
> *Muscus parvus, stellaris.* Vaill. 129, pluk. 225, t. XLVII[,] f. 6.

Ses tiges sont longues de deux pouces, droites, grêles[,] cylindriques, simples ou rameuses, ramassées en gazon dense[,] & garnies de feuilles extrêmement petites, aiguës, & d'u[n] vert jaunâtre ; les rameaux naissent communément plusieur[s] ensemble d'un point commun : les urnes sont courtes, asse[z] grosses, un peu inclinées, & portées sur de longs pédicules[.] les rosettes sont composées de feuilles d'un jaune-orangé[,] disposées en une petite étoile concave. On trouve cette plant[e] dans les lieux humides & fangeux des marais.

IV. Mnie des marais. *Mnium palustre.* Linn. Sp. 1574.

> *Muscus capillaceus, palustris, flagellis longioribus bifurcati[s].* Tournef. 551. Vaill. tab. XXIV, f. 1.

Ses tiges sont longues de trois à cinq pouces, une o[u] plusieurs fois fourchues, & d'un jaune un peu rougeâtre[,] elles sont garnies de feuilles assez longues, aiguës, molles[,] lâches, & dont le sommet est un peu rejeté en-dehors[.] les urnes sont ovales, garnies d'un opercule presque conique[,] & portées sur des pédicules grêles, longs & rougeâtres. O[n] trouve cette mousse dans les lieux marécageux.

V. Mnie hygromètre. *Mnium hygrometricum.* Linn. Sp. 1575.

> *Muscus capillaceus, folio rotundiore, capsulá oblongá, incurv[á].* Tournef. 551. Vaill. tab. XXVI, f. 16.

Ses tiges sont ramassées en gazon extrêmement bas, [&] n'ont qu'une ou deux lignes de longueur ; elles sont garni[es] de feuilles ovales-lancéolées, pointues, d'un vert-clair, liss[es] & transparentes : les pédicules sont longs presque d'un pou[ce] & demi, rougeâtres, courbés à leur sommet, & soutienae[nt]

R 3

1262. des urnes penchées ou pendantes, & qui ont à-peu-près la forme d'une poire; ces urnes ont un opercule fort court & convexe : leur coiffe est large dans sa partie inférieure, & se termine en une pointe aiguë, droite ou quelquefois légèrement inclinée. On trouve cette plante dans les terreins sablonneux & sur les murs.

VI. Mnie purpurin. *Mnium purpureum.* Linn. Sp. 1575.

Muscus capillaceus, ramosus, parvus, erectus, setis ruben-tibus. Vaill. Paris. 138.

Ses tiges sont droites, fourchues, s'élèvent jusqu'à un pouce, & forment de petits gazons touffus & très-verts; les feuilles sont étroites-lancéolées, aiguës, & fort rapprochées les unes des autres : les pédicules naissent dans les aisselles des rameaux, sont droits, purpurins, & soutiennent des urnes cylindriques, à peine inclinées; ces urnes ont un opercule conique. On trouve cette espèce dans les bois & les pâturages humides.

VII. Mnie sétacé. *Mnium setaceum.* Linn. Sp. 1575.

Bryum stellare nitidum, pallidum, capsulis tenuissimis. Dillen. musc. 381, tab. XLVIII, f. 44.

Ses tiges sont plus ou moins droites, longues de trois à six lignes, quelquefois un peu rameuses, & garnies de feuilles étroites, presque en alène, vertes & luisantes; les pédicules sont rougeâtres, longs de six à huit lignes, & soutiennent des urnes droites, grêles & cylindriques : les opercules sont aigus, aussi longs ou plus longs que les urnes, & d'une couleur purpurine. On trouve cette plante dans les lieux pierreux & humides, & sur les murs.

VIII. Mnie crêpé. *Mnium cirratum.* Linn. Sp. 1576.

Muscus capillaceus, minimus, muralis, stellatus. Tournef. 552, Vaill. tab. XXIV, f. 8.

Ses tiges sont fort petites, rameuses, droites, & ramassées en gazons touffus; elles sont garnies de feuilles très-étroites, aiguës, lâches, qui forment une étoile au sommet de chaque rameau, & qui se roulent, se tortillent, & ont un aspect crêpé à mesure qu'elles se sèchent : les urnes sont droites,

1262.

& foutenues par des pédicules à-peu-près de la longueur
des tiges, & la plupart latéraux. On trouve cette mouff
fur les murs humides, & au pied des arbres dans les bois.

IX. Mnie étoilé. *Mnium ftellatum.*

Mufcus capillaceus, major, ftellatus. Tournef. 551. Vail
tab. XXIV, f. 4 & 5.

Mnium hornum. Linn. Sp. 1576.

Ses tiges font hautes de deux ou trois pouces, droites
fouvent fimples, & garnies de feuilles lanceolées, pointues
rudes en leur bord, & d'un vert-clair; ces feuilles for
d'autant moins grandes, qu'elles font plus près de la baf
des tiges, qui paroît prefque nue : celle du fommet for
affez longues & un peu ouvertes en étoile ; le pédicule e
terminal, long d'un pouce, courbé à fon extrémité fupé
rieure, & foutient une urne fort grande, ovale-cylindrique
& penchée ou prefque pendante. On trouve cette plant
dans les bois & les lieux humides.

X. Mnie chevelu. *Mnium capillare.* Murr. Syft. veget. 796.

*Mufcus capillaceus, major, capitulis craffioribus, cylindraceis
nutantibus.* Tournef. 551. Vaill. 134, tab. XXIV, f. 0

Bryum capillare. Linn. Sp. 1586.

Ses tiges font hautes de quatre à huit lignes, & ramaffée
en petits gazons ferrés, d'un vert-foncé & luifant; elles for
garnies de feuilles ovales-lancéolées, terminées par une point
en filet, fort ferrées entr'elles & comme embriquées; celle
de la partie inférieure des tiges font fanées & rouffâtres : le
pédicules font longs prefque d'un pouce & demi, naiffer
de la bafe des tiges ou dans leurs divifions, & foutienner
des urnes affez grandes, ovales-cylindriques & pendante
On trouve cette plante dans les lieux humides & pierreux
& fur les murs.

1262. XI. Mnie polytriqué. *Mnium polytrichoides.* Linn. Sp. 1576.

> *Muscus capillaceus, minor, calyptrâ tomentosâ.* Tournef. 552. Vaill. tab. XXVI, f. 15.
>
> β. *Adiantum aureum, medium, in ericetis proveniens.* Vaill. tab. XXIX, f. 11.

Sa tige est presque nulle ; ses feuilles sont étroites-lancéolées, pointues, très-entières, d'un vert-foncé, & disposées en un petit faisceau radical, comme celles des aloès ; le pédicule est droit, long de huit ou dix lignes, naît du milieu des feuilles, & soutient une urne ovale, courte, & dont l'opercule est chargé d'une petite pointe ; la coiffe, qui recouvre cette urne, est velue, pointue à son sommet, laciniée en son bord inférieur, & d'un blanc roussâtre. M. de Haller regarde la plante β comme une espèce qu'il distingue de celle que je viens de décrire, par ses feuilles dentées en leur bord. *Hall. Hist.* n°. 1837. On trouve cette plante dans les terreins sablonneux & sur le bord des bois.

XII. Mnie à feuilles de serpolet. *Mnium serpyllifolium.* Linn. Sp. 1577.

> α. Pédicules fasciculés ; feuilles oblongues-lancéolées & ondulées.
>
> *Muscus polygoni folio.* Tournef. 555. Vaill. t. XXIV, f. 3. *m. f. undulatum.*
>
> β. Pédicules fasciculés ; feuilles ovales-arrondies.
>
> *Muscus palustris, foliis subrotundis.* Tournef. 555. Vaill. t. XXVI, f. 18, *m. f. rotundifolium.*
>
> γ. Pédicules solitaires ; feuilles ovales-arrondies.
>
> *Muscus folio lato, subrotundo, &c.* Vaill. t. XXVI, f. 5. *m. f. punctatum.*
>
> δ. Pédicules solitaires ; feuilles ovales-pointues.
>
> *Bryum pendulum, foliis variis, pellucidis.* Dill. 413. tab. LIII, f. 79. A. B. C. *m. f. cuspidatum.*

Cette mousse est remarquable par ses feuilles lâches, plus grandes que celles des autres espèces, minces, lisses, transparentes & d'un vert-clair ; ses tiges stériles sont ordinairement couchées ; les autres sont assez droites, nues à leur base, & quelquefois rameuses dans leur partie supérieure : les pédicules sont rougeâtres inférieurement & soutiennent des urnes ovales,

1262.

penchées & souvent pendantes. On trouve cette plante dans
les bois , les haies & les lieux couverts.

XIII. Mnie rouillé. *Mnium rubiginosum.*

> *Bryum annotinum , palustre , capsulis ventricosis , pendulis*
> Dillen. musc. 404 , t. LI, f. 72. Item. 73 & 74.

> *An muscus denticulatus , lucens , fluviatilis , maximus , ad ramu
> lorum apices adianthi capitulis ornatus.* Vaill. t. XXIV , f. 2

> *Mnium triquetrum.* Linn. Sp. 1578.

Ses tiges sont longues d'un à trois pouces , droites , un pe
rameuses vers leur sommet , d'un rouge-brun ou d'une couleu
de rouille dans leur plus grande partie , & ramassées en gazo
dense ; elles sont garnies , dans leur partie supérieure , de feuille
lancéolées , lisses , & remarquables par une nervure saillante &
rougeâtre ; ces feuilles sont éparses & non disposées sur troi
côtés ou trois rangs distincts : les pédicules font long
presque de deux pouces , d'un rouge-noirâtre , blancs dan
leur jeunesse , courbes à leur sommet , & soutiennent de
urnes pendantes , rougeâtres , oblongues & rétrécies vers leu
base ; cette mousse est couverte inférieurement d'un duvet o
espèce de byssus roussâtre. On la trouve dans les lieux humide
& fangeux.

XIV. Mnie globulifère. *Mnium globuliferum.*

> *Mnium trichomanis facie , foliolis integris,* Dillen. t. XXX
> f. 5.

> *Mnium trichomanis.* Linn. Sp. 1578.

Sa tige est longue d'un pouce , souvent un peu rameus
couchée , rampante & garnie , dans toute sa longueur , de feuill
ovales , obtuses , entières , fort rapprochées les unes des autre
& disposées sur deux rangs opposés. Cette plante ne por
point d'urnes , mais seulement des globules extrêmement petit
poudreux & terminaux : on la trouve sur le bord des foss
humides & des étangs : elle a été observée dans les enviro
de Paris à Meudon , par M. de Bauvois.

1262.

XV. Mnie découpée. *Mnium fissum.* Linn. Sp. 1579.

Mnium trichomanis facie, foliis bifidis. Dillen. t. XXXI, f. 6.

Cette espèce ressemble beaucoup à la précédente, mais ses feuilles font fendues à leur sommet, & terminées par deux dents inégales & plus ou moins aiguës. On la trouve dans les lieux humides & fur le bord des ruisseaux.

1263.

Splanc ampoulé. *Splanchnum ampullaceum.* Linn. Sp. 1572.

Muscus capillaceus, minor, capitulis geminatis. Tournef. 552. Vaill. Parif. 130, tab. XXVI, f. 4.

Ses tiges font courtes, ramassées en gazon d'un vert foncé, & garnies de feuilles lancéolées, aiguës & un peu lâches; les pédicules font rougeâtres, longs d'un pouce ou environ, & foutiennent des urnes droites, cylindriques à leur sommet, & remarquables par un renflement considérable à leur base, que M. Linné regarde comme une apophyse ou un réceptacle particulier, & qui leur donne l'afpect d'une bouteille. On trouve cette plante dans les lieux humides.

1264.

Polytric. *Polytricum.*

Les polytrics ont leurs urnes garnies à leur base d'une apophyse ou espèce de renflement particulier; leur coiffe est conique & ordinairement velue : ceux dont la tige est terminée par une rosette de feuilles, font des individus femelles selon M. Linné.

Espèces.

I. Polytric commun. *Polytricum commune.* Linn. Sp. 1573. (Perce-mousse).

Muscus capillaceus, major, pediculo & capitulo crassioribus. Tournef. 550. Vaill. tab. XXIII, f. 8.

β. *Muscus erectus, juniperi folio glauco, rigido, calyptrâ longissimâ.* Vaill. tab. XXIII, f. 6.

Ses racines font longues, & pouffent des tiges droites, fimples, & hautes d'un à quatre pouces; ses tiges font couvertes de feuilles très-étroites, aiguës, communément redreffées ou montantes, longues de plufieurs lignes, & d'un

1264.

vert-brun : les bords de ces feuilles font denticulés , mais leur contraction rend souvent ce caractère imperceptible : les urnes font quadrangulaires , un peu courtes, épaiffes & inclinées fur leurs pédicules qui terminent les tiges : elles ont un opercule court & prefque plane , & font chargées d'une coiffe velue , blanche & laciniée à fa bafe , pointue & d'une couleur rouffâtre à fon fommet : les rofettes des individus non garnies d'urnes , avortent moins fouvent dans cette mouffe , que dans la plupart des autres , pouffent de nouveaux jets & d'autres rofettes pareillement fertiles , & font paroître leur tige articulée. Cette plante eft commune dans les bois ; on la regarde comme fudorifique & incifive.

II. Polytric des Alpes. *Polytricum Alpinum.* Linn. Sp. 1573.

Polytricum Alpinum ramofum , capfulis è fummitate elliptici. Dillen. mufc. 427, t. LV , f. 4.

Sa tige eft rameufe , & haute d'un à deux pouces ; fes feuilles font étroites , aiguës & d'un vert foncé : les pédicules terminent la tige ou fes rameaux , & foutiennent des urnes ovales , légèrement inclinées , & dont l'opercule eft conique. Cette plante croît dans les montagnes des provinces méridionales.

III. Polytric axillaire. *Polytricum axillare.*

Mufcus erectus , juniperi folio , ramofus. Vail. 131, t. XXVIII , f. 13.

Polytricum urnigerum. Linn. Sp. 1573.

Ses tiges font rameufes , hautes d'un pouce ou environ & garnies de feuilles étroites , aiguës ; dentées felon M. de Haller , & ferrées les unes contre les autres ; les pédicules naiffent des aiffelles des feuilles , à l'origine des rameaux , & foutiennent des urnes ovales-cylindriques & prefque droites. On trouve cette plante dans les bois & les lieux fablonneux.

Bry. *Bryum.*

Les brys n'ont point les rosettes de feuilles particulières, que l'on trouve dans la plupart des espèces qui composent les trois genres précédens, ni de gaine à la base du pédicule de leur urne, comme les hypnes, mais seulement une espèce de tubercule qui est souvent terminal.

Espèces.

* Urnes sessiles.

I. Bry à fruits sessiles. *Bryum apocarpum.* Linn. Sp. 1579.

> *Muscus apocarpos, hirsutus, saxis adnascens, capitulis obscurè rubris.* Vail. 129, tab XXVII, f. 15.

Ses tiges sont rameuses, longues de six à dix lignes, cylindriques, d'un vert-brun, & ramassées en gazon ; ses feuilles sont lancéolées, serrées entr'elles, & terminées par une pointe fine, molle, & qui donne à la plante un aspect presque velu : les urnes sont terminales, sessiles, & purpurines ou rougeâtres ; leur coiffe est d'un blanc jaunâtre & très-petite. On trouve cette plante sur les pierres.

II. Bry strié. *Bryum striatum.* Linn. Sp. 1579.

> *Muscus apocarpos, arboreus, ramosus.* Vail. 129, t. XXV, f. 5 & 6.
>
> ß. *Muscus capillaceus, minimus, acaulos, calyptrâ striatâ.* Vail. tab. XXVII, f. 10.
>
> γ. *Muscus capillaceus, minimus, calyptrâ villosâ.* Vail. tab. XXVII, f 9.

Ses tiges sont rameuses, longues de quatre à huit lignes, assez droites, ramassées en gazon, & couvertes de feuilles lancéolées, pointues, glabres, d'un vert-foncé, embriquées, & comme crispées dans leur vieillesse ; les urnes sont droites, axillaires, imparfaitement sessiles, & ont leur coiffe un peu roussâtre, striée & velue. On trouve cette plante sur les troncs d'arbres.

1265.

III. **Bry pomiforme.** *Bryum pomiforme.* Linn. Sp. 1580.

Muscus trichoides, minimus, sericeus, capillaceus, capitulis sphæricis. Morif. fec. 15, t. VI, f. 6. Vaill. 129, tab. XXIV, f. 9 & 12.

Muscus capillaceus, medius, capitulis globosis. Tournef. 551.

Cette espèce forme de petits gazons très-fins & d'un vert-clair ou un peu jaunâtre ; ses tiges sont hautes de six à huit lignes, ramaffées, rouffâtres dans leur partie inférieure, & garnies vers leur fommet de feuilles vertes, très-étroites, presque capillaires & affez longues. Les pédicules font latéraux, axillaires, rougeâtres, longs de moins d'un pouce, & foutiennent des urnes globuleufes & ftriées. On trouve cette plante dans les lieux frais, fablonneux & pierreux.

IV. **Bry pyriforme.** *Bryum pyriforme.* Linn. Sp. 1580.

Muscus capillaceus, minimus, capitulis pyriformibus, turgidis. Tournef. 553. Vail. 129, tab. XXIX, f. 3.

Cette mouffe eft plus petite que la précédente, fa tige eft extrêmement courte & garnie de feuilles ovales-lancéolées, d'un vert un peu pâle, & difpofées en une rofette qui paroît feffile : le pédicule eft terminal, long de quatre à fept lignes, & foutient une urne droite, ovale, rétrécie vers fa bafe, & d'une forme approchante de celle de la poire. On trouve cette plante dans les terreins argilleux.

V. **Bry éteignoir.** *Brium extinctorium.* Linn. Sp. 1581.

Muscus capillaceus, minimus, calyptrâ longâ, conoideâ, nitidâ. Tournef. 552. Vail. tab. XXVI, f. 1.

Sa tige n'a qu'une ou deux lignes de hauteur ; elle eft garnie de feuilles ovales-lancéolées, d'un vert-clair & difpofées presque en rofette : du milieu des feuilles naît un pédicule long de trois à cinq lignes, rougeâtre, & terminé par une urne droite, cylindrique & pointue. Cette urne eft tout-à-fait cachée fous une coiffe longue, conique, pointue, liffe, d'un jaune verdâtre & qui reffemble à un éteignoir. On trouve cette plante dans les lieux fablonneux & fur les pierres.

1265.

VI. Bry subulé. *Bryum subulatum.* Linn. Sp. 1581.

Muscus capillaris, corniculis longissimis, incurvis. Vail. 133,
t. XXV, f. 8.

Cette mousse n'est pas beaucoup plus grande que la précédente & forme de petits gazons fort bas & d'un vert-gai;
ses tiges sont courtes & garnies de feuilles lancéolées, disposées en rosettes qui paroissent presque sessiles : les pédicules sont longs de cinq à huit lignes, naissent du centre des
rosettes, & soutiennent des urnes longues, aiguës, en alène,
d'abord droites, & qui se courbent lorsqu'elles vieillissent:
la coiffe des urnes est très-aiguë & d'un roux pâle. On
trouve cette plante dans les lieux frais & les bois.

VII. Bry rustique. *Bryum rurale.* Linn. Sp. 1581.

*Muscus capillaris tectorum, densis cespitibus nascens, capi-
tulis oblongis, foliis in pilum desinentibus.* Vail. 133,
t. XXV, f. 3.

Ses tiges sont droites, souvent rameuses, hautes d'un
pouce ou un peu plus, & ramassées en gazon dense; elles
sont garnies de feuilles lancéolées, ouvertes, presque réfléchies & terminées par un poil : les pédicules naissent au
sommet des tiges ou à l'origine des rameaux, & ont une
gaîne conique à leur base, selon M. de Haller. (*Hipnum*,
n°. 1789, Hall.) Ils soutiennent des urnes droites, cylindriques & pointues. Cette plante est commune sur les toits
des maisons rustiques, & sur les vieux murs.

VIII. Bry des murs. *Bryum murale.* Linn. Sp. 1581.

*Muscus capillaris, minor, capitulis erectis, vulgatissimus,
foliis in pilum desinentibus.* Vail. 133, t. XXIV, f. 15.

β. *Muscus capillaris, minor, capitulis erectis, vulgatissimus.*
Vail. ibid. fig. 14.

Cette mousse est moins élevée que la précédente ; &
forme des gazons serrés, convexes, d'un beau vert, mais
qui deviennent bruns en vieillissant; ses tiges sont extrêmement
courtes & garnies de feuilles lancéolées, terminées chacune
par un poil, & ouvertes en rosette: du milieu de ces feuilles
s'élève un pédicule long de six à neuf lignes, & qui porte

1265. à son sommet une urne droite, grêle, cylindrique & d'un rouge-brun. La variété ß n'a point ses feuilles terminées par des poils. Cette plante est commune sur les murailles & sur les pierres.

IX. Bry à balais. *Bryum scoparium.* Linn. Sp. 1582.

Muscus capillaceus, major, pediculo & capitulo tenuioribus. Vail. Parif. 132, tab. XXVIII, f. 12.

Cette mousse forme des gazons touffus, d'un vert gai, quelquefois pâles ou jaunâtres, luisans & presque soyeux ; ses tiges sont plus ou moins droites, tortueuses, souvent rameuses, & s'élèvent jusqu'à deux pouces : elles sont garnies de feuilles longues, étroites, très-fines, courbées en faucille, & tournées d'un seul côté ; les pédicules naissent tantôt au sommet des tiges & tantôt sur leur côté ; ils ont près d'un pouce & demi de longueur, sont enveloppés chacun à leur base par une gaîne, & portent des urnes inclinées, un peu courbées, & dont l'opercule est très-pointu. On trouve cette plante dans les bois.

X. Bry ondulé. *Bryum undulatum.* Linn. Sp. 1582.

Muscus capillaceus, minor, capitulo longiori falcato. Tournef 551. Vail. tab XXVI, f. 17.

Ses tiges sont simples, droites, hautes d'un à deux pouces & garnies de feuilles éparses assez grandes, étroites-lancéolées aiguës, ondulées, presque dentées, très-minces & transparentes le pédicule est terminal, rougeâtre, long d'un pouce ou un peu plus, & porte une urne courbée, grande & d'un rouge brun : cette urne est chargée d'un opercule alongé en manière de bec & très-pointu. On trouve cette plante dans les bois.

XI. Bry glauque. *Bryum glaucum.* Linn. Sp. 1582.

Muscus erectus, capillaceus, densissimus, glauco folio. Vai Parif. 131, tab. XXVI, f. 13.

Muscus capillaceus, sericeus, coridis facie. Tournef. 552.

Cette espèce forme des gazons extrêmement serrés, épais & remarquables par leur couleur glauque & blanchâtre ; se tiges sont rameuses, droites, longues d'un à trois pouces & couvertes de feuilles étroites-lancéolées, aiguës, droites embriquées, ferrées & comme entaffées les unes fur les autres : les pédicules naiffent au fommet ou fur le côté des tiges, font garnis de gaînes, felon M. de Haller, & portent des urnes légèrement inclinées, & dont l'opercule eft pointu. On trouve cette plante dans les lieux fablonneux & couverts, les landes & les bois.

XII. Bry élégant. *Bryum elegans.*

Mufcus capillaceus, minimus, plumofus, elegans. Tournef. 552. Vail. tab. XXVII, f. 7.

Bryum heteromallum. Linn. Sp. 1583.

Ses tiges font hautes de trois à fept lignes, affez droites, & ramaffées en petits gazons foyeux & d'un beau vert ; elles font garnies de feuilles capillaires, tournées prefque toutes d'un feul côté, & la plupart courbées en faucilles : lès pedicules font très-fins, d'une couleur pâle, un peu plus longs que les tiges, & foutiennent des urnes ovales, droites, & dont l'opercule eft pointu. On trouve cette plante dans les bois, au pied des arbres.

XIII. Bry de montagne. *Bryum montanum.*

Bryum alpinum capillaceis foliis, cauli adpreffis. Hall. Helv. p. 109, n°. 7, tab. IV, f. 1, & Hift. n°. 1806.

Cette mouffe a beaucoup de rapport avec la précédente, mais elle eft plus élevée, & a fes feuilles moins longues ; fes tiges font droites, longues d'un pouce ou un peu plus, d'une couleur rouffe & ferrugineufe dans leur moitié inférieure, ferrées & ramaffées en gazon : elles font garnies dans leur partie fupérieure de feuilles capillaires, médiocrement unilatérales, plus ou moins ouvertes, légèrement courbées à leur extrémité, fouvent un peu tortillées & très-vertes. Les pédicules font rougeâtres, terminent les tiges, ont une gaîne à leur bafe, & foutiennent des urnes droites, dont l'opercule eft court & un peu conique. Cette plante m'a été communiquée par M. Faujas de Saint-Fond. On la trouve en Dauphiné.

XIV.

1265.

XIV. Bry verdoyant. *Bryum viridulum.* Linn. Sp. 1584.

Muscus capillaceus omnium minimus, foliis longioribus
angustioribus. Vail. 130, tab. XXIX, f. 5.
ß. *Bryum paludosum.* Linn. Sp. 1584.

Cette espèce est extrêmement petite, & forme des gazon
fins, très-bas & d'un vert-clair; ses tiges sont hautes d'un
à trois lignes, & garnies de feuilles étroites, presque en alène
serrées contre les tiges dans leur partie inférieure, & ouvert
ou même réfléchies vers leur sommet : le pédicule est' ro
geâtre, terminal, long de quatre ou cinq lignes, & soutien
une petite urne droite, ovale, & dont l'opercule est point
On trouve cette plante dans les bois & sur les bords des foss
humides.

XV. Bry tronqué. *Bryum truncatulum.* Linn. Sp. 1584.

Muscus capillaceus, omnium minimus. Tournef. 552. Va
tab. XXVI, f. 2.

Cette mousse est plus petite que la précédente ; sa tige
à peine une ligne de longueur, & est garnie de feuilles tr
petites, ovales, pointues & disposées en une rosette qui par
sessile : du centre de cette rosette s'élève un pédicule long
deux ou trois lignes ; il soutient une urne droite, ovale, gro
à proportion de la petitesse de la plante, & qui semble tronqu
lorsqu'elle est privée de son opercule. On trouve cette esp
dans les lieux argileux.

XVI. Bry hypnoïde. *Bryum hypnoides.* Linn. Sp. 1584.

An muscus capillaceus, lanuginosus, densissimus. Tour
551.
Hypnum ramis alternatim brevioribus, foliis pilosis, pet
brevibus flexuosis. Hall. hist. n°. 1780.

Cette mousse n'a point le port des autres espèces de
genre ; ses tiges sont longues de deux à cinq pouces, tr
rameuses, couchées & entrelacées en formant un gazon é
& assez épais; elles sont garnies de feuilles très-petites, serré
embriquées & terminées chacune par un poil blanc, ce
donne à la plante un aspect laineux : les pédicules sont lo
de quatre ou cinq lignes, naissent au sommet des ramea
& plus souvent sur leur côté, & portent des urnes droit

Tome I. S

1265.

dont l'opercule eſt très-aigu. J'ai trouvé cette plante aux environs de Rouen, entre Celloville & Belbeuf, ſur une pierre qu'elle couvroit en grande partie, à la manière des hypnes.

** * * Urnes penchées ou pendantes.*

XVII. Bry argenté. *Bryum argenteum.* Linn. Sp. 1596.

Muſcus argenteus, capitulis reflexis. Tournef. 555.

Muſcus ſquamoſus, argenteus, ericæ folio. Vail. 134, t. XXVI, f. 3.

Ses tiges ſont cylindriques, grêles, longues de trois à cinq lignes & ramaſſées en petits gazons ſerrés, luiſans & d'une couleur argentée très-remarquable; ſes feuilles ſont très-petites, embriquées & ſerrées les unes contre les autres : les inférieures ſont ſimplement verdâtres : les pédicules ſont longs de quatre à ſix lignes, naiſſent de la baſe des tiges & portent des urnes ovales, petites & pendantes. On trouve cette plante ſur les murailles & ſur les pierres.

XVIII. Bry couſſinet. *Bryum pulvinatum.* Linn. Sp. 1586.

Muſcus capillaceus, lanuginoſus, minimus. Tournef. 552. Vail. 133, tab. XXIX, f. 2.

Cette mouſſe forme de petits gazons ſerrés, denſes, convexes, orbiculaires, d'un vert-noirâtre & laineux; ſes tiges ſont hautes d'une à trois lignes, & garnies de feuilles lancéolées, pliées en gouttière, & terminées chacune par un poil blanc aſſez long : les pédicules naiſſent tantôt au ſommet des tiges, & tantôt latéralement; ils ſont très-courts, foibles, courbés & réfléchis, & portent des urnes ovales & pendantes. Cette plante eſt commune ſur les murailles & ſur les pierres.

XIX. Bry des gazons. *Bryum ceſpiticium.* Linn. Sp. 1586.

Muſcus capillaceus minimus, capitulo nutante, pediculo purpureo. Tournef. 552. Vail. 134, tab. XXIX, f. 7.

Ses tiges ſont hautes de deux ou trois lignes, & forment de petits gazons ſerrés & d'un vert-clair; elles ſont garnies de feuilles lancéolées, liſſes & terminées par une pointe en

1265. filet : les pédicules naiffent du fommet des tiges, font longs de près d'un pouce, purpurins dans leur partie inférieure, d'une couleur pâle vers leur fommet, & portent des urnes ovales & pendantes. On trouve cette plante dans les lieux frais, pierreux, & fur les murs.

1266. ## Hypne. *Hypnum.*

Les hypnes ont les pédicules de leurs urnes latéraux, & enveloppés à leur bafe par une gaîne écailleufe & feuillée : la plupart des efpèces font rameufes, & couchées ou rampantes.

Efpeces.

* *Feuilles diftiques.*

I. Hypne à feuilles d'if. *Hypnum taxifolium.* Linn. Sp. 1587.

Mufcus pennatus, capitulis adianti. Vail. 136, tab. XXIV. f. 11.

Sa racine pouffe plufieurs jets, longs de quatre à fept lignes, & garnis de petites feuilles planes, lancéolées, vertes, tranfparentes, fort rapprochées les unes des autres, & difpofées en manière d'aile fur deux côtés oppofés : les pédicules font rougeâtres, n'ont pas tout-à-fait un pouce de longueur, naiffent de la bafe des jets, & foutiennent des urnes un peu inclinées, dont l'opercule eft pointu. On trouve cette plante fur le bord des bois, fur les pentes des foffés.

II. Hypne denticulé. *Hypnum denticulatum.* Linn. Sp. 1588.

Mufcus fquamofus, non ramofus, major (& minor), capitulis incurvis. Tournef. 553. Vaill. tab. XXIX, f. 8.

Ses jets font radicaux, garnis dans toute leur longueur de petites feuilles lancéolées, pointues, un peu recourbées en dehors, d'un vert-pâle, diftiques, difpofées comme celles de la précédente, en manière d'aile, & tellement rapprochées les unes des autres, qu'elles paroiffent doubles ou géminées par pinnules ; les pédicules naiffent de la bafe des jets, & foutiennent des urnes légèrement inclinées dans leur maturité. On trouve cette plante fur la terre dans les bois.

1266.

III. Hypne bryoïde. *Hypnum bryoides.* Lin Sp. 1588.

> *Muscus pennatus, omnium minimus.* Tournef. 556.
>
> *Muscus polytrichoides, exiguis capitulis in summis surculis, seu foliis subrotundis erectis.* Vail. tab. XXIV, f. 13.

Cette espèce est la plus petite de ce genre; sa racine pousse plusieurs jets longs de trois à cinq lignes, & garnis de très-petites feuilles distiques disposées en manière d'aile, & fort rapprochées les unes des autres : les pédicules naissent au sommet des jets, sont longs de quatre lignes, & portent chacun une petite urne droite & pointue. On trouve cette plante dans les lieux couverts & sur les pentes des fossés.

IV. Hypne adiantin. *Hypnum adiantoides.* Linn. Sp. 1588.

> *Muscus taxiformis, ramosus.* Vail. tab. XXVIII, f. 5.

Ses jets sont longs d'un à deux pouces, rameux & garnis de beaucoup de feuilles planes, lancéolées, d'un vert un peu jaunâtre, transparentes, distiques, disposées en manière d'aile, & fort rappochées les unes des autres : les pédicules naissent à-peu-près de la partie moyenne des jets, & soutiennent des urnes médiocrement inclinées. On trouve cette plante dans les lieux couverts & humides.

V. Hypne applati. *Hypnum complanatum.* Linn. Sp. 1588.

> *Muscus squamosus, denticulatus, splendens, arboreus.* Tournef. 555.
>
> *Muscus trichomanoides, filicifolius, splendens.* Vail. 139, t. XXIII, f. 4.

Ses tiges sont longues de deux à quatre pouces, très-rameuses, diffuses & couchées; elles sont chargées de petites feuilles ovales, pointues, distiques, fort rapprochées les unes des autres, luisantes & d'un vert un peu jaunâtre : les pédicules sont très-fins, longs de sept ou huit lignes, rougeâtres, & portent de petites urnes ovales, chargées dans leur jeunesse d'une coiffe lisse, d'un blanc-pâle, & très-aiguës. On trouve cette plante sur le tronc des arbres.

1266.

VI. Hypne luisant. *Hypnum lucens.* Linn. Sp. 1589.

Hypnum pennatum, aquaticum, lucens, longis latisque foli
Dillen. musc. 270, tab. XXXIV, f. 10.

Ses tiges sont longues de deux pouces, simples ou garnies d'
rameau dans leur partie moyenne, & sont couvertes
feuilles ovales, pointues, d'un vert-jaunâtre ou roussâtre,
peu luisantes & embriquées d'une manière lâche ; ces feuille
vues à la loupe, paroissent comme chagrinées, & chargé
de points brillans extrêmement petits : les pédicules so
tiennent des urnes un peu inclinées. Cette plante m'a é
envoyée du Dauphiné par M. Faujas de Saint-Fond.

VII. Hypne frisé. *Hypnum cryspum.* Linn. Sp. 1589.

Hypnum pennatum, undulatim crispum, setis & capsi
brevibus. Dillen. musc. 273, tab. XXXVI, f. 12.

β. *Foliis glaucis.*

An hypnum lucens. Scop. carn. 11, p. 331, n°. 1319.

γ. *Hypnum pennatum, undulatum, lycopodii instar sparsum.* D
t. XXXVI, f. 11.

Hypnum undulatum. Linn. Sp. 1589.

Ses tiges sont plus ou moins droites, longues de trois
quatre pouces, garnies de rameaux un peu écartés entr'eu
& roussâtres dans leur partie inférieure ; elles sont planes a
que leurs rameaux, & couvertes de feuilles embriquées, oval
luisantes, & traversées dans leur largeur par des plis ou des on
lations qui les font paroître comme frisées : les pédicules n'
pas un pouce de longueur, & soutiennent des urnes oval
presque droites & d'un rouge-brun. La variété β a ses feui
d'un vert un peu glauque, chargées de petits points brill
& argentés, & distinguées par des ondulations semi-lunai
La variété γ a ses tiges moins droites, diffuses, garnies
feuilles très-vertes, un peu pointues, & moins plissées
à ondulations moins considérables ; on la distingue aussi
ses pédicules, dont la longueur surpasse souvent un po
On trouve cette plante dans les lieux montagneux
pierreux.

1266.

VIII. Hypne triangulaire, *Hypnum triquetrum.* Linn. Sp. 1589.

Muscus squamosus, major, sive vulgaris. Tournef. 553, Vail. 137, tab. XXVIII, f. 9.

Ses tiges font longues de quatre à six pouces, presque droites, & garnies de rameaux la plupart simples, assez longs, disposés sans ordre & ouverts à angles droits, elles font couvertes de feuilles ovales, pointues, éparses, un peu serrées entr'elles, ouvertes ou même recourbées à leur sommet, minces, transparentes, d'un vert-pâle, & d'une roideur assez sensible : les pédicules font longs d'un pouce & demi, rougeâtres, & portent des urnes ovales, inclinées, & chargées d'un opercule obtus. On observe souvent au sommet des rameaux, certains paquets de feuilles ou espèce de bourgeons particuliers, non ouverts en étoile. Cette plante est commune dans les bois.

IX. Hypne fourgon. *Hypnum rutabulum.* Linn. Sp. 1590.

Muscus myosuroides, rutabuli fructu. Vail. tab. XXVII, f. 8.

Muscus erectus, major foliis, angustioribus acutis. Ibid. tab. XXIII, f. 2.

Ses tiges font rampantes, longues de deux à quatre pouces, & garnies de rameaux la plupart redressés ; ses feuilles font petites, ovales, très-pointues, vertes, luisantes embriquées & ouvertes ou un peu lâches : les pédicules font longs de huit ou neuf lignes, & portent chacun une urne ovale inclinée & dont l'opercule est conique. On trouve cette plante dans les bois au pied des arbres.

** * * Rameaux disposés en manière d'aile.*

X. Hypne fougère. *Hypnum filicinum.* Linn. Sp. 1590.

Hypnum repens, filicinum, cryspum. Dillen. 282, tab. XXXVI, f. 19.

Muscus filicinus, palustris. Vail. 138, tab. XXIX, f. 9.

β. *Muscus terrestris, repens, &c.* Ibid. tab. XXVII, f. 11.

Hypnum crista castrensis. Linn. Sp. 1591.

Cette mousse est d'un vert-jaunâtre, quelquefois même d'un jaune tirant sur l'or, & ressemble à une petite fougère par la disposition de ses rameaux ; ses tiges font couchées, longues

1266.

d'un à trois pouces, & garnies de beaucoup de rameaux menu
oppofés fur deux rangs, en manière d'aile, parallèles ent
eux, très-rapprochés les uns des autres, recourbés ou croch
à leur extrémité, & d'autant plus courts qu'ils font plus près
fommet des tiges ou de leurs principales divifions; ces rameau
font couverts de feuilles extrêmement petites, embriquée
aiguës, terminées comme par un poil, courbées, crochues
comme frifées : les pédicnles font fins, longs de près de der
pouces, & portent des urnes ovales, & un peu inclinées.
variété β eft moins grande & a fes rameaux fecondaires tell
ment rapprochés les uns des autres, que fouvent on a
la peine à les bien diftinguer. On trouve cette plante da
les lieux montagncux & humides.

O B S. M. de Haller en forme trois efpèces (*Hypni*
nᵒˢ. 1766, 1767 & 1768. Hall. hift. mufc. p. 34) ; m
les individus que j'ai obfervés me paroiffent fe refufer à c
féparations.

XI. Hypne prolifère. *Hypnum proliferum.* Linn. Sp. 1590.

Mufcus filicinus, major, fericeus. Vail. tab. XXIX, f.
β. *Mufcus filicinus major.* Ibid. XXV, f. 1.

Ses tiges font longues de trois à cinq pouces, tortueufe
nues par intervalles, & deux ou trois fois fous-divifees
rameaux difpofés en manière d'aile ; les principales rami
cations de fes tiges font pointues, vont en s'élargiffant v
leur bafe, & ont chacune l'afpect d'une petite feuille
fougère, dont les pinnules feroient extrêmement fines :
feuilles font très-petites, étroites, aiguës, & d'un vert fouve
un peu jaunâtre ; les pédicules naiffent à l'origine des pri
cipaux rameaux, ont un pouce & demi de longueur, fo
fouvent difpofés par faifceaux, & foutiennent des urnes inc
nées. La variété β a fes ramifications très-fines, plus lâches
d'un vert plus foncé. On trouve cette plante dans les bois.

XII. Hypne des murs. *Hypnum parietinum.* Linn. Sp. 159

Mufcus vulgaris, pennatus, major. Vail. Parif. t
XXVIII, f 1.

Cette mouffe eft d'un vert-jaunâtre, un peu luifant
foyeux ; fes tiges font longues de quatre ou çinq pouc
point mues par intervalles, & ont leurs principales ramificatic

S 4

1266.

moins élargies à leur bafe que celles de la précédente ; moins planes & moins alongées en pointe : les pédicules font rougeâtres, longs d'un pouce, fafciculés dans la partie fupérieure des tiges, géminés dans leur partie moyenne, & folitaires à leur bafe. On trouve cette plante au pied des arbres & fur les murs des villages.

XIII. Hypne alongé. *Hypnum prælongum.* Linn. Sp. 1591.

Mufcus filicinus, minor. Vail. tab. XXIII, f. 9.

Ses tiges font garnies de ramifications lâches & extrêmement menues ; fes feuilles font très-petites, aiguës, & comme terminées par un poil : les pédicules font longs d'un pouce, & portent des urnes ovales & inclinées. On trouve cette plante au pied des arbres ou fur leur tronc.

XIV. Hypne fapinet. *Hypnum abietinum.* Linn. Sp. 1591.

Mufcus pennatus, minor, cauliculis ramofis, in fummitate veluti fpicatus. Vail. tab. XXIX, f. 12.

Mufcus paluftris, abietinus. Vail. tab. XXIII, f. 12, *meliùs.*

Cette mouffe eft d'un vert-jaunâtre, & a beaucoup de rapport avec l'hypne fougère, nº. X ; fa tige eft longue de deux pouces, divifée dans fa partie moyenne en plufieurs rameaux finement ramifiés en manière d'aile, & alóngés à leur fommet en une pointe qui reffemble en quelque forte à un épi, & qui n'eft point recourbée en crochet, comme on l'obferve dans l'efpèce nº. X : fes feuilles font très-petites, aiguës, terminées en poil, & ouvertes ou un peu recourbées en-dehors. Je n'ai pas vu les urnes. On trouve cette plante dans les bois & les lieux humides.

* * * * *Feuilles réfléchies.*

XV. Hypne cupreffiforme. *Hypnum cupreffiforme.* Linn. Sp. 1592.

Mufcus fquamofus, ramofus minor & crifpus. Tournef. 553. Vail. Parif. 139. tab. XXVII, f. 13.

Ses tiges font couchées, rameufes, diffufes, comprimées & d'un vert un peu jaunâtre & luifant ; fes feuilles font petites, embriquées, ferrées les unes contre les autres, tournées prefque

1266. d'un feul côté, terminées par une pointe en filet, & crochues à leur fommet, ou courbées en faucille : les rameaux ont auffi leur extrémité en crochet, & la difpofition des feuilles fait paroître leur fuperficie treffée : les pedicules font longs de fept à dix lignes, & portent des urnes prefque droites, dont l'opercule eft légèrement pointu. On trouve cette plante au pied des arbres & fur leur tronc.

XVI. Hypne fcorpion. *Hypnum fcorpioides.* Linn. Sp. 1592.

Hypnum fcorpioides, paluftre magnum lycopodii inftar fparfum. Dillen. tab. XXXVII, f. 25.

Ses tiges font longues de quatre ou cinq pouces, couchées & garnies de rameaux fimples ; elles font d'un vert-obfcur ou prefque noirâtre, mais d'un vert-jaunâtre & luifant au fommet de leurs rameaux, qui eft plus ou moins courbé en crochet : les feuilles font embriquées, ferrées les unes contre les autres, aiguës, terminées en poil & un peu crochues ou courbées en dehors. J'ai trouvé cette plante dans les environs de Péronne parmi des pierres. Je n'ai pas vu fa fructification.

XVII. Hypne farmenteux. *Hypnum viticulofum.* Linn. Sp. 1592.

Mufcus fquamofus, viticulis longioribus, glabris. Tournef. 555. Vail. Parif. 137, tab. XXIII, f. 1.

Ses tiges font rampantes & pouffent des rameaux grêles, cylindriques, farmenteux, reffemblant à de petites cordes, longs d'un à trois pouces, & rouffâtres dans leur partie inférieure ; fes feuilles font lancéolées, aiguës, recourbées ou réfléchie en dehors à leur fommet, embriquées, & un peu plus ferrée entr'elles que ne le repréfente la figure de Vaillant : les pédicules font longs de fix à dix lignes, naiffent de la partie moyenne ou fupérieure des rameaux, & portent de petites urnes tout-à-fait droites, cylindriques, rougeâtres, & dont l'opercule eft conique. On trouve cette plante fur les côtes sèches & pierreufes.

XVIII. Hypne crochu. *Hypnum aduncum.* Linn. Sp. 1592.

Hypnum paluftre erectum, fummitatibus aduncis. Dillen mufc. 292, tab. XXXVII, f. 26.

Ses tiges font droites, longues d'un à deux pouces, rami-fiées dans leur partie fupérieure & d'un vert très-clair; fe

1266.

feuilles sont étroites, aiguës, très-courbées en-dehors, & paroissent comme frisées ; elles donnent aux sommités des rameaux la forme de crochets très-apparens : les pédicules sont longs de deux pouces, très-fins, d'un rouge noirâtre à leur base, & portent des urnes un peu cylindriques & inclinées. Cette plante croît dans les marais. Je l'ai trouvée parmi les plantes du Dauphiné, qui m'ont été communiquées par M. Faujas de Saint-Fond.

XIX. Hypne rude. *Hypnum squarrosum*. Linn. Sp. 1593.

Muscus erectus, foliis reflexis. Vaill. 139, t. XXVII, f. 5.

Ses tiges sont longues de quatre à cinq pouces, couchées, tortueuses, & garnies de rameaux, la plupart redressés ; elles sont roussâtres dans leur partie inférieure : les feuilles sont aiguës, courbées ou réfléchies en-dehors, embriquées, d'un vert un peu jaunâtre, transparentes & luisantes ; les pédicules sont longs d'un pouce ou environ, & portent des urnes ovales, inclinées, & dont l'opercule est conique. On trouve cette plante dans les lieux humides & les landes.

XX. Hypne à courroies. *Hypnum loreum*. Linn. Sp. 1593.

Muscus squamosus, major, foliis angustioribus, acutissimis. Tournef. 553. Vail. tab. XXV, f. 2.

Ses tiges sont longues, rampantes, & garnies de rameaux vagues, cylindriques, un peu longs & redressés ; ses feuilles sont étroites, aiguës, un peu réfléchies & d'un vert-foncé : celles de l'extrémité des rameaux sont légèrement jaunâtres & luisantes ; les pédicules soutiennent des urnes arrondies. On trouve cette plante dans les lieux montueux.

***** *Rameaux fasciculés.*

XXI. Hypne arboré. *Hypnum dendroides*. Linn. Sp. 1593.

Muscus squamosus, erectus, alopecuroides. Tournef. 554. tab. CCCXXVI, f. B. Vail. tab. XXVI, f. 6.

Sa tige est une souche rampante, qui pousse quelques jets assez droits, nus, & simples dans leur moitié inférieure, & chargés dans l'autre de beaucoup de rameaux cylindriques, redressés & ramassés en un faisceau terminal ; ces jets ont l'aspect de petits arbres, & n'ont que trois ou quatre pouces

1266. de hauteur : les feuilles recouvrent les rameaux , & font lancéolées, aiguës, d'un vert-foncé & un peu luifantes; le pédicules font longs d'un pouce au moins , & portent de urnes droites, dont l'opercule eft conique. On trouve cett plante dans les prés humides & fur le bord des bois.

XXII. Hypne queue de renard. *Hypnum alopecurum*. Linn. Sp 1594.

> *Mufcus dendroides elatior , radice repente*. Tournef. 55 Vail. tab. XXIII, f. 5.

Cette mouffe a , comme la précédente , des jets droits nus dans leur partie inférieure , très-ramifiés vers leur fommet & reffemblant à de petits arbres ; elle en diffère par fes ra meaux moins fimples , plus grêles , plus lâches , & dont le inférieurs font quelquefois inclinés ou pendans : fes feuille font ovales-lancéolées , pointues & d'un vert très-foncé ; le pédicules font très-fins , rougeâtres , & portent des urne légèrement inclinées. On trouve cette plante dans les boi humides.

* * * * * * *Jets & rameaux cylindriques.*

XXIII. Hypne pur. *Hypnum purum*. Linn. Sp. 1594.

> *Mufcus fquamofus , cupreffiformis*. Tournef. 544. Va t. XXVIII, f. 3.

Ses jets font couchés , longs de trois ou quatre pouces & garnis de rameaux épars, cylindriques & pointus ; le feuilles font ovales, un peu obtufes, embriquées , ferrées conniventes , très-liffes , luifantes & fouvent jaunâtres ; le pédicules font longs d'un à deux pouces , & portent de urnes inclinées. Cette plante eft commune dans les bois.

XXIV. Hypne vermiculé. *Hypnum illecebrum*. Linn. Sp. 159

> *Mufcus terreftris , furculis kali aut illecebræ æmulis , foli fubrotund's fquamatim incumbentibus*. Vail. tab. XXV f. 7.

Ses tiges n'ont que deux pouces de longueur , font d'u jaune-rouffâtre , feuillées , & garnies de rameaux cylindriques courts , épais , obtus & peu écartés les uns des autres

1266. les feuilles font ovales, pointues, un peu convexes en-dehors embriquées, ferrées entr'elles, luifantes & d'un vert-jaunâtre les pédicules ont moins d'un pouce de longueur, & portent des urnes un peu inclinées. On trouve cette plante fur le bord des bois.

XXV. Hypne des rives. *Hypnum riparium.* Linn. Sp. 1593.

> *Hypnum aquaticum, flagellis teretibus & pinnatis.* Dillen t. XL, f. 44.

> *Mufcus aquaticus, pileis acutis.* Vail. tab. XXVII, f. 16

Ses tiges & fes rameaux font cylindriques, & vont un peu en épaiffiffant vers leur fommet; ces derniers font en petit nombre, un peu écartés entr'eux, fimples ou divifés feulement dans leur partie fupérieure, & fouvent prefque auffi longs que les tiges : les feuilles font pointues, verdâtres embriquées & plus ou moins lâches; les pédicules n'ont pas un pouce de longueur, & portent des urnes médiocremen - inclinées dans leur parfait développement. On trouve cette plante fur le bord des ruiffeaux ; elle m'a été communiquée par M. de Beauvois.

XXVI. Hypne pointu. *Hypnum cufpidatum.* Linn. Sp. 1595

> *Mufcus fquamofus, paluftris, foliis flagellifque rigidiufculi incurvis.* Vail. 138, tab. XXVIII, f. 11.

Ses tiges font longues de trois à cinq pouces, rameufes & ramaffées en gazon d'un vert-jaunâtre & luifant. Le fomme des tiges & des rameaux eft remarquable par une point aiguë, liffe & compofée de jeunes feuilles tout-à-fait conni ventes ; les autres feuilles font un peu plus lâches, plu ouvertes & plus pointues : les pédicules ont deux pouce de longueur ou davantage, & portent des urnes courbées & légèrement inclinées. Cette plante eft commune dans les marais

ı266.

XXVII. Hypne ſoyeux. *Hypnum ſericeum.* Linn. Sp. 1595.

> *Muſcus capillaceus, minimus, muralis, ſericeus.* Tournef. 552.
>
> *Muſcus arbóreus, ſplendens, ſericeus.* Vail. 132, tab. XXVII. f. 3.

Cette mouſſe forme des gazons d'un vert-jaunâtre, très-luiſans & ſoyeux ; ſes tiges ſont rampantes & pouſſent beaucoup de rameaux aſſez courts, redreſſés & très-ramaſſés : ſes feuilles ſont embriquées, étroites, aiguës, & à leur ſomme auſſi menues que des poils : les pédicules ont à peine un pouce de longueur & portent des urnes droites. On trouve cette mouſſe ſur le tronc des arbres & ſur les murailles.

XXVIII. Hypne velouté. *Hypnum velutinum.* Linn. Sp. 1595.

> *Muſcus ſquamoſus, ramoſus, tenuior, capitulis incurvi.* Vail. 138, tab. XXVI, f. 9. Tournef. 553.

Cette eſpèce forme des gazons très-verts & luiſans ; ſes tiges ſont rampantes, & garnies de rameaux aſſez nombreux la plupart ſimples, courts & ramaſſés : ſes feuilles ſont petites, lancéolées, aiguës, & quelquefois un peu lâches : les pédicules ont ſouvent moins d'un pouce de longueur, & portent des urnes un peu inclinées. On trouve cette plante au pied des arbres.

XXIX. Hypne traînant. *Hypnum ſerpens.* Linn. Sp. 1596.

> *Muſcus terreſtris, omnium minimus, capitulis majuſculi oblongis, erectis.* Vail. 138, tab. XXVIII, f. 2, 6, 7.

Cette plante forme des gazons fort bas & d'un vert-pâle ; ſes tiges ſont des filets très-menus, rampans, & garnis de beaucoup de rameaux très-fins : ſes feuilles ſont extrêmement petites, aiguës & un peu lâches : les pédicules ſont rougeâtre, longs de ſept à dix lignes, & portent des urnes droites dans leur jeuneſſe, mais qui s'inclinent légèrement lorſqu'elles vieilliſſent. On trouve cette mouſſe ſur le tronc des vieux arbres & ſur la terre.

1266.

XXX. Hypne queue-d'écureuil. *Hypnum sciuroides.* Linn. Sp. 1596.

> *Muscus arboreus, splendens, myosuroides.* Vail. tab. XXVII, f. 12.

Ses tiges sont rampantes, courtes, & poussent des jets feuillés, cylindriques, presque simples, légèrement courbés, & roussâtres à leur base ; ses feuilles sont lancéolées, aiguës, embriquées, fort serrées entr'elles, & un peu ouvertes dans leur partie supérieure : les pédicules naissent vers le sommet des jets ou des rameaux, n'ont que cinq à sept lignes de longueur, & portent des urnes droites. On trouve cette plante sur les troncs d'arbres.

XXXI Hypne queue-de-rat. *Hypnum myosuroides.* Linn. Sp. 1596.

> *Muscus cristam castrensem representans, flavescens, nemorosus, cassubicus.* Vail. tab. XXVII, f. 1. *Bene, sed ramuli nimis breves.*
>
> *Muscus squamosus, minor, myosuroides, capitulis incurvis.* Vail. 137, tab. XXVII. f. 6. *Ex fide autorum.*

Sa tige se divise en trois ou quatre parties garnies de rameaux cylindriques, assez longs, ressemblant à de petites cordes, d'un vert-jaunâtre, luisant & très-soyeux ; ses feuilles sont lancéolées, aiguës, terminées par une pointe en filet, embriquées, serrées les unes contre les autres & un peu lâches à leur sommet ; elles ont de petites nervures longitudinales très-sensibles : les pédicules sont longs d'un pouce ou environ, & portent des urnes légèrement inclinées. On trouve cette plante dans les bois, au pied des arbres.

1267.

Fontinale. *Fontinalis.*

Les fontinales ont beaucoup de rapport avec les hypnes, mais leurs urnes sont sessiles ou presque sessiles & axillaires : la plupart des espèces habitent communément dans l'eau.

Espèces.

I. Fontinale incombustible. *Fontinalis antipiretica.* Linn. Sp. 1571.

> *Muscus squamosus, foliis acutissimis, in aquis nascens.* Tournef. 554. Vail. 140, tab. XXXIII, f. 5.

Sa tige est rameuse, flotte dans l'eau, & a jusqu'à un pied

1267.

& demi de longueur ; ſes feuilles ſont ovales - lancéolées ; très - pointues, vertes, tranſparentes, & embriquées d'une manière un peu lâche : les urnes ſont preſque ſeſſiles, diſpoſées dans la partie moyenne ou inférieure de la tige, & enveloppées à leur baſe par des écailles ou feuilles très-minces. On trouve cette plante dans les étangs & les foſſés aquatiques.

II. Fontinale empennée. *Fontinalis pennata.* Linn. Sp. 1571.

Muſcus terreſtris, major, ramulis compreſſis foliis, ſuperficie crispis. Vail. 129, tab. XXVII, f. 4.

Muſcus ſquamoſus, linariæ folio major & crispus. Tournef. 554.

Sa tige eſt longue de trois ou quatre pouces, comprimée, & garnie de quelques rameaux écartés les uns des autres ; ſes feuilles ſont ovales-oblongues, remarquables par des ondulations tranſverſales, d'un vert-clair, luiſantes, tranſparentes, diſtiques, & diſpoſées ſur deux rangs oppoſés, en manière de plume : les urnes ſont ſeſſiles, & naiſſent des côtés de la tige, enveloppées par des gaînes de feuilles. On trouve cette plante dans les bois, ſur le tronc des arbres.

III. Fontinale écailleuſe. *Fontinalis ſquamoſa.* Linn. Sp. 1571.

Fontinalis ſquamoſa, tenuis, ſericea, atrovirens. Dillen. 259, t. XXXIII, f. 3.

D'un point commun de ſa racine, naiſſent, en manière de faiſceau, pluſieurs tiges longues d'un demi-pied, très-menues, foibles, ſimples à leur baſe, & rameuſes dans leur partie ſupérieure ; elles ſont garnies, dans toute leur longueur, de feuilles étroites - lancéolées, capillaires à leur ſommet, fort rapprochées les unes des autres, & d'un vert-noirâtre : les urnes ſont ovales, d'un rouge-foncé, portées ſur des pédicules longs d'une à trois lignes, & diſpoſées dans la partie moyenne des tiges. On trouve cette plante dans les torrens & les ruiſſeaux des montagnes ; elle m'a été envoyée du Dauphiné par M. Faujas de Saint-Fond.

1267. | IV. Fontinale flottante. *Fontinalis fluitans.*

> *Muscus fluitans ; foliis & flagellis longis tenuibusque.* Vail. tab. XXXIII, f. 6.

> *Muscus palustris, foliis & flagellis rigidiusculis, seminibus in foliorum alis.* Vail. tab. XXVIII, f. 10.

Ses tiges font longues de cinq à fept pouces, & garnies de rameaux nombreux, mais communément fort courts ; fes feuilles font petites, lancéolées, aiguës, un peu lâches, d'un vert-pâle, & tranfparentes : celles du fommet des tiges font moins ouvertes que les autres & prefque conniventes ; je n'ai pas vu fes urnes : elles naiffent, felon Vaillant, dans les aiffelles des feuilles, & font extrêmement petites. On trouve cette plante dans les foffés aquatiques & les étangs.

1268.

Algues.

Les algues font, en général, des plantes membraneufes, ou coriacés, ou cruftacées, ou gelatineufes, ou filamenteufes, & ont rarement des feuilles entièrement diftinguées des tiges, qui font elles-mêmes, dans le plus grand nombre, très-imparfaites ou tout-à-fait nulles ; ces plantes n'ont point de véritables urnes comme les mouffes, mais leur fructification, quoique peu connue, fe fait fouvent remarquer par des efpèces de cupules de diverfes fortes : ce font tantôt des fachets globuleux, pédiculés, & qui fe fendent en quatre parties ; tantôt des efpèces de bonnets ou de calottes, pareillement pédiculés & chargés en-deffous de globules floriformes, qui s'ouvrent par plufieurs valves ; tantôt des tubes plus ou moins fimples ; tantôt de longues cornes profondément bifides, tantôt enfin des plateaux non divifés & plus ou moins concaves. La diverfité des algues, l'imperfection apparente de leurs organes, & fur-tout la difficulté de démêler leurs véritables caractères, les ont fait nommer par M. Scopoli, *plantes douteufes.* Scop. carn. 11, p. 342. Je vais en préfenter les genres & leurs efpèces, d'après M. Linné & fans analyfe, comme j'ai fait à l'égard des mouffes.

Genres

1268.

Genres selon M. Linné.

<table>
<tr><td rowspan="6">*Fructification remarquable par des cupules de diverses sortes, mais très-apparentes.*</td><td>Jongermanne. . . . . 1269</td></tr>
<tr><td>Marchante. . . . . 1270</td></tr>
<tr><td>Targione. . . . . 1271</td></tr>
<tr><td>Riccie. . . . . 1272</td></tr>
<tr><td>Anthocère. . . . . 1273</td></tr>
<tr><td>Lichen. . . . . 1274</td></tr>
<tr><td rowspan="5">*Fructification presque point sensible & comme nulle.*</td><td>Tremelle. . . . . 1275</td></tr>
<tr><td>Varec. . . . . 1276</td></tr>
<tr><td>Ulve. . . . . 1277</td></tr>
<tr><td>Conferve. . . . . 1278</td></tr>
<tr><td>Bysse. . . . . 1279</td></tr>
</table>

1269.

Jongermanne. *Jungermannia.*

Les jongermannes ont beaucoup de rapport avec les mousses, & plusieurs espèces ont, comme elles, des feuilles tout-à-fait distinguées des tiges; mais elles en diffèrent par leur fructification qui est remarquable, par des sachets sphériques, pédiculés, & qui se fendent jusqu'à leur base en quatre parties disposées en croix : les individus chargés de ces sachets portent aussi très-souvent des globules sessiles, nus, ramassés, & que l'on regarde comme des fleurs femelles.

Espèces.

* *Feuilles distiques ou disposées en manière d'aile.*

I. Jongermanne asplénioïde. *Jungermannia asplenioides.* Linn. Sp. 1597.

    Muscus nummulariæ folio, major. Tournef. 555.

    β. *Muscus nummulariæ foliis subrotundis, densè positis.* Ibid.

    Hepaticoides politrichi facie. Vail. 99, tab. XIX, f. 7.

Ses tiges sont longues de trois ou quatres pouces, rameuses, & garnies de feuilles ovales-obtuses, presque arrondies, vertes, transparentes & distiques; les pédicules terminent les tiges ou leurs rameaux, sont blanchâtres, longs d'un pouce ou moins, & portent des sachets qui se partagent en quatre parties brunes

Tome I.   T

1269.

ou rougeâtres : la variété ß est un peu moins grande, & remarquable par ses feuilles fort rapprochées les unes des autres. On trouve cette plante dans les fossés des bois.

II. Jongermanne sarmenteuse. *Jungermannia viticulosa*. Linn. Sp. 1597.

> *Jungermannia terrestris, viticulis longis, foliis perexiguis, densissimis, ex rotunditate acuminatis*. Mich. gen. 8, t. V, f. 4.

Cette espèce a beaucoup de rapport avec la précédente, mais ses feuilles sont fort petites, très-rapprochées les unes des autres, un peu étroites, médiocrement obtuses, & presque pointues : les pédicules des sachets ne sont point terminaux. On trouve cette plante en Provence, dans les bois.

III. Jongermanne lancéolée. *Jungermannia lanceolata*. Linn. Sp. 1597.

> *Lichenastrum trichomanis facie minus, ab extremitate florens*. Dillen. musc. 486, t. LXX, f. 10.

Cette espèce est fort petite ; ses tiges ont à peine un pouce de longueur, sont à demi-couchées, & forment des gazons assez étendus ; ses feuilles sont ovales-obtuses, très-petites, fort rapprochées les unes des autres, & distiques : les pédicules terminent les tiges. On trouve cette plante en Provence dans les lieux couverts, pierreux & humides.

IV Jongermanne double-dent. *Jungermannia bidentata*. Linn. Sp. 1598.

> *Muscus pennatus, foliis subrotundis, bifidis, major*. Tournef. 555.
>
> *Hepaticoides polytrichi facie, foliis bifidis major*. Vail. 99, t. XIX, f. 8.

Ses tiges sont couchées, longues d'un pouce ou un peu plus, & rameuses ; ses feuilles sont petites, distiques, fort rapprochées entr'elles, ovales, comme tronquées à leur sommet, & terminées par deux dents : les pédicules naissent du sommet des rameaux & portent de petites croix d'un rouge-brun. On trouve cette plante dans les lieux couverts & sablonneux.

1269.

V. Jongermanne ondulée. *Jungermannia undulata.* Linn. S
1598.

Hepatica fexatilis, undulata, feminifera. Vail. 98 , t. XI
f. 6.

Ses tiges font longues d'un pouce ou environ , rameu
& difpofées par petits gazons d'un vert gai ; fes feuilles fo
petites , arrondies , très-entières , ondulées , contournée
prefque pliées & tranfparentes : les pédicules font terminau
On trouve cette plante fur les pierres, autour des mares.

VI. Jongermanne blanchâtre. *Jungermannia albicans.* Linn. S
1599.

Mufcus nummulariæ folio , fructu pediculo carente. Tour
555.
Hepaticoides albefcens, foliis pinnatis. Vail. 100 , t. XI
f. 5.

Ses tiges font longues d'un à deux pouces, un peu rameu
à demi-couchées , & ramaffées en gazon ; fes feuilles f
diftiques , ferrées entr'elles , un peu étroites , arquées
courbées en arrière , tranfparentes & d'un vert-pâle :
pédicules naiffent de l'extrémité des tiges , font blanchât
longs de cinq ou fix lignes , & portent des boutons d'un ro
noirâtre , qui s'ouvrent en quatre parties. On trouve ce
plante dans les lieux frais & couverts.

VII. Jongermanne trilobée. *Jungermannia trilobata.* Linn. S
1599.

Lichenaftrum pinnulis obtufè trifidis, nervo geniculato. Dill
mufc. 493 , tab. LXXI , f. 22.

Ses tiges font à demi-couchées , courbées , un peu rameuf
& garnies de feuilles d'une forme prefque carrée , ayant à le
fommet trois crénelures ou trois dents peu profondes , vert
diftiques & ferrées entr'elles : les pédicules naiffent le lo
des tiges , felon les figures de Dillen & de Micheli , & 1
terminent felon M. de Haller (Hift. n°. 1866). On trou
cette plante dans les lieux couverts de la Provence.

*** *Feuilles embriquées.*

VIII. Jongermanne applatie. *Jungermannia complanata.* Linn. Sp. 1599.

> *Muscus squamosus, foliis subrotundis dentissimis.* Tournef. 554.
> *Hepaticoides surculis & foliis thuyæ instar compressis, major.* Vail. tab. XIX, f. 9.

Ses tiges font rampantes, longues de deux ou trois pouces, très-rameufes, applaties, entrelacées, difpofées en gazon très-plat & d'un vert-jaunâtre; fes feuilles font petites, arrondies à leur fommet, garnies à leur bafe d'une très-petite oreillette, fort ferrées entr'elles & embriquées comme fur deux rangs, ou en manière de treffe : les pédicules n'ont qu'une ligne de longueur & naiffent le long des tiges. On trouve cette plante fur le tronc des arbres.

IX. Jongermanne dilatée. *Jungermannia dilatata.* Linn. Sp. 1600.

> *Muscus saxatilis, nummulariæ folio, minor,* Tournef. 555.
> *Hepaticoides surculis & foliis thuyæ instar compressis, minor.* Vail. tab. XIX, fig. 10.

Cette efpèce reffemble beaucoup à la précédente, & n'en eft peut-être qu'une variété; fes tiges font rampantes, très-rameufes & difpofées en gazon applati & d'un vert-brun; fes rameaux font un peu élargis à leur fommet; fes feuilles font très-petites, arrondies, garnies d'une oreillette à leur bafe & embriquées fur deux rangs. Cette plante croit fur les pierres & fur les troncs d'arbres.

X. Jongermanne noirâtre. *Jungermannia nigricans.*

> *Muscoides squamosum, saxatile, nigro-purpureum, surculis foliis circinatis, minoribus.* Mich. gen. 10, t. VI, f. 5.
> *An muscus nummulariæ folio fructu pedunculo carente.* Vail. t. XXIII, f. 10.
> *Vide,* n°. VI. *Jungermannia tamarisci.* Linn. Sp. 1600.

Cette efpèce eft à peine diftinguée de la précédente; fes tiges font rampantes, longues d'un à trois pouces, très-rameufes, difpofées en gazon plat, d'un vert-foncé dans leur jeuneffe, & deviennent en vieilliffant, d'un pourpre obfcur & noirâtre : les rameaux font fouvent un peu dilatés à leur

1269.

sommet ; les feuilles font très-petites, embriquées fur deu
rangs & obtufes ou prefque arrondies : les fupérieures font u
peu plus grandes que les autres, plus arrondies & convexes
les pédicules font extrêmement courts. On trouve cette plan
fur les pierres & fur les troncs d'arbres, où elle eft trè
commune.

XI. Jongermanne à feuilles plates. *Jungermannia platyphyll.*
Linn. Sp. 1600.

Lichenaftrum petalodes, minus. Vail. tab. XXI, f. 17.

Ses tiges font longues de trois à cinq pouces, très-rameufe
couchées, entrelacées, & difpofées en gazon applati, d'u
vert-brun ou un peu jaunâtre ; fes feuilles font petites, u
peu pointues, fort ferrées entr'elles, embriquées fur deu
rangs, & engagées les unes dans les autres, comme des den
ou des points de futures : elles paroiffent applaties en-deffus
& font légèrement concaves en-deffous : les pédicules for
extrêmement courts. On trouve cette plante fur les pierre
& fur les troncs d'arbres.

XII Jongermanne ciliée. *Jungermannia ciliaris,* Linn. Sp. 160

Mufcus paluftris abfinthii folio, infipidus. Tournef. 55
Vail. t. XXVI, f. 11.

Ses tiges font longues de quatre ou cinq pouces & ramifiée
de manière qu'elles paroiffent deux ou trois fois ailées ; fe
feuilles font petites, embriquées fur deux rangs, velues o
ciliées, & oreillées à leur bafe : les pédicules font fort longs
& portent des boutons d'un rouge-brun, qui fe partagent e
quatre parties. On trouve cette efpèce dans les lieux humide
& les bois fablonneux.

* * * *Feuilles compofées d'expanfions membraneufes, non
diftinguées des tiges.*

XIII. Jongermanne foliacée. *Jungermannia foliacea.*

*Marfillea major, atrovirens, floribus albicantibus è foliorua
medio egredientibus.* Mich. gen. tab. IV, f. 1.
β. *Hepaticoides cichorei crifpi foliis.* Vail. tab. XIX, f. 4.
Jungermannia epyphilla. Linn. Sp. 1602.

Sa tige eft compofée d'extenfions membraneufes, planes

T 3

1269.

foliacées, ramifiées, lobées, vertes & attachées sur la terre par de petites racines qui naissent de leur nervure postérieure : les pédicules sont longs de deux pouces, blanchâtres, foibles, & portent chacun à leur sommet, un petit bouton qui s'ouvre en quatre parties jaunâtres, émoussées & fort courtes. On trouve cette plante sur le bord des fossés humides & des ruisseaux.

XIV. Jongermanne épaisse. *Jungermannia pinguis.* Linn. Sp. 1682.

Lichenastrum capitulis oblongis, juxta foliorum divisuras enascentibus. Dillen. musc. 509, t. LXXIV, f. 42.

Sa tige forme des expansions membraneuses, foliacées, ramifiées, un peu épaisses, lisses, vertes, plus petites & moins larges que celles de l'espèce précédente : les pédicules ont à peine un pouce & demi de longueur, & portent des boutons alongés, qui s'ouvrent en quatre parties assez considérables. Les gaînes de ces pédicules sont longues de trois ou quatre lignes. Cette plante croit dans les lieux aquatiques, & sur le bord des fontaines ; elle m'a été communiquée par M. de Beauvois, qui l'a trouvée dans les environs de Paris.

XV. Jongermanne fourchue. *Jungermannia furcata.* Linn. Sp. 1602.

Hepatica arborea, globulifera. Vail. 98, t. XXIII, f. 11.
Hepatica palustris dichotoma, segmentis oblongis & angustis. Vaill. tab. XIX, f. 3.

Sa tige est composée d'expansions membraneuses, plus étroites & plus ramifiées que celles des deux espèces précédentes : le sommet de chaque rameau est ordinairement fourchu ou terminé par deux lobes ou par deux dents un peu divergentes, & souvent pointues : les pédicules n'ont que trois ou quatre lignes de longueur. On trouve cette plante sur les troncs d'arbres & sur les pierres, dans les lieux frais.

XVI. Jongermanne multifide. *Jungermannia multifida.* Linn. Sp. 1682.

Lichenastrum ambrosiæ divisura. Dill. 511, t. LXXIV, f. 43.

Ses expansions forment des espèces de feuilles découpées,

1269. très-menues, bipinnatifides, ramifiées, minces, tranfparentes d'un vert-clair, & étalées fur la terre en rofette diffufe Cette plante a été trouvée à Meudon, fur le bord d'un étang, par M. de Beauvois.

XVII. Jongermanne fluette. *Jungermannia pufilla.* Linn. Sp 1602.

Lichenaftrum exiguum, capitulis nigris, lucidis, è cotyli parvis nafcentibus. Dill. 513, t. LXXIV, f. 46.

Cette efpèce eft extrêmement petite; fes expanfions formen une rofette arrondie, feftonnée, à peine de trois ligne de diamètre, & compofée de petites feuilles membraneufes lobées & prefque palmées: les pédicules font longs de deu ou trois lignes, & portent chacun un petit bouton d'un rouge noirâtre, qui s'ouvre en quatre parties. Cette plante a été trouvée à Saint-Léger, dans une des herborifations de M. d Juffieu, & m'a été communiquée par M. de Beauvois.

Marchante. *Marchantia.*

1270. Les marchantes n'ont point de feuilles vraiment diftinguée des tiges, mais feulement des extenfions membraneufes, appla ties & rampantes. Leur fructification paroît compofée de deu fortes de parties; les unes que l'on regarde comme mâles, fon des plateaux convexes ou coniques, fouvent découpés e leur bord, portés chacun fur un pédicule affez long, & chargés en-deffous de plufieurs globules uniloculaires, pluri valves, & qui contiennent une pouffière fine, attachée des poils: les autres font des foffettes ou des efpèces d petits baffins feffiles, dans lefquelles on obferve plufieur corpufcules que l'on prend pour des femences.

Efpèces.

I. Marchante étoilée. *Marchantia ftellata.* Scop. carn. 11, p. 35

Hepatica officinarum. Vaill. Parif. 97.

Lichen petræus, latifolius, five hepatica fontana. Bau pinn. 362.

β. *Lichen petræus, ftellatus.* Bauh. ibid.

Marchantia polymorpha (α. β.). Linn. Sp. 1603.

Sa tige forme des expanfions membraneufes, planes, ra

1270. pantes, longues souvent de plus de deux pouces, ramifiées, lobées, obtuses à leur sommet, vertes, chargées de petits points & garnies de racines capillaires le long de leur nervure postérieure. Les pédicules sont hauts d'un pouce ou environ, & portent des plateaux découpés au-delà de moitié, en dix digitations disposées en étoile ; les bassins sont fort petits & crénelés ou denticulés en leur bord : la variété β est un peu mois grande en toutes ses parties. On trouve cette plante sur le bord des ruisseaux, des fontaines & des puits ; elle est incisive, détersive & vulnéraire : on la dit excellente pour les maladies du foie & du poumon.

II. Marchante ombellée. *Marchantia umbellata.* Scop. carn. 11 ; P. 354.

> *Hepatica petræa, umbellata.* Vaill. Paris. 97.
> *Lichen petræus, umbellatus.* Bauh. pin. 362.
> *Marchantia polymorpha (γ).* Linn. Sp. 1603.

Cette espèce me paroît très-distinguée de la précédente. Sa tige forme des expansions membraneuses, vertes, ramifiées, lobées, longues à peine d'un pouce, & disposées en gazon arrondi ; les pédicules n'ont que six ou sept lignes de longueur, & portent des plateaux presque planes, bordés simplement de huit crénelures peu profondes : cette plante croît sur le bord des ruisseaux & dans les lieux humides. Elle m'a été communiquée par M. de Beauvois, qui l'a trouvée dans les environs de Lille.

III. Marchante croisette. *Marchantia cruciata.* Linn. Sp. 1604.

Lunaria vulgaris. Mich. gen. tab. IV, f. 1.

Ses tiges sont des expansions membraneuses, planes, lisses, vertes, médiocrement ramifiées, lobées, arrondies à leur sommet, longues d'un pouce & demi & rampantes ; les pédicules portent des plateaux profondément découpés en quatre parties étroites, velues & poudreuses : les bassins sont de petites fossettes semi-lunaires, ou en forme de croissant, qui contiennent des corpuscules recouverts en partie par une petite membrane très-mince. Cette plante a été trouvée par M. de Beauvois, dans les fossés qui entourent les fortifications de la ville de Lille.

1270. IV. Marchante conique. *Marchantia conica*. Linn. Sp. 1604.

> *Hepatica pileata & stellata.* Vaill. Parif. 98.
> *Hepatica reticulata & verrucofa.* Vail. tab. XXXIII, f. 8.

Sa tige forme des expanfions membraneufes, un peu pl
grandes & plus ramifiées que celles de l'efpèce précédent
Les pédicules font affez longs, blanchâtres, tranfparens,
portent chacun à leur fommet un plateau conique, reffem
blant en quelque forte à un bonnet, & partagé intérieureme
en cinq à fept loges, qui renferment chacune un globu
noirâtre & pendant : les baffins contiennent des corpufcul
ramaffés en forme de verrues hémifphériques. On trou
cette plante dans les lieux humides & couverts.

V. Marchante hémifphérique. *Marchantia hemifphærica*. Lin
Sp. 1604.

> *Lichen pileatus, parvus, foliis crenatis.* Dillen. 51c
> t. LXXV, f. 2.

Cette efpèce eft un peu plus petite que les deux préc
dentes ; fes pédicules portent des plateaux hémifphérique
pubefcens & légèrement quinquefides : les baffins ou foffet
feminifères n'ont pas encore été obfervés dans cette plante
elle croît en Provence dans les foffés & les lieux couverts.

1271. Targione hypophyle. *Targionia hypohylla*. Linn. S
1603.

> *Lichen petræus, minimus, fructu orobi.* Bauh. pin. 362.

Ses tiges font des efpèces de feuilles ou d'expanfions men
braneufes, alongées, élargies en fpatule vers leur fomme
rampantes, ponctuées en-deffus, & chargées de quelqu
boutons feffiles, rouffâtres, bivalves, & qui renferment u
globule feminiforme. On trouve cette plante en Proven
fur les rochers, dans les lieux couverts.

1272. Riccie. *Riccia*.

La fructification des riccies eft feffile, & éparfe fur
fuperficie des feuilles, qui font des extenfions membraneufe
nullement diftinguées des tiges ; elle eft compofée, felo

272. quelques auteurs, d'une anthère cylindrique, difposée fur un ovaire turbiné ou en toupie, & traverfée par un ftyle filiforme qui naît du fommet de l'ovaire. Le fruit eft globuleux, & renferme plufieurs femences hémifphériques & pédiculées. *Schreb. Linn. Syft. Nat. p. 708.* Toutes ces parties ne font encore qu'imparfaitement connues, felon M. de Haller. *Hift. mufc. p. 67.*

Efpéces.

I. Riccie cryftalline. *Riccia cryftallina.* Linn. Sp. 1605.

Hepatica paluftris, lobis criftatis. Vaill. 98, tab. XIX, f. 2.

Ses feuilles font membraneufes, vertes, parfemées de petits points ou tubercules blancs, découpées ou lobées à leur fommet, rétrécies vers leur bafe, partent toutes d'un centre commun, & forment fur la terre une petite rofette applatie. On trouve cette plante dans les lieux humides.

II. Riccie glauque. *Riccia glauca.* Linn. Sp. 1605.

Hepatica paluftris, bifurcata, lobis brevioribus, carinatis. Vaill. 98, tab. XIX, f. 1.

Ses feuilles font un peu épaiffes, non chargées de points, canaliculées ou partagées par un fillon longitudinal, fourchues à leur fommet & obtufes en leurs lobes ; elles font difpofées en rond comme celle de l'efpèce précédente. On trouve cette plante dans les lieux humides.

III. Riccie flottante. *Riccia fluitans.* Linn. Sp. 1606.

Fucus fontanus, pinguis, corniculatus, viridis. Vail. tab. X, f. 3.

Ses feuilles font vertes, à peine larges d'une ligne, très-ramifiées, légèrement fourchues à leur fommet, & garnies en-deffous de beaucoup de racines auffi menues que des cheveux, qui donnent quelquefois à la plante l'afpect d'un *conferva.* On trouve cette efpèce dans les mares & les foffés aquatiques.

1273. Anthocère ponctué. *Anthoceros punctatus*. Linn. Sp. 1606.

Anthoceros foliis minoribus, magis laciniatis. Dillen. 476, tab. LXVIII, f. 1.

Ses feuilles sont membraneuses, oblongues, élargies vers leur sommet, sinuées, presque laciniées, ponctuées, & disposées en une petite rosette étalée sur la terre; elles sont d'autant plus courtes qu'elles sont disposées plus près du centre de la rosette, ce qui les fait paroître embriquées. La fructification est composée de deux sortes de parties; les unes, que l'on regarde comme mâles, sont des espèces de cornes fort longues, qui naissent d'une gaîne cylindrique, s'ouvrent en deux valves linéaires & aiguës, & contiennent des globules suspendus à un filet ou réceptacle libre : les autres sont de petites fossettes en étoile, dans lesquelles on observe des corpuscules séminiformes. On trouve cette plante dans les lieux couverts & humides de la Provence.

Lichen.

1274. Les lichens sont des extensions crustacées, ou coriaces, ou foliacées, ou ramifiées en arbuste, ou enfin filamenteuses, & n'ont point de véritables feuilles distinguées des tiges; les parties les plus apparentes de leur fructification sont des espèces de cupules ordinairement orbiculaires, légèrement concaves, quelquefois campanulées, quelquefois planes, & quelquefois convexes ou tuberculeuses : on les regarde comme des fleurs mâles, & l'on prend pour fleurs femelles, des particules farineuses & éparses, que l'on observe communément sur ces plantes.

Espèces.

(*a*). *Extensions crustacées, à cupules tuberculeuses.*

I. Lichen écrit. *Lichen scriptus*. Linn. Sp. 1606.

Lichenoides crusta tenuissima, peregrinis veluti litteris inscripta. Dillen. 125, tab. XVIII, f. 1.

On le trouve sur les troncs d'arbres; ses extensions forment une croûte extrêmement mince, couverte de petites lignes noirâtres, disposées en divers sens, ou inclinées les unes par rapport aux autres, & ressemblant, en quelque manière, à des lettres hébraïques.

1274.

II. Lichen des hêtres. *Lichen fagineus.* Linn. Sp. 1608.

> *Lichen cruflaceus, albefcens, fcutis farinaceis,* Vaill. Parif. 116.
>
> *Lichenoides candidum & farinaceum, fcutis ferè planis.* Dillen. 131, t. XVIII, f. 11.

Cette efpèce forme fur l'écorce des arbres, & particulièrement fur celle des hêtres, une croûte blanchâtre, farineufe & grumelée.

III. Lichen en forme de chaux. *Lichen calcareus.* Linn. Sp. 1607.

> *Lichenoides tartareum, tinctorium, candidum, tuberculis atris.* Dillen, 128, tab. XVIII, f. 8.

Cette plante m'a été envoyée du Dauphiné par M. Faujas de Saint-Fond; elle forme une croûte blanchâtre, très-mamelonnée, contournée en fes parties, & reffemble à de la chaux par fa fubftance. Je n'ai pas vu fes tubercules.

IV. Lichen des Landes. *Lichen ericetorum.* Linn. Sp. 1608.

> *Coralloides fungiforme, carneum, bafi leprofa.* Dillen. 76, t. XIV, f. 1.
>
> *Lichenum ordo* 35, Mich. p. 100, tab. LIX.

Ses expanfions forment une croûte blanchâtre, verruqueufe, friable, de laquelle s'élèvent des pédicules un peu épais, longs de deux lignes, & terminés chacun par une tête globuleufe, de couleur de chair, ou d'un rofe-pâle; ces pédicules reffemblent à de très-petits champignons. On trouve cette plante dans les landes & les chemins des bois.

V. Lichen fongiforme. *Lichen fungiformis.* Scap. carn. 11, p. 360.

> *Lichen fungiforme, faxatile, pallide-fufcum.* Dillen. 78, t. XIV, f. 4.
>
> β. *Lichen byffoydes.* Linn. mant. 133.

Cette efpèce forme fur la terre une croûte grifâtre, verruqueufe, poudreufe, très-inégale, de laquelle s'élèvent des pédicules à peine longs d'une ligne & demie, & terminés chacun par une très-petite tête d'un brun-rougeâtre. Cette

[274. tête est de la grosseur de celle d'une épingle ordinaire. Cette plante m'a été communiquée par M. de Beauvois qui l'a trouvée à Meudon sur de la terre argileuse.

(B) *Extensions crustacées, à cupules en écusson.*

VI. Lichen rubis. *Lichen rubinus.*

> *Lichen crustaceus, tartareus, glaucus, scutis difformibus planis, ruberrimis.* Hall. Hist. n°. 2050.

Cette espèce forme une croûte épaisse, verruqueuse, grisâtre tirant un peu sur la couleur glauque, & chargée de cupules sessiles, planes, irrégulières en leur bord, & d'un rouge très-foncé ; ces cupules ressemblent à des rubis épars sur la superficie de la plante & lui donnent un aspect très-élégant. On trouve cette plante sur les rochers des montagnes du Dauphiné ; elle m'a été communiquée par M. Faujas de Saint-Fond.

VII. Lichen brun. *Lichen subfuscus.* Linn. Sp. 1609.

> *Lichen crustaceus, cinereus, scutis ferrugineis.* Vaill. Paris 116.
>
> *Lichenoides crustaceum & leprosum, scutellis sub fuscis.* Dill. 134, t. XVIII, f. 16.
>
> β. *Lichen crustaceus, leprosus, scutis nigricantibus.* Vaill. Paris 116.
>
> *Lichenoides crustaceum & leprosum, scutellis nigricantibus majoribus & minoribus.* Dillen. 33, t. XIX, f. 15.

Cette plante croît sur les troncs d'arbres & sur les rochers elle forme une croûte d'un blanc-grisâtre ; couverte de cupules planes, sessiles, nombreuses, très-rapprochées les unes des autres, brunes ou noirâtres, & remarquables par leur bord élevé & crénelé.

VIII. Lichen jaunâtre. *Lichen flavicans.*

> *An lichen crusta miniata, tenuissima, inseparabili, scutellis flavis, marginatis.* Hall. Hist. n°. 2074.

La croûte que forme cette espèce est très-blanche, mais se décolore & disparoît de bonne heure ; ses cupules sont fort grandes, orbiculaires, presque planes, jaunes & entourées d'un rebord blanc un peu élevé : ce rebord jaunit à mesure

1274. que les cupules vieilliffent. Cette plante croît fur les rochers en Dauphiné, & m'a été communiquée par M. Faujas de de Saint-Fond.

IX. Lichen parelle. *Lichen parellus.* Linn. mant. 132. (Orfeille d'Auvergne.)

> *Lichenoïdes leprofum, tinctorium, fcutellis lapidum cancri figura.* Dillen. 130, t. XVIII, f. 10.
>
> *Lichen cruftaceus, leprofus, fcutis cinereis.* Vail. Parif. 116.

Cette efpèce croît fur les murs & fur les rochers; fa fubftance eft une croûte blanchâtre, chargée de cupules feffiles, orbiculaires, un peu concaves & d'une couleur pâle.

(C) *Extenfions foliacées, ferrées & embriquées.*

X. Lichen centrifuge. *Lichen centrifugus.* Linn. Sp. 1609.

> *Lichen imbricatus viridans, fcutellis badiis.* Dillen. 180, t. XXIV, f. 75.

Ses expanfions forment une rofette elliptique, plane, d'un gris-verdâtre, & compofées de beaucoup de folioles embriquées, arrondies à leur fommet & laciniées : les cupules font orbiculaires, affez grandes, d'un rouge-noirâtre, feffiles & toutes ramaffées aur centre de la rofette. On trouve cette plante fur les troncs d'arbres.

XI. Lichen de roche. *Lichen faxatilis.* Linn. Sp. 1609.

> *Lichenoïdes vulgatiffimum, cinereo-glaucum, lacunofum & cirrhofum.* Dill. p. 188, tab. XXIV, f. 83.
>
> *Lichen opere phrygio ornatus.* Vaill. tab. XXI, f. 1.

Ses expanfions font sèches, friables & difpofées en une rofette inégale en fa fuperficie, & d'un gris-olivâtre, tirant un peu fur la couleur glauque; fes folioles font élargies, arrondies & découpées ou lobées à leur fommet; leur furface fupérieure eft remarquable par des lignes pulvérulentes, réticulées, & qui reffemblent en quelque forte à de la broderie; l'inférieure eft velue & noirâtre : les cupules font rouffâtres, concaves & d'une grandeur médiocre. On trouve cette plante fur les rochers & fur les troncs d'arbres.

1274.

XII. Lichen ombiliqué. *Lichen omphalodes.* Linn. Sp. 1609.

> *Lichen nigricans, omphalodes.* Tournef. 549. Vail. ta
> XX, f. 10.

Ses folioles font très-découpées, lobées, obtufes, glabres d'un brun-rouffâtre à leur bafe, blanchâtres & farineufes leur fommet, embriquées, & difpofées en une rofette affe élégante. On trouve cette plante fur les pierres & fur l troncs d'arbres.

XIII. Lichen olivâtre. *Lichen olivaceus.* Linn. Sp. 1610.

> *Lichen cruftæ modo arboribus adnafcens, olivaceus.* Vai
> t. XX, f. 8.
> β. *Lichen pulmonarius, faxatilis, fubtus nigricans, defup
> olivæ conditæ colore, receptaculis florum concoloribu
> Mich. 89, t. LI, ord. 19.
> *Lichen cruftæ modo arboribus adnafcens, pullus.* Tourne
> 548.

Ses folioles font découpées, lobées, d'une couleur olivât à leur bafe, blanches, farineufes & brillantes à leur fommet embriquées & difpofées en une rofette très-élégante ; l cupules occupent le centre de la rofette, font affez grandes rouffâtres, & ont leur bord rude & comme crénelé : l variété β a fes cupules un peu plus petites, & liffes en l bord. On trouve cette plante fur les pierres & fur les tron d'arbres.

XIV. Lichen des murs. *Lichen parietinus.* Linn. Sp. 1610.

> *Lichen Diofcoridis & Plinii fecundus, colore flavefcen
> Col. ecph. 331. Tournef. 548.
> *Lichenoides vulgare, finuofum, foliis & fcutellis lutei
> Dill. 180, t. XXIV. fig. 76.

Cette efpèce eft très-commune fur les murailles, les pierr & l'écorce des arbres, où elle forme des rofettes planes très-adhérentes & d'un jaune plus ou moins foncé ; f folioles font petites, à peine embriquées, élargies, arrondies lobées, ondulées & comme frifées à leur fommet : l cupules font légèrement pédiculées, orbiculaires & de mêm couleur que les folioles, ou quelquefois d'un jaune rouffâtr

1274.

XV. Lichen enflé. *Lichen physodes.* Linn. Sp. 1610.

> *Lichen crustæ modo arboribus adnascens, tenuiter divisus.* Tournef. 548.
>
> *Lichenoides ceratophyllum, obtusus & minus ramosum.* Dill. 154, t. XX, f. 49.

Ses folioles sont multifides & ont leurs lobes enflés, presque tubulés & corniformes : elles sont d'un blanc-cendré en-dessus & noirâtres en dessous. On trouve cette plante sur les arbres.

XVI. Lichen étoilé. *Lichen stellaris.* Linn. Sp. 1611.

> *Lichen pulmonarius, vulgatissimus, supernè albo-cinereus, infernè nigricans, segmentis angustis, receptaculis nigricantibus.* Mich. gen. 91, tab. XLIII, f. 2.

Ses expansions sont profondément divisées en découpures un peu étroites, presque ramifiées, d'un blanc-cendré en-dessus, noirâtres en-dessous, & disposées en une rosette plane, mais un peu lâche, les cupules sont nombreuses, brunes ou noirâtres, & occupent le centre de la rosette. On trouve cette plante sur les arbres.

(D) *Extensions foliacées, lâches ou non embriquées.*

XVII. Lichen cilié. *Lichen ciliaris.* Linn. Sp. 1611.

> *Lichen cinereus, latifolius aculeatus, umbellicis nigricantibus.* Tournef. 549.
>
> *Lichen cinereus, arboreus, marginibus fimbriatis.* Vaill. tab. XX, f. 4.
>
> β. *Lichen cinereus, arboreus, marginibus fimbriatis.* Tournef. 550.
>
> *Lichen cinereus, minor, marginibus pilosis.* Vaill. t. XX, f. 5.

Cette espèce est très-commune sur le tronc des arbres, où elle forme des gazons applatis & d'un blanc-grisâtre ; ses expansions sont très-ramifiées, un peu étroites, convexes, & garnies de cils durs, noirâtres & presque piquans : les cupules sont orbiculaires, légèrement pédiculées, planes, noirâtres & entourées d'un rebord blanc un peu élevé. La variété β est beaucoup plus finement ramifiée, & a ses cils moins durs.

XVIII.

1274. | **XVIII.** Lichen d'Islande. *Lichen Islandicus.* Linn. Sp. 1611.

> *Lichenoides rigidum, eryngii folia referens.* Dillen. 209, t. XXVIII, f. 111.
>
> *Lichen pulmonarius minor, angustifolius, &c.* Mich. 85, t. XLIV, f. 4.
>
> β. *Lichenoides eryngii folia referens, tenuioribus & crispioribus foliis.* Dillen. 212, tab. XXVIII, f. 112.

Ses ramifications sont dures, lisses en leur superficie, d'une couleur fauve ou d'un gris-roussâtre, un peu convexes en-dessus, concaves en-dessous, & bordées de cils très-fins; elles varient beaucoup dans leur forme & leur largeur. J'ai des individus qui ressemblent en quelque sorte aux cornes de daim, & d'autres tout-à-fait ramifiées en arbustes : les cupules terminent les rameaux. On trouve cette plante dans les lieux stériles & montueux, sur la terre : elle est un peu amère, astringente & anti-phtisique.

XIX. Lichen blanc. *Lichen candidus.*

> *Lichenoides lacunosum, candidum, glabrum, endiviæ crisp facie.* Dillen. 162, t. XXI, f. 56.
>
> *Lichen nivalis.* Linn. Sp. 1612.

Cette espèce forme un gazon très-garni, dense & diffus; ses expansions sont dures, rameuses, hautes d'un pouce o un peu plus, convexes d'un côté, concaves de l'autre foliacées, laciniées, ondulées & frisées vers leur sommet elles sont blanches dans leur partie supérieure, & d'un pourpr brun à leur base. On trouve cette plante dans les montagne du Dauphiné.

XX. Lichen ochreux. *Lichen ochrolecus.*

> *An Lichen convexo-concavus, lacunatus & glaber, rami crispatis, subluteis.* Hall. Hist. n°. 1977.

Ses ramifications sont nombreuses, élargies vers leu sommet, un peu concaves, ondulées, contournées, frisées d'un blanc-jaunâtre, & beaucoup plus molles que celles d l'espèce précédente ; on les observe quelquefois tout-à-fa jaunes & très-laciniées. Cette plante croît en Dauphiné, m'a été communiquée, ainsi que la précedente, par M. Fauja de Saint-Fond.

1274.

XXI. Lichen pulmonaire. *Lichen pulmonarius.* Linn. Sp. 1612.

> *Lichen arboreus, sive pulmonaria arborea.* Tournef. 549.
>
> *Lichenoïdes pulmoneum, reticulatum, vulgare, marginibus peltiferis.* Dillen. 212, tab. XXIX, f. 113.

Cette espèce forme des expansions fort amples, coriaces, laciniées, anguleuses, lisses en-dessus, réticulées, & remarquables par des excavations ou fossettes nombreuses & presque alvéolaires : leur surface postérieure est bosselée, & couverte d'un duvet court & farineux. On trouve cette plante dans les bois, sur le tronc des arbres ; elle est un peu amère, astringente, pectorale & dessicative.

XXII. Lichen à feuilles d'absinthe. *Lichen absinthifolius.*

> *Lichen Alpinus, cornua cervi referens, subtùs anthracinus, desuper cinereus, receptaculis florum amplioribus, intùs fuscis.* Mich. p. 76, ord. IV, tab. XXXVIII, f. 1.
>
> *Lichen furfuraceus.* Linn. Sp. 1612.

Ses expansions forment des espèces de feuilles longues de deux pouces ou davantage, très-ramifiées vers leur sommet, corniformes, molles, convexes, & d'un blanc grisâtre en-dessus, concaves en-dessous, d'une couleur noirâtre, & réticulées : leurs dernières ramifications sont étroites, courtes & bifides. On trouve cette plante sur les troncs d'arbres, dans les montagnes du Dauphiné.

XXIII. Lichen farineux. *Lichen farinaceus.* Linn. Sp. 1613.

> *Lichen cinereus, ramosus, verrucosus.* Vail. tab. XX, f. 13 & 14.
>
> *Lichenoïdes segmentis angustioribus, ad margines verrucosis & pulverulentis.* Dill. 172, tab. XXIII, f. 63.
>
> β. *Lichen cornua damæ referens, angustifolius.* Vail. tab. XX, f. 7.

Ses ramifications sont très-étroites, pointues, un peu applaties, blanches, lisses en leur surface, soit supérieure, soit postérieure, & redressées ou disposées en un faisceau diffus ; elles sont garnies en leur bord de petites cupules sessiles & farineuses. Cette plante est commune sur les troncs d'arbres.

1274.

XXIV. Lichen à gobelets. *Lichen calicaris.* Linn. Sp. 1613.

> *Lichen cinereus, latifolius, ramosus.* Tournef. 550. Vaill.
> t. XX, f. 6.

Cette espèce a beaucoup de rapport avec la précédente, mais ses ramifications sont un peu plus larges, & ont de chaque côté des excavations longitudinales : elles sont chargées en leur bord de quelques cupules légèrement pédiculées, farineuses, concaves, & qui ressemblent à de petits gobelets. On trouve cette plante sur les troncs d'arbres.

XXV. Lichen de frêne. *Lichen fraxineus.* Linn. Sp. 1614.

> *Lichen pulmonarius, cinereus, mollior, in amplas lacini.
> divisus.* Tournef. 549, tab. CCCXXV, f. a, b.

Ses expansions forment de grandes lanières fort longues, quelquefois larges d'un pouce, grisâtres, glabres, rudes, ridées, & couvertes de petites excavations & d'aspérités remarquables ; les cupules sont légèrement pédiculées, quelquefois fort amples, & d'une couleur pâle ou un peu roussâtr. On trouve cette plante sur les troncs d'arbres.

XXVI. Lichen de prunellier. *Lichen prunastri.* Linn. Sp. 161.

> *Lichen cinereus, vulgatissimus, cornua damæ referen.
> Vail. 115, tab. XX, fig. 11 & 12.

Ses expansions sont très-ramifiées, applaties, d'un gris légèrement verdâtre en-dessus, avec de petites fossettes, blanches, farineuses, & un peu concaves en-dessous. Cet. plante est très-commune sur les troncs d'arbres.

XXVII. Lichen froncé. *Lichen caperatus.* Linn. Sp. 1614.

> *Lichen pulmonarius, saxatilis, maximus.* Vail. Parif. 11.
> *Lichenoides caperatum, rosaceæ expansum, è sulfureo viren.
> Dill. 193, t. XXV, f. 97.

Ses expansions forment une rosette assez large, très-plane, d'un vert-pâle, un peu jaunâtre, ridée ou froncée en superficie, & arrondie, crénelée, & comme festonnée à sa circonférence ; cette rosette est d'une couleur noire en

1274.

deſſous : ſes cupules ſont grandes , ſeſſiles ; concaves &
rouſſâtres. On trouve cette plante ſur les pierres & au pied
des arbres.

XXVIII. Lichen glauque. *Lichen glaucus.* Linn. Sp. 1615.

Lichen pulmonarius , ſaxatilis , cinereus , minor , umbilicis
nigricantibus. Vail. tab. XXI , f. 12. Tournef. 549.

Cette eſpèce forme une roſette moins applatie que celle
de la précédente, foliacée, friſée , & d'un gris-bleuâtre ou
d'une couleur glauque ; ſes expanſions ou folioles ſont blanches
en leur bord , & noirâtres en-deſſous ; ſes cupules ſont
petites & médiocrement concaves. On trouve cette plante
ſur les troncs d'arbres.

XXIX. Lichen replié. *Lichen convolutus.*

An lichen criſpus , convolutus , fronde olivaceá , ſcrobiculoſá ,
marginibus polliniferis. Hall. Hiſt. n°. 2012.
An lichen reſupinatus. Linn. Sp. 1615.

Cette eſpèce eſt fort belle ; ſes expanſions ſont compoſées
de beaucoup de feuilles d'un vert-jaunâtre , laciniées , lobées ,
friſées & roulées en-deſſus ; leur ſurface inférieure eſt d'un
blanc-de-lait , & ſe trouve en grande partie à découvert ,
par l'eſpèce de roulement des feuilles , ce qui fait paroître
la plante panachée , d'une couleur d'olive & d'un beau blanc.
Je n'ai pas vu ſes cupules. J'ai trouvé cette plante ſur la
côte sèche qui eſt entre Celloville & Belbeuf, aux environs
de Rouen.

(E). *Extenſions coriaces.*

XXX. Lichen de terre. *Lichen terreſtris.*

Lichen pulmonarius , ſaxatilis , digitatus , major , cinereus.
Tournef. 549.
Lichen terreſtris , cinereus. Vail. tab. XXI , f. 16.
Lichen caninus. Linn. Sp. 1616.

Cette eſpèce rampe ſur la terre , & forme des expanſions
aſſez larges , planes , lobées , d'un gris-cendré en-deſſus ,

1274.

quelquefois un peu rouſſâtres, & garnies en leur bord, c
cupules ovales, unguiformes, & d'un rouge-brun; ſa ſurfa
inférieure eſt blanchâtre, réticulée, & ſouvent garnie c
radicules nombreuſes, qui la font paroître velue. On trouv
cette plante dans les bois, ſur la mouſſe & ſur la terre. O
la dit bonne contre la morſure des chiens enragés; mais cet
vertu n'eſt pas confirmée.

XXXI. Lichen ſafrané. *Lichen croceuſ.* Linn. Sp. 1616.

Lichenoides ſubtùs croceum, peltis appreſſis. Dill. 22
t. XXX, f. 120.

Cette eſpèce a beaucoup de rapport avec la précédent
ſes expanſions ſont rampantes, planes, inciſées, lobée
griſes ou verdâtres en-deſſus, veinées, & d'une belle coule
de ſafran en-deſſous : les cupules ſont orbiculaires, d'
rouge-brun, & diſpoſées comme des taches ſur la ſuperfic
de cette plante, ſans former de ſaillie remarquable. On
trouve dans les montagnes du Dauphiné.

XXXII. Lichen à pochettes. *Lichen ſaccatus.* Linn. Sp. 1616.

Lichenoides lichenis facie, peltis acetabulis immerſis. D
223, t. XXX, f. 121.

Cette eſpèce reſſemble un peu à la précédente, mais
expanſions ſont moins larges, plus coriaces, arrondie
lobées, & remarquables par des enfoncemens ſemblables
de petites poches éparſes ſur leur ſuperficie, au fond deſqu
ſont diſpoſées des cupules petites & noirâtres. On trou
cette plante en Dauphiné ſur les rochers.

XXXIII. Lichen puſtuleux. *Lichen puſtulatus.* Linn. Sp. 161

*Lichen cruſtæ modo ſaxis adnaſcens, verrucoſus, ciner
& veluti deuſtus.* Tournef. 559. Vail. tab. XX, f.

Cette plante forme une croûte plane, arrondie, lobé
d'une couleur griſâtre, couverte de puſtules en ſa ſuperfic
& remarquable en ſa partie poſtérieure par beaucoup de pe
enfoncemens qui la font paroître réticulée. On la trouve
les pierres.

1274.

XXXIV. Lichen brûlé. *Lichen deuſtus.* Linn. Sp. 1618.

Lichen pulmonarius, ſaxatilis, è cinereo fuſcus, minimus. Tournef. 549. Vaiï. tab. **XXI**, f. 14.

β. *Lichen miniatus.* Linn. Sp. 1617. Ex fide Cl. Guettard, p. 30, nº. 6.

Sa ſubſtance forme une croûte coriace, arrondie, lobée ou légèrement découpée en ſes bords, ponctuée, & d'un gris ſale en-deſſus : ſa ſurface inférieure eſt brune, rouſſâtre dans ſa partie moyenne, & boſſelée médiocrement ou chagrinée. On trouve cette plante ſur les rochers.

XXXV. Lichen polirife. *Lichen polyrhiſos.* Linn. Sp. 1618.

Lichenoides pullum ſupernè & glabrum, infernè nigrum & cirrhoſum. Dillen. 226, t. **XXX**, f. 130.

Cette eſpèce eſt très-remarquable & me paroît ſuffiſamment diſtinguée de la précédente ; ſa ſubſtance forme une croûte plus découpée, moins applatie, d'une couleur enfumée, & chargée de cupules légèrement pédiculées, petites & d'un beau noir : ſa partie poſtérieure eſt d'un brun-rougeâtre, nue dans ſon milieu, & hériſſée vers ſes bords de beaucoup de racines, courtes, roides, noires, & quelquefois rameuſes. On trouve cette plante en Dauphiné ſur les rochers : elle m'a été communiquée par M. Faujas de Saint-Fond.

(F) *Cupules en forme de vaſe ou d'entonnoir.*

XXXVI. Lichen coccifère. *Lichen cocciferus.* Linn. Sp. 1618.

Lichen pyxidatus, oris coccineis & tumentibus. Vaiï. 115, tab. **XXI**, f. 4 Tournef. 549.

Ses entonnoirs ſont droits, hauts de cinq à ſept lignes, griſâtres & chargés en leur bord de tubercules fongueux, d'un rouge-écarlate très-vif. On trouve cète plante ſur la terre, dans les landes & les bois.

1274.

XXXVII. Lichen pixide. *Lichen pyxidatus.* Linn. Sp. 1619.

> *Lichen pyxidatus major.* Tournef. 549. Vaill. t. XXI
> f. 8.
>
> β. *Lichen pyxidatus minor.* Tournef. Ibid. Vail. t. XXI, f. 6.
> *Lichen fimbriatus.* Linn. Sp. 1619.
>
> γ. *Lichen pyxidatus, major acetabulo fimbriato & tuberculoſo*
> Vaill. t. XXI, f. 11.

Ses entonnoirs ſont ſimples, griſâtres, entiers en leu
bord, & point chargés de tubercules ; ceux de la variété β
ont leur pédicule un peu grêle, cylindrique, blanchâtre, &
ſont crénelés ou denticulés en leur bord. La variété γ
ſes entonnoirs évaſés, frangés & chargés de tubercules bruns
On trouve cette plante ſur la terre dans les lieux ſtériles, ſur le
murs, & ſur le bord des allées des bois.

XXXVIII. Lichen. prolifère. *Lichen prolifer.*

> α. *Lichen pyxidatus, margine prolifero ; ſcabro.* Vaill. t. XXI
> f. 9.
> *Lichen pyxidatus, extùs prolifer.* Hall. Hiſt. n° 1926.
>
> β. *Lichen ſquamoſus, acetabulis denſè aggeſtis.* Vaill. t. XXI
> f. 10.
> *Lichen infundibulis proliferis, fuhgulis atrofuſcis.* Hall. Hiſt
> n°. 1928.
>
> γ. *Lichen pyxidatus, prolifer.* Vaill. t. XXI, f. 5.
> *Lichen infundibulis glabris, proliferis.* Hall. Hiſt. n°. 1923.

Cette eſpèce n'eſt point rameuſe comme la ſuivante, & ſ
diſtingue de celle qui précède, par ſes entonnoirs prolifères
c'eſt-à-dire, chargés d'autres entonnoirs ; elle offre pluſieu
variétés remarquables, & que l'on pourroit diſtinguer comm
des eſpèces. La première α, pouſſe ſur le bord de ſon enton
noir principal d'autres petits entonnoirs preſque cylindrique
très-grêles, peu évaſés, rougeâtres en leur bord & ſa
tubercules : la ſeconde β, a ſon entonnoir principal difform
& garni en ſes bords d'autres entonnoirs courts, nombreu
un peu ramaſſés & bordés de tubercules d'un brun-noirâtr
enfin, la troiſième γ, ſe diſtingue par ſes entonnoirs
naiſſent ſucceſſivement les uns du ſommet des autres, &
ont leur baſe élargie en ſoucoupe renverſée. On trouve ce
plante dans les lieux ſtériles & ſur le bord des bois.

1274.

XXXIX. Lichen diffus. *Lichen diffusus.*

Lichen pixidatus, endiviæ crispæ folio, prolifer, acetabulorum oris crispis. Tournef. 549. Vail. tab. XXI, f. 3.

Coralloides scyphiforme, foliis alcicorniformibus, cartilaginosis. Dillen. 87, t. XIV, f. 12.

Ses expansions font très-ramifiées, diffuses, dures, & garnies d'espèces de feuilles laciniées, frisées, d'un brun-olivâtre en-dessus, & fort blanches en-dessous. Ses entonnoirs font un peu applatis, foliacés & laciniés en leur bord. On trouve cette plante dans les lieux montagneux & pierreux.

XL. Lichen cylindrique. *Lichen cylindricus.*

Coralloides scyphiforme, elatius, caulibus gracilibus, glabris. Dill. 88, t. XIV, f. 13.

Lichen gracilis. Linn. Sp. 1619.

β. *Lichen pyxidatus, teres, acetabulis minoribus, repandis.* Tournef. 549.

Lichen deformis. Linn. Sp. 1620.

Ses expansions font cylindriques, fistuleuses, un peu rameuses, grêles, corniformes, hautes de deux ou trois pouces, & terminées, ou par une pointe, ou par une cupule peu évasée & prolifère. La variété β a ses expansions plus simples, moins grêles & terminées par des cupules dentées & tuberculeuses en leur bord. On trouve cette plante dans les lieux montagneux & les landes.

XLI. Lichen cornu. *Lichen cornutus.* Linn. Sp. 1620.

Coralloides non ramosa, tubulosa. Vaill. Paris. 42.

Cette espèce a presque la forme d'une clavaire ; sa tige ressemble à une corne haute d'un pouce ou un peu plus, souvent très-simple & pointue, quelquefois partagée en une couple de rameaux pareillement pointus, & d'une couleur cendrée, mêlées ou tachées de brun : ses cupules font petites, infundibuliformes & peu evasées. On trouve cette plante sur la terre, dans les landes.

1274.

XLII. Lichen des Rennes. *Lichen rangiferinus.* Linn. Sp. 1620.

Coralloides corniculis candidissimis. Tournef. 565.
Coralloides corniculis refescentibus. Ibid.

Ses expansions forment des espèces de tiges très-nombreuses, extrêmement rameuses, ramassées, cylindriques, creuses, tout-à-fait blanches, & hautes de deux à quatre pouces; leurs dernières ramifications sont courtes, très-menues, & souvent inclinées ou penchées. La variété β a ses dernières ramifications brunes ou roussâtres, très-petites, nombreuses, rapprochées entr'elles, & comme palmées. Cette plante est commune dans les bois & les landes; les Rennes en font leur principale nourriture.

XLIII. Lichen subulé. *Lichen subulatus.* Linn. Sp. 1621.

Coralloides cornua cervi referens, corniculis brevioribus (& longioribus). Tournef. 565. Vail. XXVI, f. 7.
β. *Coralloides cornua cervi referens, corniculis aduncis.* Vail. 42.
γ. *Coralloides cornua cervi referens, glabra (& aspera), corniculis tenuioribus, bifurcatis.* Vail. 42, t. VII, f. 7; & t. XXVI, f. 8.

Ses expansions forment des tiges grêles, droites, hautes d'un pouce & demi, d'un gris-brun à leur base, blanches à leur sommet & divisées en un petit nombre de rameaux peu ouverts; ces rameaux sont souvent simples, droits ou crochus, quelquefois fourchus, très-pointus & corniformes. On trouve cette espèce dans les mêmes lieux que la précédente.

XLIV. Lichen onciale. *Lichen unciale.* Linn. Sp. 1621.

Coralloides tubulosa; ramulis crassioribus. Vail. 42.

Cette espèce ne s'élève qu'à la hauteur d'un pouce, ses tiges sont creuses, & divisées en rameaux très-courts & pointus. On la trouve dans les landes & sur le bord des bois.

1274.

XLV. Lichen paschal. *Lichen paschalis.* Linn. Sp. 1621.

Lichen alpinus , ramosus , glaucus , botryoides. Mich. 78 , t. LIII , f. 7.

Cette plante est remarquable par ses ramifications abondamment chargées d'une espèce de croûte farineuse , qui les rend un peu denses , & les fait paroître comme fleuries ou couvertes d'une poudre d'un blanc cendré & presque glauque. On la trouve sur les montagnes de la Provence & du Dauphiné.

XLVI. Lichen roccelle. *Lichen roccella.* Linn. Sp. 1622.

(Orseille des Canaries).

Lichen græcus , polypoides , tinctorius , saxatilis. **Tournef.** cor. 40. Mich. gen. 77.
Coralloides corniculatum , fasciculare , tinctorium , fuci teretis facie. Dill. 120 , t. XVII , f. 39.

Ses ramifications sont hautes d'un à deux pouces , droites, cylindriques ou légèrement comprimées , non fistuleuses , pointues , corniformes , & chargées latéralement de cupules alternes , tuberculeuses , pulvérulentes & d'une couleur cendrée. On trouve cette plante en Provence dans les lieux maritimes, sur les rochers ; on en tire une teinture pupurine ou violette.

XLVII. Lichen à gazon. *Lichen cespitosus.*

Coralloides minimum , fragile , madreporæ instar nascens. Dillen. 101 , tab. XVI , f. 28.

Ses tiges sont droites , hautes d'un pouce & souvent moins, rameuses , fistuleuses , & ramassées en gazon épais , dur & extrêmement serré ; elles sont chargées par place , de petites croûtes foliacées , d'un gris-verdâtre & presque glauque : leurs rameaux sont courts , & leurs dernières ramifications sont très-petites , spinuliformes & roussâtres. On trouve cette plante dans les montagnes du Dauphiné.

1274.

(h) *Extensions filamenteuses, pendantes ou étalées ; cupules presque planes.*

XLVIII. Lichen entrelacé. *Lichen implexus.*

> *Usnea vulgaris, loris longis, implexis.* Dil. 56, t. II, f. 1
> *Muscus arboreus, usnea officinarum.* Bauh. pin. 361.
> *An lichen plicatus.* Linn. Sp. 1622. *Vide* Hall. Liche n°. 1971, Hift.

Ses tiges font longues, rameufes, filamenteufes, penché ou pendantes, entrelacées & grifâtres, fes cupules font plan & radiées ou bordées de cils. On trouve cette plante dan les bois, fur les branches des vieux arbres ; fon odeur e agréable, fur-tout lorfqu'elle croît fur les pins : on la d bonne contre l'hémorragie des narines.

XLIX. Lichen barbu. *Lichen barbatus.* Linn. Sp. 1622.

> *Usnea barbata, loris tenuibus, fibrofis.* Dill. 63, t. XI f. 6.

Cette plante eft compofée de fibres menues, cylindrique très-ramifiées, filamenteufes, molles, d'une couleur pâle, & quelquefois jaunâtres, fes ramifications font un peu ouverte On la trouve dans les bois, fur les arbres.

L. Lichen articulé. *Lichen articulatus.* Linn. Sp. 1623.

> *Muscus arboreus, nodofus.* Bauh. pin. 361.
> *Usnea capillacea & nodofa.* Dill. 60, t. XI, f. 4.

Cette plante a beaucoup de rapport avec la précédente & n'en eft peut-être qu'une variété, comme le pen M. Guettard ; elle eft remarquable par fes tiges articulées garnies de nœuds, & par fes ramifications tres-menues ponctuées. On la trouve fur les arbres.

LI. Lichen fleuri. *Lichen floridus.* Linn. Sp. 1624.

> *Lichen cinereus, vulgaris, capillaceo folio, minor.* Tourne 550.
> *Usnea vulgatiffima, tenuior & brevior, cum orbiculis.* Di mufc. 69, tab. XIII, f. 13.

Ses rameaux font longs de deux ou trois pouces, cyli driques, garnis de beaucoup de filamens fimples & prefq

1274. capillaires, & ne pendent pas comme ceux des trois espèces précédentes, mais sont redressés ou simplement épars ; les cupules sont des écussons assez grands, orbiculaires & radiés. On trouve cette plante sur les branches des vieux arbres, dans les bois.

LII. Lichen doré. *Lichen aureus.*

> *Usnea capillacea, citrina, fruticuli specie.* Dill. 73, tab. 13, f. 16.
> *Lichen vulpinus.* Linn. Sp. 1623.

Cette espèce est d'un jaune-verdâtre dans sa jeunesse, & devient par la suite d'un jaune-doré très-remarquable ; ses ramifications sont nombreuses, un peu applaties, couvertes de petites excavations, étroites, filamenteuses, très-divisées, la plupart redressées, & disposées en un paquet lâche ou en un faisceau diffus. On la trouve sur les arbres, & particulièrement sur les sapins.

LIII. Lichen jayet. *Lichen gagates.*

> *Coralloides corniculatum, fuci tenuioris facie.* Dill. 118, t. XVII, f. 37.
> *Lichen fruticosus, alpinus, minimus, nigerrimus.* Hall. enum. p. 70, t. II, f. 1.

Cette espèce est fort petite, un peu purpurine dans sa jeunesse, & devient ensuite d'un beau noir ; ses tiges sont longues de six lignes, tres-menues, rameuses ou plusieurs fois fourchues ; dures, lisses, noires, nombreuses, & disposées en un petit gazon ou en rosette dense ; ses cupules sont petites, très-noires, & planes ou légèrement convexes, mais point concaves. On trouve cette plante en Dauphiné, sur les rochers ; elle m'a été comuniquée par M. Faujas de Saint-Fond.

1275. ## Tremelle. *Tremella.*

Les Tremelles sont des plantes très-simples, composées d'une substance gelatineuse, étendue sous diverses formes, & dont la fructification n'est presque point sensible.

Efpeces.

1275.

I. Tremelle noftoc. *Tremella noftoc.* Linn. Sp. 1625.

> *Noftoc ciniftonum.* Vail. Parif. 144. Tournef. Parif. t. II,
> p. 463.
> *Noftoc.* Reaumur. act. 1722, p. 121.
> β. *Noftoc nigricans, arboribus innafcens.* Vaill. 144.

Subftance gélatineufe, d'un vert-pâle, prefque tranfpa-
rente, ondulée, pliffée, que l'on n'apperçoit qu'après la pluie,
& qui difparoît dans les temps fecs ; cette fubftance s'enfle
& s'étend lorfqu'elle eft imbibée d'eau, & s'affaiffe, fe
contracte & devient prefque invifible lorfqu'elle eft sèche.
M. de Haller regarde les globules que l'on obferve dans
fes plis, comme des efpèces de bourgeons & non comme
des femences. On trouve cette plante fur la terre dans les
prés, les allées des jardins & les bois : fa variété naît fur
les arbres.

II. Tremelle lichenoïde. *Tremella lichenoides.* Linn. Sp. 1625.

> *Lichen terreftris, minimus, fufcus.* Linn. Sp. 1625.

Cette efpèce eft un peu membraneufe, foliacée laciniée,
frifée, & d'un rouge-livide ou d'un bleu-noirâtre. On la
trouve fur la terre dans les lieux couverts & les bois.

III. Tremelle oreillette. *Tremella auricula.* Linn. Sp. 1625.

> *Agaricus auriculæ formâ.* Tournef. 562, Mich. t. LXVI,
> f. 1.
> *Peziza auricula.* Linn. Syft. p. 725.

Sa fubftance eft étendue en une membrane arrondie ou
elliptique, concave, ridée & remarquable par des plis qui
reffemblent en quelque forte à ceux de l'oreille humaine :
elle eft grifâtre & comme velue en-deffous. On trouve cette
plante fur le tronc des vieux arbres, & particulièrement fur
le fureau.

IV. Tremelle verruqueufe. *Tremella verrucofa.* Linn. Sp. 1625.

> *Tremella fluviatilis, gelatinofa & utriculofa.* Dill. 54, t. X,
> f. 16.
> β. *Tremella difformis.* Linn. Sp. 1626.

Sa fubftance eft veficuleufe, tuberculeufe, molle ou

1275. cassante ; lobée ; difforme & brune ; ou d'un vert-rousſâtre. On trouve cette eſpèce dans les ruiſſeaux, attachée ſur les pierres, ou flottante à la ſurface de l'eau, ſelon l'obſervation de M. Guettard.

V. Tremelle pourprée. *Tremella purpurea.* Linn. Sp. 1626.

Noſtoc granuloſus, cöccineus, arboribus innaſcens. Vaill. 144.

Cette eſpèce forme des tubercules globuleux, ſeſſiles, ſolitaires, glabres, d'une belle couleur pourpre, petits & reſſemblant à des grains. On la trouve ſur les rameaux ſecs des arbres & ſur leur tronc.

1276. ## Varec. *Fucus.*

Les Varecs ſont des plantes aquatiques, membraneuſes, coriaces, & dont la fructification n'eſt pas beaucoup plus connue que celle des tremelles. Ces plantes ont la plupart des véſicules aſſez remarquables, & qui ſervent, ſelon quelques auteurs, à les ſoutenir dans l'eau : ces véſicules, ſelon d'autres, ſont de différentes ſortes ; les unes ſont velues en-dedans, & paſſent pour des fleurs mâles ; les autres ſont remplies de matière gélatineuſe, & ont leur ſurface par-ſemée de points tuberculeux. On les regarde comme des fleurs femelles.

Les véſicules velues ne ſont, ſelon M. Guettard, que des houpes de poils, qu'il ne croit pas neceſſaires à la fructification de ces plantes.

Eſpèces.

I. Varec flottant. *Fucus natans.* Linn. Sp. 1628.

Fucus folliculaceus, ſerrato folio. Tournef. 568.

Sa tige eſt filiforme, très-rameuſe, & garnie de beaucoup de feuilles lancéolées, dentées & fort rapprochées les unes des autres, elle eſt chargée dans preſque toute ſa longueur de véſicules globuleuſes, pédunculées, & quelquefois ſur-montées par une petite pointe ou un filet court. Cette plante a été obſervée ſur les bords de la Méditerranée par M. Gouan.

1276.

II. Varec grenu. *Fucus acinarius.* Linn. Sp. 1628.

Fucus folliculaceus, linariæ folio. Tournef. 568.

Cette espèce ressemble beaucoup à la précédente; mais ses feuilles sont très-étroites, linéaires & entières en leur bord; ses vésicules sont des grains pédunculés & extrêmement petits. M. Gerard a observé cette plante sur le bord de la mer, en Provence.

III. Varec denté. *Fucus serratus.* Linn. Sp. 1626.

Fucus sive alga latifolia, major, dentata. Morif. Hist. 3, p. 648, sec. 15, tab. IX, f. 1.

Ses expansions forment des espèces de feuilles allongées, planes, rameuses ou fourchues, garnies d'une côte ou nervure longitudinale, dentées en leur bord, & chargées de tubercules vers leur sommet. Cette plante a été observée sur les côtes de l'Océan par M. Guettard.

IV. Varec vésiculeux. *Fucus vesiculosus.* Linn. Sp. 1626.

Fucus maritimus vel quercus maritima, vesiculas habens. Tournef. 566.

Ses expansions forment des espèces de feuilles allongées ondulées, découpées en plusieurs lanières non dentées en leur bord, & chargées de vésicules vers leur sommet. Cette espèce est commune sur les bords de la mer.

V. Varec céranoïde. *Fucus ceranoides.* Linn. Sp. 1626.

Fucus humilis, dichotomus, ceranoides, latioribus foliis plurimùm verrucosis. Tournef. 567. Morif. h. 3, p. 646, f. 15, t. VIII, f. 13.

β. *Fucus lacerus.* Linn. Sp. 1627.

Ses expansions forment des espèces de feuilles moins longues que celles des deux espèces précédentes, planes, dichotomes, entières en leur bord, laciniées, & vésiculeuses à leur sommet; ces feuilles vont en s'élargissant vers leur extrémité qui est comme tronquée & frangée ou bifide. Cette plante a été observée en Provence sur les bords de la mer par M. Gerard.

1276.

VI. Varec découpé. *Fucus excisus.* Linn. Sp. 1627.

Fucus dichotomus, membranaceus, ex viridi flavescens, ceranoides, angulos rotundiusculos efformans. Morif. h. 3, p. 646, f. 15, t. VIII, f. 11.

Fucus canaliculatus. Linn. Syst. Nat. p. 716.

Cette espèce est petite ; ses expansions sont planes, linéaires, découpées & ramifiées vers leur sommet, concaves ou canaliculées d'un côté, & un peu convexes de l'autre. M. Guettard a observé cette plante du côté des Sables d'Olonne.

VII. Varec noueux. *Fucus nodosus.* Linn. Sp. 1628.

Fucus maritimus, nodosus. Tournef. 566.

Ses expansions sont longues, étroites, planes, un peu ramifiées & garnies d'espace en espace, de vésicules ovales, qui naissent de la dilatation de leur substance, & qui les font paroître noueuses. On trouve cette plante sur les bords de la mer.

VIII. Varec siliqueux. *Fucus siliquosus.* Linn. Sp. 1629.

Fucus marinus, alter, tuberculis paucissimis. Tournef. 566.

Ses expansions sont longues, menues & beaucoup plus ramifiées que celles de l'espèce précédente ; les vésicules sont oblongues, & naissent vers le sommet des ramifications. M. Guettard a trouvé cette plante aux environs des Sables d'Olonne.

IX. Varec à feuilles d'auronne. *Fucus abrotanifolius.*

Corallina abrotanifolio. Tournef. 571.

Fucus selaginoides. Linn. mant. 134.

Sa tige est filiforme, longue de six pouces, tortueuse & très-ramifiée dans sa partie supérieure ; ses ramifications sont très-menues, courtes, en alène, & vésiculaires à leur base. Cette plante a été observée en Provence, sur le bord de la mer, par M. Gérard.

X.

1276.

X. Varec filiforme. *Fucus filiformis.*

Alga nigra, capillaceo folio. Tournef. 569.
Fucus filum. Linn. Sp. 1631.

Ses expanſions ſont longues de pluſieurs pieds, cylin
driques, filiformes, ſimples, un peu fermes ou caſſantes
& reſſemblent à de longues cordes tres-menues ; elles de
viennent noirâtres en ſe ſéchant. On trouve cette plante ſu
le bord de la mer.

XI. Varec palmé. *Fucus palmatus.* Linn. Sp. 1630.

Fucus foliaceus, humilis, palmam humanam referens. Tourne
566. Moriſ. h. 3, p. 646, f. 15, t. VIII, f. 1.

Ses expanſions ſont planes, palmées & diviſées en pluſieu
lanières plus ou moins larges, qui reſſemblent à des digitatio
Cette eſpèce a été obſervée ſur le bord de la mér en Languedo
par M. Gouan.

XII. Varec digité. *Fucus digitatus.* Linn. mant. 134.

Fuſcus arboreus, polyſchides edulis. Tournef. 756.

Cette eſpèce eſt fort grande, ſa tige eſt longue, cylindriqu
aſſez épaiſſe & s'épanouit en pluſieurs digitations ou folio
enſiformes. On trouve cette plante ſur le bord de la mer.

XIII. Varec cartilagineux. *Fucus cartilagineus.* Linn. Sp. 16

Muſcus maritimus, tenuiſſimè diſſectus, ruber. Bauh.
363.
An corallina rubens, millefolii ferè diviſura. Tournef.

Cette plante a un port très-élégant ; ſa tige ſe diviſe
beaucoup de ramifications étroites, comprimées, multifi
& rougeâtres : elle a été obſervée par M. Guettard, ſur
côtes du bas Poitou, & ſur celles des environs de Cae

XIV. Varec capillacé. *Fucus capillaceus.*

Corallina rubens, valdè ramoſa, capillacea. Tournef.
Fucus confervoides. Linn. Sp. 1629.

Cette eſpèce forme de petits buiſſons d'un aſpect charma

Tome I. X

1276. ſes tiges ſont menues, extrêmement rameuſes, longues de trois à ſept pouces, d'un rouge plus ou moins foncé, étalées & ont leurs dernières ramifications très-fines, courtes & capillaires : les véſicules ſont des tubercules très-petits, épars & d'un rouge-brun. On trouve cette plante ſur les bords de la mer.

1277.

Ulve. *Ulva.*

Les ulves ſont des plantes aquatiques très-ſimples, compoſées d'extenſions membraneuſes & tranſparentes, & ont beaucoup de rapport avec les varecs.

Eſpèces.

I. Ulve plume de paon. *Ulva pavonia.* Linn. Syſt. nat. 719.

> *Fucus maritimus, gallo-pavonis pennas referens.* Tournef. 568.

Ses expanſions ſont planes, arrondies-réniformes, panachées de diverſes couleurs & garnies de ſtries, les unes longitudinales, & les autres diſpoſées en travers. On trouve cette plante ſur les bords de la mer, attachée ſur les pierres & les coquillages.

II. Ulve umbicale. *Ulva umbilicalis.* Linn. Sp. 1633.

> *Tremella marina, umbilicata.* Dill. 45, t. VIII, f. 3.

Cette eſpèce forme une expanſion orbiculaire, plane ou légèrement concave, ſinuée, un peu coriace, gluante, & remarquable par des ondulations ou des plis qui partent de ſon centre en manière de rayons. On la trouve ſur le bord de la mer.

III. Ulve inteſtinale. *Ulva inteſtinalis.* Linn. Sp. 1632.

> *Tremella marina, tubuloſa, inteſtinorum figurâ.* Dill. 47, t. IX, f. 7.
>
> *Fucus tubuloſus, inteſtinorum formâ.* Tournef. 568.

Cette plante eſt formée par une membrane concave, tubulée, alongée, ridée, boſſelée ou pliſſée, d'un vert-pâle, & reſſemble en quelque ſorte à un inteſtin. On la trouve ſur le bord de la mer & dans les ruiſſeaux.

1277. IV. Ulve large. *Ulva latissima.* Linn. Sp. 1632.

Fucus longissimo, latissimo, tenuique folio. Tournef. 56

Cette espèce est formée par une membrane verte, minc
plane, ondulée, longue souvent de plus d'un pied, & lar
de quatre à six pouces. On la trouve sur le bord de la me

V. Ulve laitue. *Ulva lactuca.* Linn. Sp. 1632.

Fucus lactuca folio. Tournef. 568.

Ses expansions forment des espèces de feuilles assez nom
breuses, ramassées, minces, larges, membraneuses, d'
vert-pâle, luisantes, ondulées, & sinuées ou laciniées à le
sommet. On trouve cette plante sur le bord de la mer, attach
sur les rochers.

VI. Ulve chicoracée. *Ulva intybacea.*

Fucus sive alga intybacea. Tournef. 568.
Ulva linza. Linn. Sp. 1635.

Ses expansions forment des espèces de feuilles mince
alongées, très-ondulées, & ridées ou bosselées. On trou
cette plante dans la mer & les étangs.

1278. Conferve. *Conferva.*

Les conferves sont des plantes aquatiques, composé
d'extensions filamenteuses, capillaires, assez longues & simple
ou articulées, ou rétiformes, ou enfin rameuses.

Espèces.

I. Conferve des ruisseaux. *Conferva rivularis.* Linn. Sp. 16

Alga viridis, capillaceo folio. Tournef. 569.

Ses filamens sont fort longs, très-simples, aussi men
que des cheveux, cylindriques, lisses & de couleur ver
Cette plante est commune dans les ruisseaux, les mares
les fossés aquatiques. On la dit bonne dans les contusio
& les fractures.

1278. II. Conferve bulleufe. *Conferva bullofa.* Linn. Sp. 1634.

Conferva paluftris, bombycina. Dillen. 18, t. III, f. 11.

Ses filamens font très-fins, rameux, & souvent entrelacés de manière qu'ils forment des flocons semblables à de la houatte, & dans lesquels s'arrêtent communément les bulles d'air qui s'élèvent du fond de l'eau. On trouve cette plante dans les mares & les étangs.

III. Conferve des rives. *Conferva littoralis.* Linn. Sp. 1634.

Conferva marina, capillacea, longa, ramofiſſima. Dill. 23, t. IV, f. 19.

Ses filamens font très-rameux, alongés & un peu rudes au toucher. On trouve cette plante fur les bords de la mer, attachée communément fur les rochers.

IV. Conferve réticulée. *Conferva reticulata.* Linn. Sp. 1635.

Conferva reticulata. Dill. 20, t. IV, f. 14. Raj. 4, app. 1852.

Ses filamens font très-fins, & difpofés en lames réticulaires, prefque femblables à de la toile d'araignée, vertes, & fouvent flottantes fur l'eau. On trouve cette plante dans les mares & fur le bord des ruiffeaux.

V. Conferve gélatineufe. *Conferva gelatinofa.* Linn. Sp. 1635.

Corallina pinguis, ramofa, viridis. Vail. 40, t. VII, f. 6.
Conferva fontana, nodofa, fpermatis ranarum inſtar lubrica, major & fufca. Dill. 36, t. VII, f. 42, *etiam,* n°. 43, 44, 45.

Ses filamens font rameux, & garnis dans toute leur longueur de globules gélatineux, verdâtres ou rougeâtres, fort rapprochés les uns des autres, & qui paroiſſent enfilés comme les grains d'un collier. On trouve cette plante dans les ruiffeaux & les fontaines.

1278.

VI. Conferve pelotonnée. *Conferva glomerata.* Linn. Sp. 163

Conferva minor, ramofa. Vail. Parif. 40.

Ses filamens font articulés, longs & très-rameux ; le
dernières ramifications font courtes, nombreufes & com
ramaffées par paquets. On trouve cette plante dans
ruiffeaux & les foffés aquatiques.

VII. Conferve grillée. *Conferva cancellata.* Linn. Sp. 1635

Conferva marina, cancellata. Dill. 24, t. IV, f. 22.

Ses filamens font rameux, & garnis dans toute leur longue
de filets très-courts, fafciculés & recourbés en-dedans,
manière qu'ils laiffent un jour entr'eux & leur, tige ou le
filet commun. On trouve cette plante fur les bords dé
mer.

VIII. Conferve à balais. *Conferva fcoparia.* Linn. Sp. 163

Conferva marina, pennata. Dill. 24, t. IV, f. 23.
Fucus fcoparia, pennachio marinus. Bauh. pin. 366.

Ses filamens font rameux, & chargés de diftance en d
tance, de filets plumeux & difpofés par faifceaux. Cette efpe
& la précédente, ont été obfervées par M. Guettard,
les côtes du bas Poitou.

IX. Conferve noueufe. *Conferva nodofa.*

Conferva fluviatilis, nodofa, fucum æmulans. Dill. 39, t. V
f. 48.
Corallina fluviatilis, non ramofa. Vail. 40, t. IV, f. 5
β. *Conferva fluviatilis.* Linn. Sp. 1635.

Ses filamens font fimples, longs de fix pouces, articu
dans toute leur longueur, d'un vert-pâle ou jaunâtre, caffa
& naiffent, en forme de faifceau, fur une petite plaque
leur tient lieu de racine ; leurs articulations reffemblent, fe
Vaillant, à des bobines enfilées, ou à des phalanges creuf
par les deux bouts. On trouve cette plante dans les rivière
attachée fur les pierres, au fond des eaux.

Byſſe. *Byſſus.*

1279.

Les byſſes ont beaucoup de rapport avec les conſerves ; mais ne ſont pas compoſés de filamens auſſi longs, & ne viennent pas communément dans l'eau. Ces plantes forment un duvet, ou quelquefois une eſpèce de tiſſu poudreux, ordinairement coloré.

Eſpèces.

* *Duvet filamenteux.*

I. Byſſe fleur d'eau. *Biſſus flos aquæ.* Linn. Sp. 1637.

> *Byſſus latiſſima, papiri inſtar ſuper aquam expanſa.* Dillen. p. 2.

Ses filamens ſont courts, plumeux, extrêmement fins, & forment ſur la ſurface de l'eau, une eſpèce de croûte très-molle & verdâtre. On trouve cette plante dans les eaux tranquilles.

II. Byſſe velouté. *Byſſus velutina.* Linn. Sp. 1638.

> *Byſſus tenerrima, viridis, velutum referens.* Dill. t. I, f. 14.

On trouve cette eſpèce ſur la terre & ſur les pierres, où elle forme un duvet très-fin, ſoyeux, court & de couleur verte ; ſes filamens ſont rameux.

III. Byſſe doré. *Byſſus aurea.* Linn. Sp. 1638.

> *Byſſus petræa, crocea, glomerulis lanuginoſis.* Dill. 8, t. I, f. 16.

Cette plante forme des glomérules, ou eſpèces de couſſinets laineux, convexes, ramaſſés & d'un jaune-rouſſâtre ou un peu rougeâtre. On la trouve ſur les murs & ſur les pierres.

IV. Byſſe des caves. *Byſſus cryptarum.*

> *Byſſus latiſſima, ſpeluncis & cellis vinariis innaſcens, feltrum vel pannum laneum ſimulans, &c.* Mich. gen. 211, n°. 10, t. LXXXIX, f. 9.

Cette eſpèce forme un tiſſu très-mou, épais de deux ou trois lignes, fort large, léger, blanchâtre dans ſa jeuneſſe, & qui acquiert une couleur brune en vieilliſſant ; ce tiſſu reſſemble en quelque ſorte à un morceau de drap ou de panne, ou à une pièce d'amadou. On la trouve dans les caves, ſur les tonneaux, ou ſur leur chantier.

** *Tissu presque poudreux.*

V. Bysse odorant. *Byssus odorata.*

> *Byssus germanica, minima, saxatilis, aurea, violæ mart*
> *odorem spirans.* Mich. 210, t. LXXXIX, f. 3.
> *Byssus jolithus.* Linn. Sp. 1638.

Cette plante forme une croûte large, presque poudreuse
très-rouge dans sa jeunesse, & qui devient d'un couleur pâ
ou jaunâtre, à mesure qu'elle vieillit & qu'elle se sèche ; el
a une odeur de violette ou d'iris assez remarquable. On
trouve sur les pierres.

VI. Bysse bleu. *Byssus cærulea.*

Cette espèce forme une croûte mince, large, presque po
dreuse ou finement veloutée, & d'un bleu admirable, tira
sur la couleur de l'indigo, elle devient un peu grisâtre en
séchant ; elle m'a été communiquée par M. de Beauvois, q
l'a trouvée dans une remise, sur des planches à demi-pourries.

VII. Bysse jaune. *Byssus flava.*

> *Byssus pulverulenta, flava, lignis adnascens.* Dill. 3, t. I, f.
> *Byssus candelaris.* Linn. Sp. 1639.

Cette plante forme une croûte veloutée, d'un jaune-rou
sâtre dans sa partie moyenne, & d'un blanc ochreux ou d'u
jaune-pâle en ses bords. On la trouve sur le bois des bâ
timens, exposée au vent & à la pluie.

VIII. Bysse pourpre. *Byssus purpurea.*

> *Byssus pulverulenta, violacea, lignis adnascens.* Raj. syn. 5
> n°. 3.

Cette espèce forme une croûte poudreuse très-étendue,
d'un pourpre foncé, noirâtre ou un peu violet. On la trou
au bas des murailles humides & sur le bois à demi-pourri

IX. Bysse vert. *Byssus viridis.*

> *Byssus botryoides, saturatè virens.* Raj. syn. 56, Dill.
> t. 1, f. 5.
> *Byssus botryoides.* Linn. Sp. 1639.

Cette espèce est très-commune, & ressemble à une pou

1279. verte , répandue fur l'écorce des arbres , fur les pierres &
fur la terre dans les lieux obfcurs & un peu humides.

X. Byffe lactée. *Byffus lactea.* Linn. Sp. 1639.

Byffus candidiffima , calcis inftar mufcos veftiens. Dill. 2 ,
t. 1, f. 2.

J'ai trouvé cette efpèce fur des pieds du bry-à-balais ; elle
formoit fur leur tige une croûte fpongieufe & de couleur
blanche ; elle vient auffi fur l'écorce des arbres.

1280. *Champignons.*

Les champignons font des plantes en apparence très-imparfaites , & dénuées de la plupart des organes qu'on obferve dans
prefque toutes les autres ; leur fubftance eft communément ramaffée ou élevée , rarement rampante , molle dans le plus grand
nombre , & fpongieufe ou poreufe , ou lamellée , ou enfin
quelquefois filamenteufe ; ces plantes végètent & croiffent
fouvent avec une promptitude étonnante , mais toutes celles
qui font dans ce cas , durent peu & fe pourriffent de bonne
heure. On prend pour leur femence , une pouffière qu'on remarque affez ordinairement , foit éparfe fur leur fuperficie ,
foit contenue dans leur fubftance

Genres felon M. Linné.

Champignons ayant un cha-
peau ou une efpèce de
chapiteau , foit feffile ,
foit pédiculé.

Agaric. *Chapeau doublé de lames.*
1281

Bolet. *Chapeau doublé de pores*
ou *tuyaux.* 1282

Hydne. *Chapeau doublé de pointes ,*
ou *hériffé en-deffous.* 1283

Morille. *Chapeau liffe en-deffous*
& *crevaffé en-deffus.* 1284

1280.

Champignons n'ayant point de chapeau remarquable. {

Clathre. *Expansion fongueuse, arrondie, ou oblongue & grillée.* 1285

Helvelle. *Expansion fongueuse turbinée.* 1286

Pesise. *Expansion fongueuse, campanulée, ou en creuset.* 1287

Clavaire. *Expansion fongueuse, lisse & alongée.* 1288

Vesse-loup. *Expansion fongueuse, arrondie & pleine de poussière.* 1289

Moisissures. *Vésicules pédiculées.* 1290

1281.

Agaric. *Agaricus.*

Les agarics sont la plupart connus vulgairement sous le nom de champignon ; leur chapeau est horizontal, pédiculé dans le plus grand nombre, & garnis en-dessous de feuillets ou de lames qui vont du centre à la circonférence.

Espèces.

* *Pédicule nu, assez épais, & dont la longueur n'égale pas deux fois le diamètre du chapeau.*

I. Agaric poivré. *Agaricus piperatus.* Linn. Sp. 1641.

Fungus albus, acris. Bauh. pin. 371. Schœff. t. LXXXIII.
Fungus piperatus, albus, lacteo succo turgens. Tournef. 558
Fungus lacteus, maximus, infundibuliformâ. Vaill. 61.

Il est assez blanc dans sa jeunesse, & acquiert en se développant une couleur un peu sale ou roussâtre ; son chapeau est large, plane ou un peu enfoncé dans son centre, & porté sur un pédicule court & épais : son suc est laiteux & fort âcre. On le trouve sur le bord des bois & dans les pâturages.

1281.

II. Agaric laiteux. *Agaricus lactifluus.* Linn. Sp. 1641.

Fungus pileolo lato, puniceo, lacteum & dulcens succum fundens. Tournef. 558.
Agaricus quintus. Schœff. t. V.

Son chapeau est d'un rouge-brun, convexe ou applati, & large de deux à quatre pouces ; ses lames sont blanches dans leur jeunesse, & acquièrent ensuite une couleur roussâtre : le pédicule est épais, plein, & d'un roux-brun à sa base. On trouve cette espèce dans les bois ; son suc est doux & laiteux.

III. Agaric bronzé. *Agaricus œrugineus.*

Fungus lactescens, piperatus, rufus. Vail. Parif. 61, n°. 10.

Son chapeau est large d'un ou deux pouces, plane ou un peu enfoncé dans son milieu, & d'un roux-verdâtre, tirant sur la couleur du bronze ; ses lames sont blanches, & son pédicule est presque plein & bronzé, ou un peu verdâtre comme le chapeau : son suc est laiteux & légèrement âcre. J'ai observé cette espèce sur le bord des bois, dans les environs de Rouen.

IV. Agaric rougissant. *Agaricus rubescens.*

Fungus lactescens, prægnantissimus. Vail. 61, n°. 9.
Agaricus deliciosus. Linn. Sp. 1641. Schœff. t. XI.

Son chapeau est large, enfoncé dans son milieu, un peu roulé en-dessous en ses bords, légèrement tané en sa superficie, & d'une couleur de bois ou d'un roux-pâle ; ses lames sont roussâtres, & son pédicule est court, ferme & épais. Cette espèce est remarquable par sa substance qui rougit lorsqu'on la coupe, & répand un suc laiteux, rougeâtre & piquant. On la trouve dans les lieux couverts & montagneux.

V. Agaric des bois. *Agaricus sylvaticus.*

Fungus piperatus, non lactescens. Vail. 62.
Fungus piperatus, non lactescens, coloris brasilici. Vail. 65.
Agaricus. Schœff. t. XV, XVI, LVIII, LXXV, XCII, XCIII, CCXIV.
Agaricus integer. Linn. Sp. 1640.

Son chapeau est convexe, un peu applati, quelquefois

1281.

légèrement enfoncé dans son milieu, large de trois ou quatre pouces, & d'une couleur qui varie du rouge-brun à l'incarnat ou au rose-pâle : les lames dont il est doublé sont blanches & presque toutes d'égale longueur ; son pédicule est blanc, court & épais : il est commun dans les bois.

VI. Agaric châtain. *Agaricus fuscus.*

Fungus latè fusco colore. Vail. 64, n°. 22.
Fungus latè fusco colore, pediculo breviore. Vail. ibid. n°. 23.
Agaricus. Schœff. t. XIV & LXIV.

Son chapeau est d'un gris-roussâtre, terreux ou d'une couleur fauve, convexe, un peu élevé en mamelon dans son milieu & drapé ; les lames sont grisâtres ou d'un blanc-livide : le pédicule est plein, d'un blanc-cendré, cylindrique & un peu long. On le trouve dans les lieux incultes.

VII. Agaric paillet. *Agaricus stramineus.*

Fungus pileolo straminei coloris. Vail. 63, n°. 16.
Agaricus. Schœff. t. L. *An agaricus quinque partitus.* Linn.

Son chapeau est large d'un pouce & demi, d'un gris-blanc satiné, de couleur de paille ou roussâtre dans son milieu, & se fend communément en plusieurs parties lorsqu'il est tout-à-fait ouvert, les lames sont blanchâtres, & le pédicule est plein, assez court & de la couleur du chapeau. Il est commun sur les pelouses & le long des bois.

VIII. Agaric violet. *Agaricus violaceus.* Linn. Sp. 1641.

Fungus major, violaceus. Vail. 67, n°. 45. Schœff. t. III.
β. *Agaricus.* Schœff. t. XXXIV.
Fungus magnus, albus, pileolo lato, pronâ parte, sordidè cæruleo. Vail. 67.

Son chapeau est large de trois à cinq pouces, convexe & d'un violet sale, brun ou roussâtre, ou quelquefois grisâtre ; les lames sont d'un beau violet dans leur jeunesse : le pédicule est plein, épais, bulbeux à sa base & assez court. Cette espèce est commune dans les lieux incultes & couverts.

281.

IX. Agaric infundibuliforme. *Agaricus infundibuliformis.*

Fungus albidus , infundibuliformâ , paluſtris. Vail. 62.
An amanita albus , oris repandis & laceris. Hall. Hiſt.
n°. 2340.

Son chapeau eſt mince, un peu creuſé en entonnoir, d'un blanc-ſale, & ſouvent découpé en ſes bords; les lames & le pédicule ſont de la couleur du chapeau : le pédicule eſt plein, & n'a qu'un ou deux pouces de longueur.

X. Agaric à zones. *Agaricus zonarius.*

Fungus lignoſus , faſciatus. Vail. 61. t. XII , f. 7.
Agaricus. Schœf. t. CCXXXV.

Son chapeau eſt plane, un peu enfoncé dans ſon milieu, roulé en-deſſous en ſes bords, roux en ſa ſuperficie, & remarquable par des cercles concentriques, blanchâtres ou d'une couleur pâle; les lames ſont blanches, le pédicule eſt court, plein & épais, & ſon ſuc eſt laiteux & fort âcre.

Obs. Je ne connois pas de raiſon pour ranger cette plante parmi les *boletus*, comme le font MM. Linné, Gerard & Dalibard.

XI. Agaric chanterelle. *Agaricus cantharellus.* Linn. Sp. 1639.

Fungus anguloſus & veluti in lacinias diſſectus. Vail. 60, t. XI, f. 14, 15.
Fungus pileolo per maturitatem inſtar agarici laciniato. Vail. ibid. tab. XI, f. 11, 12, 13.
Fungus minimus , flaveſcens , infundibuliformâ. Ibid. t. IX, X,

Cette eſpèce eſt aſſez petite, & d'un roux-pâle; ſon chapeau ſe relève à meſure qu'il ſe développe, & forme preſque l'entonnoir : ſes bords, dans cet état, ſont ſouvent découpés, lobés & contournés; ſes lames ſont étroites, lâches, rameuſes, & reſſemblent à des nervures. On la trouve dans les prés montagneux & les bois.

1281. | XII. Agaric blanchâtre. *Agaricus albellus.* Schœff. tab. LXXVIII.

Fungus pileolo rotundiori, mouceron dictus. Tournef. 557.
Amanita albus, siccus, cute coriaceâ. Hall. Hist. n°. 2344.

Son chapeau est convexe, globuleux dans sa jeunesse, & blanchâtre, ainsi que ses lames & son pédicule ; sa substance est ferme, & sa peau coriace. On le trouve au printemps dans les lieux montagneux & incultes ; il est très-employé dans la cuisine.

XIII. Agaric conique. *Agaricus conicus.* Schœff. t. XI.

Fungus aurantii coloris, capitulo in conum abeunte. Tournef. 559.
Fungus aureus, capitulo in conum abeunte. Vail. 67, n° 49.
β. *Fungus glutinosus, colore aurantio.* Vail. 72, t. XII, f. 8, 9

Son chapeau est conique, lisse, visqueux, d'un jaune orangé, & presque pourpre à son sommet, sur-tout dans sa jeunesse ; les lames sont couleur de soufre : le pédicule est long de deux pouces, un peu fistuleux & jaunâtre. Il est commun sur les pelouses & les prés secs, en automne.

XIV. Agaric écarlate. *Agaricus coccineus.* Schœff. t. CCCIL.

Fungus parvus, coccineus. Vail. 66, n° 38.

Cette espèce ressemble assez à la précédente, mais elle est beaucoup plus petite ; & d'un rouge plus vif & plus abondant en toutes ses parties. On la trouve dans les mêmes lieux.

XV. Agaric visqueux. *Agaricus viscosus.* Schœff. t. XXXI, & CCLVI.

Fungus capite expanso, viscosus. Vail. 70, n°. 60.
An amanita albus, viscidus, laminis tenuissimis. Hall. Hist. n°. 2341.
β. *Fungus mediæ magnitudinis, totus, albus.* Vail. 63, n°. 17.

Son chapeau est blanc-sale, couvert de viscosités, convexe dans sa jeunesse, s'étend par la suite, & devient presque plan ; les lames sont blanches, & le pédicule est plein, ferme,

1281.

peu grêle, & long de deux ou trois pouces. On le trouve dans les bois. La variété β est d'un blanc-de-lait en toutes ses parties ; elle est très-pernicieuse.

XVI. Agaric livide. *Agaricus lividus.*

Fungus cono primùm obtuso, postea plano, pileolo & pediculo glutine obducto. Vail. 70 , n°. 61. Schœff. t. CCCI.

Son chapeau est large de six à neuf lignes, visqueux, d'un jaune-rougeâtre mêlé de vert, conique dans sa jeunesse, & applati dans son entier développement ; les lames sont d'abord blanches, & verdissent ou jaunissent par la suite : le pédicule est un peu fistuleux, & vert dans le voisinage de son insertion. On le trouve dans les pâturages secs & montagneux.

** *Pédicule nu, un peu grêle, & dont la longueur égale au moins deux fois le diamètre du chapeau.*

XVII. Agaric cendré. *Agaricus cinereus.*

Fungus multiplex, ovatus, cinereus. Vaill. 73 , t. XII, f. 10 , 11.
Agaricus. Schœff. t. LXXVII, LXXVIII. *An agaricus separatus.* Linn.

Ses pédicules sont cylindriques, fistuleux, longs de trois à cinq pouces, & naissent plusieurs ensemble ; les chapeaux sont ovales, campanulés, longs de deux ou trois pouces, striés, d'une couleur cendrée, & un peu roussâtres à leur sommet : les lames sont grisâtres dans leur jeunesse, noircissent par degrés, & se fondent en eau noirâtre. On trouve cette espèce au pied des arbres ; elle dure très-peu de temps.

XVIII. Agaric roussâtre. *Agaricus rufescens.*

Fungus multiplex, ovatus, cinereus minor. Vaill. 72.
Agaricus truncorum. Scop. carn. n°. 1482. Schœff. t. VI & XVII.

Cette espèce ressemble fort à la précédente, mais elle est beaucoup plus petite ; les pédicules naissent un grand nombre ensemble, & portent chacun un chapeau ovale, campanulé,

1281.

rouſſâtre dans ſa partie ſupérieure, ſtrié & poudreux : les lames noirciſſent en peu de temps, & ſe fondent en une liqueur noire qui tache les mains. On la trouve au pied des arbres.

XIX. Agaric pliſſé. *Agaricus plicatus.*

> *Fungus multiplex, ſordidè carneus.* Vaill. 68, n°. 36.
> *Agaricus.* Schœff. t. XIII.

Il eſt dans toutes ſes parties d'un pourpre-pâle ou d'un violet-ſale & rouſſâtre ; les pédicules ſont longs, liſſes, un peu fermes, ſouvent courbés, preſque pleins, & naiſſent communément pluſieurs enſemble : leur chapeau eſt aſſez petit, convexe, difforme, & comme pliſſé en ſes bords. On le trouve dans les bois & les lieux montagneux.

XX. Agaric marron. *Agaricus caſtaneus.*

> *Fungus multiplex, campaniformis, colore caſtaneo.* Vaill. 73. t. XII, f. 3.
> *Agaricus galericulatus.* Scop. carn. n°. 1564. Schœff. t. LII, f. 1.

Les pédicules naiſſent pluſieurs enſemble, & portent des chapeaux campanulés-coniques, d'un rouge-brun, & doublés de lames blanchâtres. On le trouve ſur le bois pourri ; il n'a qu'un pouce & demi de hauteur.

XXI. Agaric bouclier. *Agaricus clypeatus.* Linn. Sp. 1642.

> *Fungus clypeatus, in medio protuberans.* Vaill. 68, n°. 53.
> *Agaricus.* Schœff. t. LII, f. 7, 8, 9.

Son pédicule eſt grêle, long de deux ou trois pouces, & porte un chapeau conique dans ſa jeuneſſe, qui s'étend enſuite, & forme un bouclier garni dans ſon centre d'une éminence en manière de mamelon ; ce chapeau eſt d'un gris-rouſſâtre ſtrié à ſa circonférence & légèrement viſqueux, ſes lames ſont blanches. On le trouve dans les bois & les prés.

1281.

XXII. Agaric jaunâtre. *Agaricus flavidus.* Schœff. t. XXXV.

Fungi plures ex uno pede è prunorum radicibus enati. Vail. p. 68, n°. 51; & p. 71, n°. 5.

β. *Amanita pileo flavo, oris striatis & lanuginosis, lamellis albis.* Hall. Hist. n°. 2367. *Agaricus Georgii.* Linn. Sp. 1642.

Les pédicules naissent plusieurs ensemble, sont fistuleux, tortus, d'un blanc-jaunâtre, un peu roussâtres à leur base, & portent des chapeaux hémisphériques dans leur jeunesse, & qui deviennent légèrement coniques à mesure qu'ils se développent : ces chapeaux sont d'un jaune-rougeâtre dans leur milieu & d'un jaune-pâle en leur circonférence : leurs lames sont blanches ou de couleur de soufre. On le trouve au pied des arbres.

XXIII. Agaris tigré. *Agaricus maculatus.*

Fungus pileolo conico, maculato. Vaill. 63, n°. 19.

Amanita petiolo gracili, farto, pileo squamoso murino, lamellis albis. Hall. Hist. n°. 2382.

Son pédicule est grêle, long de trois pouces, blanchâtre, légèrement fistuleux, & soutient un chapeau qui forme un cône très-ouvert ; ce chapeau est blanc & couvert de peaux brunes, qui le font paroître tigré : il est doublé de lames blanches. On trouve cette espèce dans les prés.

XXIV. Agaric campanulé. *Agaricus campanulatus.* Linn. Sp. 1643.

Fungus multiplex obtusè conicus, colore griseo murino. Vail. 71, t. XII, f. 1.

Il en naît plusieurs ensemble ; les pédicules sont grêles, lisses, hauts d'un à deux pouces, & soutiennent des chapeaux campanulés-coniques, & d'un gris-de-souris. On le trouve au pied des arbres.

XXV. Agaric fragile. *Agaricus fragilis.* Lin. Sp. 1643.

Fungus pediculo croceo, splendoris participe. Vail. 69, t. XI, f. 16, 17, 18.

Agaricus. Schœff. t. CCXXX. *Amanita.* Hall. Hist. n° 2425.

Cette espèce est fort petite ; son pédicule est très-grêle, tendre,

1281.

tendre, rouſſâtre, haut d'environ un pouce & demi, &
ſoutient un petit chapeau légèrement convexe & de couleu[r]
de tabac d'Eſpagne. On la trouve dans les jardins & ſur le[s]
peloufes.

XXVI. Agaric androſace. *Agaricus androſaceus.* Linn. Sp. 164[4.]

*Fungus pileo candicante, lamellis paucis, pediculo fuſc[o]
ſplendente.* Vaill. 69, t. XI, f. 21, 22, 23. Schœ[r.]
t. CCXXXIX.

Cette eſpèce eſt plus petite que la précédente ; ſon péd[i-]
cule eſt très-menu, plein, noirâtre, haut d'un pouce, [&]
porte un très-petit chapeau blanchâtre, mince, ſtrié & lég[è-]
rement convexe : ſes lames ſont fort courtes, blanches [&]
un peu écartées entr'elles. On la trouve ſur le bois pou[rri]
& ſur les feuilles mortes.

XXVII. Agaric délicat. *Agaricus tenellus.*

*Fungus minimus, totus albus, pileolo hemiſphærico, undi[que]
ſtriato, lamellis rarioribus.* Mich. p. 166, n°. 3 ; t[.]
LXXX, f. 11.

Agaricus umbelliferis. Linn. Sp. 1643.

Son pédicule eſt long d'un pouce & demi, très-grêl[e,]
foible, tendre, blanchâtre, & chargé d'un très-petit chape[au]
blanc, convexe, ſtrié & large de trois ou quatre lignes ; [ſon]
chapeau eſt doublé de lames blanches & un peu écarté[es]
entr'elles. On trouve cette eſpèce ſur les feuilles pourrie[s]
& quelquefois ſur les troncs d'arbres.

XXVIII. Agaric clou. *Agaricus clavus.* Linn. Sp. 1644.

Fungus minimus, aurantius, mamillaris. Vaill. 76, t. X[I,]
f. 19, 20.

Amanita minimus, oris adtractis, flavus, infernè albus. Ha[ll.]
Hiſt. n°. 2370.

Son pédicule eſt long de quatre à huit lignes, plein, men[u,]
d'un blanc-jaunâtre, & porte un petit chapeau convexe[,]
d'un jaune-orangé ou rouſſâtre, & reſſemblant à la tête d'[un]
petit clou doré. On le trouve ſur les feuilles mortes & [ſur]
les troncs d'arbres.

1281.

XXIX. Agaric grêle. *Agaricus gracilis.*

Fungus capitulo conico, pallidè cinericio, centro fufco. Vail. 65 ;
Fungus epipterygios. Vail. 69. Schœff. t. XXXI & XXXII.

Son pédicule eft très-grêle, long de deux à trois pouces,
jaunâtre ou rouffâtre, & foutient un chapeau conique, court,
d'un roux-brun ou de couleur jaune à fon fommet, blanchâtre
& ftrié en fes bords ; les lames font de la couleur des bords
du chapeau. On le trouve dans les bois parmi les mouffes
& fur les feuilles pourries.

---

* * * *Pédicule garni d'un anneau ou d'une efpèce de collier.*

XXX. Agaric moucheté. *Agaricus mufcarius.* Linn. Sp. 1640.

Amanita petiolo anulato, fanguineo, lamellis albis. Hall.
Hift. n° 2373.
Fungus mufcas interficiens. Tournef. 559.

Cette efpèce eft admirable par fa beauté ; fon pédicule eft
épais, bulbeux à fa bafe, plein, blanc, haut de quatre à fix
pouces, & foutient un chapeau convexe dans fa jeuneffe, &
plane dans fon développement parfait ; ce chapeau eft large
de fix à neuf pouces & d'une belle couleur écarlate, plus foncé
dans fon milieu qu'à la circonférence où il eft un peu aurore :
il eft ordinairement chargé de petites peaux blanches qui le
rendent agréablement moucheté ; fes lames font d'un blanc-de-
lait ; cette plante eft commune dans les bois ; on la dit perni-
cieufe & propre pour faire mourir les mouches & les punaifes ;
c'eft vraifemblablement la même que M. Vaillant décrit *à la
page 75*, n°. 6 *de fon Botanicon*, mais le fynonyme de Bauhin,
qu'il y rapporte, ne convient qu'à l'agaric laiteux de cet
Ouvrage, n°. II.

XXXI. Agaric panaché. *Agaricus variegatus.*

Fungus pileolo lato, longiffimo pediculo variegato. Vail. 74.
Amanita petiolo procero, &c. Hall. Hift. n°. 2371. Schœff.
t. XXII & XXIII.

Son pédicule eft bulbeux à fa bafe, haut prefque d'un pied,
fiftuleux, panaché de blanc & de brun, va en diminuant
vers fon fommet & porte un chapeau ovoïde dans fa jeuneffe,

1281.

mais qui s'étend enfuite, & forme un parafol fort ample &
légèrement conique : ce chapeau eft couvert de petites peau
d'un rouge-brun, féparées & parfemées comme des taches fu
un fond blanc ; fes lames font très-blanches. On le trouv
dans les bois.

XXXII. Agaric écailleux. *Agaricus squamosus.*

Fungus pileolo lato, micis furfuraceis afperfo. Vail. 74
n°. 2.
Agaricus. Schœff. t. XX.

Son pédicule eft bulbeux à fa bafe, haut de quatre à fi
pouces, rouffâtre & pluché jufqu'à fon anneau ; & por
un chapeau hémifphérique, large de deux ou trois pouces
d'un roux-jaunâtre & couvert de petites peaux brunes & dé
tachées, qui le font paroître écailleux : fes lames font blanche
ainfi que la partie du pédicule comprife entre le chapeau &
le collier qui fe rabat quelquefois en manière de peignoir. J'
obfervé cette efpèce au pied d'un arbre fur le bord d'un gran
chemin auprès de Péronne.

XXXIII. Agaric des fumiers. *Agaricus fimetarius.* Linn. S
1643.

Fungus albus, ovum referens. Buxb. cent. 4, p. 1
t. XXVII.
Agaricus. Schœff. t. VII.
β. *Fungus typhoides.* Vail. 72, n°. 9. Schœff. t. VII
& XLVI.

Son chapeau, dans fa jeuneffe, a la forme d'un œuf, couv
alors la plus grande partie du pédicule, & prend la figu
d'une cloche, à mefure qu'il fe développe ; il eft blanc
écailleux & pluché par étages : les lames dont il eft doub
font tendres, d'abord blanches, deviennent enfuite d'un no
de fumée & fe fondent en une eau noire, d'une odeur cada
véreufe. La variété β a fon chapeau fort long, cylindriqu
& rouffâtre dans fa partie fupérieure. On trouve cette efpè
fur les fumiers, dans les cours & fur le bord des chemins.

1281. **XXXIV.** Agaric verdâtre. *Agaricus viridulus.* Sch. t. I.

Fungus parvus, pileolo cucullato viscido, intensè viridi & quasi vernice oblito, infernè lamellis & pediculo albis. Mich. p. 152.

Son pédicule est presque plein, d'un gris-verdâtre ou bleuâtre, & porte un chapeau convexe, un peu conique, d'un vert-foncé tirant sur le bleu, vers ses bords, légèrement jaunâtre à son sommet, & couvert d'une viscosité luisante; ses lames sont d'un blanc sale. J'ai observé cette espèce sur le bord des bois dans les environs de Rouen.

XXXV. Agaric bulbeux. *Agaricus bulbosus.*

Fungus phalloides, annulatus, sordidè virescens & patulus. Vail. 74, n°. 3. Agaricus. Schœff. t. LXXXV & LXXXVI.

β. *Fungus phalloides.* Vail. 74, n°. 4. Schœff. t. CCXLI.

γ. *Fungus pediculo in bulbi formam excrescente.* Vail. 75, n°. 5.

Son pédicule naît d'une espèce de bulbe qui s'ouvre supérieurement en plusieurs parties, coriaces & persistantes; il est cylindrique, fistuleux, blanchâtre & porte un chapeau convexe, d'un blanc verdâtre & un peu roux dans son milieu. La variété β a son pédicule presque plein & son chapeau grisâtre; le chapeau de la variété γ est d'une couleur de noisette, avec de petites verrues blanchâtres. On le trouve dans les bois & les prés couverts.

XXXVI. Agaric pustuleux. *Agaricus pustulatus.*

Fungus colore candido, tuberculis flavo-fuscis, elegantissimè variegato. Vail. 75, n°. 9.

Son pédicule est plein, blanchâtre dans sa partie supérieure, & soutient un chapeau convexe, couvert de petites verrues d'un jaune-brun, parsemées sur un fond blanc. On le trouve dans les haies, les charmilles des jardins. J'en ai observé une variété dont le chapeau étoit gris-de-fer, & chargé de petites peaux brunes ou noirâtres.

1281.

XXXVII. Agaric mamelonné. *Agaricus mammosus.*

Fungus centro mammoso, rufo, circulo sordidè albo circumdato. Vail. 76, n°. 10. *Agaricus* Schœff. t. **LXXX.**

Son pédicule eſt velu & jaunâtre dans ſa moitié inférieure & porte un chapeau un peu applati, garni d'un mamelon dans ſon milieu, & couvert de petites peaux déchirées qui le font paroître velu ; le mamelon eſt d'un roux brun-foncé, & le reſte du chapeau eſt d'un roux très-pâle : les lames tirent ſur la couleur de bois. On le trouve au pied des arbres : il en naît pluſieurs enſemble.

XXXVIII. Agaric comeſtible. *Agaricus edulis.*

Fungus pileolo lato & rotundo. Tournef. 556.
Agaricus campeſtris. Linn. Sp. 1641.
β. *Fungus totus albus, edulis.* Vail. 75, n°. 8.

Son pédicule eſt épais, plein, court, blanc, & porte un chapeau hémiſphérique dans ſa jeuneſſe, qui s'étend enſuite s'applatit & devient quelquefois fort large ; ce chapeau eſt couvert d'une peau blanche qui s'enlève facilement : les lames dont il eſt doublé ſont couleur de roſe, & deviennent noires en vieilliſſant ; ces lames ſont blanches dans la variété β. On trouve cette eſpèce en automne dans les prés ſecs, & ſur le bord des chemins, & on la fait venir en tout temps dans les jardins, ſur des couches compoſées de fumier de cheval : elle a un goût aſſez agréable : on en fait uſage dans les ragoûts.

**** *Paraſites ; chapeaux ſeſſiles, difformes ou ſemi-orbiculaires.*

XXXIX. Agaric de chêne. *Agaricus quercinus.* Linn. Sp. 1644.

Agaricus dædalæis ſinubus excavatus. Tournef. 562.
Agaricus de S. Clou. Vail. 3, t. I, f. 1 & 2. Hall. Hiſt. n°. 2330.

Sa ſubſtance eſt ferme, dure, prèſque ligneuſe, légère d'un blanc-jaunâtre ou ventre-de-biche, douce au toucher & comme veloutée ; ſes lames ſont fermes, irrégulières.

1281.

adhèrent les unes aux autres par de petites cloisons tranſverſales, & forment des excavations difformes & ſinueuſes. On le trouve ſur le bois preſque pourri : il eſt propre à faire de l'amadou.

XL. Agaric d'aulne. *Agaricus alneus.* Linn. Sp. 1645.

Agaricus acaulis, ſquamoſus, lobatus & villoſus, lamellis diſſectis. Ger. prov. 21, nº. 20. Schœff. t. CCXLVI.
β. *Fungus parvus, lamellatus, pectunculi formâ, alno adnaſcens.* Vail. 70, nº. 63 ; t. X, f. 7.

Cette eſpèce eſt petite, d'une forme ſemi-orbiculaire, légèrement lobée en ſes bords, un peu velue en ſa ſuperficie qui eſt médiocrement convexe, & garnie en-deſſous de lames bifides & pulvérulentes ; ces lames ſont d'une couleur cendrée ou rouſſâtre, ou quelquefois rougeâtre. On la trouve ſur le tronc des vieux arbres.

XLI. Agaric cotonneux. *Agaricus tomentoſus.*

An agaricus betulinus. Linn. Sp. 1645.

Sa ſubſtance eſt ſolide, coriace, & forme un chapeau ſeſſile, ſemi-elliptique, preſque plane en ſa ſuperficie, velu, cotonneux, blanchâtre ou d'une couleur pâle & remarquable par des zones concentriques ; ce chapeau eſt doublé de lames minces, coriaces, d'inégale longueur, & preſque toutes libres & point adhérentes, ni anaſtomoſées entr'elles. On trouve cette eſpèce ſur le bois à demi-pourri.

Bolet. *Boletus.*

1282.

Les bolets diffèrent des agarics par leur chapeau non doublé de lames, mais garni en-deſſous de pores ou de petits trous extrêmement nombreux, & qui ne paroiſſent que comme des points.

Eſpeces.

*** Chapeaux ſeſſiles.**

I. Bolet couleur-de-feu. *Boletus igniarius.* Linn. Sp. 1645.

Agaricus pedis equini facie. Tournef. 562.
β. *Agaricus ſive fungus laricis.* Ibid.

Ses chapeaux ſont ſeſſiles, attachés par le côté, arrondis

1282.

en fabot de cheval , légèrement convexes en-deſſus , & remar
quables par des zones de différentes couleurs, dont les prin
cipales ſont brunes & rougeâtres ; leur ſurface inférieure e
garnie de pores très-menus , & d'une couleur pâle ou jaunâtre
ſa chair eſt rougeâtre intérieurement. On le trouve ſur le
troncs d'arbres ; il eſt amer , âcre , aſtringent , & utile dar
les hémorragies ; il ſert à faire l'amadou : on l'emploie auſ
dans la teinture.

II. Bolet bigarré. *Boletus verſicolor.* Linn. Sp. 1645.

> *Agaricus varii coloris., ſquamoſus.* Tournef. 562.
> *Boletus.* Schœff. t. CCLXVIII & CCLXIX.

Sa ſubſtance eſt ferme , blanche intérieurement , & form
des chapeaux ſeſſiles , ſémi-elliptiques , feſtonnés , velouté
en-deſſus & remarquables par des zones de diverſes couleurs
ſes pores ſont blancs , très-petits & inégaux. On le trouv
ſur le tronc des vieux arbres & ſur le bois demi-pourri.

* * *Chapeaux pédiculés.*

III. Bolet rameux. *Boletus ramoſiſſimus.* Schœff. t. CXI.

> *Fungus ceſpitoſus , ramoſus , umbellatus major & mino*
> Barr. ic. 1269 & 1270. *Agaricus intybaceus.* Tourne
> 562.
> β. *Agaricus eſculentus.* Tournef. ibid. Schœff. t. CXXVI
> & CXXIX.

Subſtance fougueuſe , charnue , poreuſe , très-ramifiée ,
diſpoſée en un paquet ou une eſpèce de gazon très-den
& d'une grandeur quelquefois fort conſidérable ; ſes ramif
cations ſont plus ou moins comprimées , & terminées p
des chapeaux aſſez petits , d'un gris-brun ou d'un brun-jaunâtr
glabres ; & garnis de pores blancs en-deſſous : ces chapeau
ſont très-nombreux , ramaſſés & inclinés de manière dans
variété β , qu'ils paroiſſent embriqués , & reſſemblent à d
écailles foliacées. On trouve cette eſpèce ſur les troncs d
vieux chênes , en Alſace.

IV. Bolet coriace. *Boletus coriaceus.* Schœff. t. CXXV.

> *An boletus perennis.* Lin. Sp. 1646.

Cette eſpèce eſt vivace , & compoſée d'une ſubſtan
coriace & preſque ligneuſe ; ſon chapeau eſt applati , un p
enfoncé dans ſon milieu , d'un brun-rouſſâtre , & remarquab
par des zones ou des lignes concentriques d'une coule

Y 4

1282.

moins foncée : sa superficie est comme velue. On trouve cette plante dans les bois, sur les troncs pourris des arbres abattus & abandonnés ; elle n'est point laiteuse, ni lamellée sous son chapeau, comme celle dont parle M. Vaillant p. 61, n°. 7.

V. Bolet épais. *Boletus crassus.*

Fungus porosus, crassus. Tournef. 558.

α. *Boletus luteus.*

Boletus stipitatus, pileo pulvinato subviscido, poris rotundatis, convexis, flavissimis, stipite albido. Linn. Sp. 1646.

β. *Boletus bovinus.*

Boletus stipitatus, pileo glabro, pulvinato, marginato, poris compositis, acutis, porulis angulatis, brevioribus. Linn. Sp. 1646.

Sa substance est épaisse, spongieuse, & change ordinairement de couleur lorsqu'on l'entame ; son pédicule est épais renflé ou tubéreux à sa base, cylindrique, plein, blanchâtre ou jaunâtre vers son sommet, & soutient un chapeau orbiculaire fort épais, plus ou moins large & légèrement convexe ou quelquefois applati, & ressemblant à une sphère tronquée : le dessus de ce chapeau est communément d'un brun-rougeâtre ; sa surface inférieure est garnie de pores jaunâtres, ou verdâtres, ou d'une couleur sale. On trouve cette plante dans les bois.

1283.

Hydne. *Hydnum.*

Les hydnes ont beaucoup de rapport avec les bolets ; mais ils s'en distinguent par leur chapeau hérissé en-dessous de petites pointes ou papilles très-nombreuses.

Espèces.

I. Hydne sinué. *Hydnum repandum.* Linn. Sp. 1647.

Fungus erinaceus. Vail. Paris. 58. Schœff. t. CCCXVIII.

Son pédicule est court, plein, d'un blanc-jaunâtre, & porte un chapeau convexe ou un peu applati, large de deux ou trois pouces, sinué ou inégalement découpé, & d'un jaune-pâle tirant sur le ventre-de-biche. On le trouve dans les bois.

1283.

II. Hydne cure-oreille. *Hydnum auriſcalpium.* Linn. Sp. 164

Echinus petiolo gracili laterali, pileolo plano, obſcuro. Ha
Hiſt. n°. 2321.

Son pédicule eſt grêle, haut de deux pouces, & s'inſè
ſur le côté du chapeau, ou dans l'eſpèce d'échancrure de ſo
bord : ce chapeau eſt petit, ſémi-orbiculaire, légèreme
convexe & d'une couleur brune ou noirâtre. On le trouv
en Provence, dans les bois.

1284.

Morille. *Phallus.*

Les moriïles ont leur chapeau ovale-conique, crevaſſé
réticulé & calleux en ſa ſurface ſupérieure, & tellement reſſer
contre le pédicule, que ſa ſurface inférieure qui eſt liſſe
eſt preſque entièrement cachée.

Eſpèces.

I. Morille comeſtible. *Phallus eſculentus.* Linn. Sp. 1648.

Boletus eſculentus, rugoſus, albicans, quaſi fuligine infeſt
Tournef. 561.

Boletus eſculentus, rugoſus, fulvus. Tournef. Ibid.

Son pédicule eſt creux, blanchâtre, & ſoutient un chape
ou une eſpèce de tête ovale-conique, toute crevaſſée, blan
châtre & d'une couleur fauve, & quelquefois noirâtre. O
la trouve au printemps dans les bois & les prés.

II. Morille fétide. *Phallus fœtidus.*

Boletus phalloides. Tournef. 561.
Phallus impudicus. Linn. Sp. 1648. Schœff. t. CXCVIII.

Son pédicule eſt long de quatre à ſix pouces, creux
caverneux, d'un blanc ſale ou verdâtre, va en diminua
vers ſon ſommet, & naît d'une gaîne ovale qui renferm
toute la plante dans ſa jeuneſſe ; ſon chapeau forme une eſpè
de tête aſſez petite, ovale-conique, celluleuſe, ombiliquée
ſon ſommet, livide & un peu verdâtre. On trouve cet
eſpèce dans les bois en automne : elle répand au loin, da
ſon développement parfait, une odeur fétide & inſupportabl

1285. Clathre. *Clathrus.*

Les clathres font des fongofités ordinairement arrondies, creuſes, reticulées, grillées & percées à jour de toutes parts.

Eſpèces.

I. Clathre grillé. *Clathrus cancellatus.* Linn. Sp. 1648.

> *Boletus cancellatus, purpureus.* Tournef. 561.
> β. *Boletus cancellatus, flaveſcens.* Tournef. Ibid.

Cette eſpèce eſt feſſile, arrondie, rougeâtre, grillée, ponctuée ou poreuſe, & garnie à ſa baſe d'une enveloppe blanchâtre en-dehors & un peu coriace; ſous cette enveloppe, on obſerve une racine aſſez longue, de la confiftance & de la couleur de l'enveloppe. On trouve cette plante en Provence.

II. Clathre nu. *Clathrus nudus.* Linn. Sp. 1649.

> *Clathroidaſtrum obſcurum, majus & minus.* Mich. 215, t. XCIV.
> *Trichia petiolata, capitulo cylindrico, axi perforato.* Hall. Hiſt. n°. 2165.

Cette fongofité eſt très-petite & d'une forme finguliere; ſa baſe eſt une petite plaque mince, ſur laquelle ſont fitués un aſſez grand nombre de pédicules noirâtres, droits, capillaires & hauts de cinq ou ſix lignes; ces pédicules foutiennent chacun une tête cylindrique, longue de trois ou quatre lignes, & entourée d'une peau d'un pourpre brun; cette peau tombe de bonne heure, & chaque tête n'eſt alors compoſée que d'un tiſſu très-fin, reticulé, tranſparent, de couleur brune, & traverſé par le pédicule dans toute ſa longueur, en forme d'âxe. On trouve cette plante ſur le bois pourri; elle m'a été communiquée par M. de Beauvois.

1286. Helvelle. *Helvella.*

Les helvelles ſont des fongofités un peu irrégulières, rétrécies en pétiole vers leur baſe, & qui forment à leur ſommet, une eſpèce de baſſin ou un entonnoir communément difforme; elles ne ſont qu'imparfaitement diftinguées des péfifes.

1286.

Espèces.

I. Helvelle en mitre. *Helvella mitra.* Linn. Sp. 1649.

    Boletus capitulo explanato, laciniato. Hall. Hist. n°. 2246.

Sa base est un pédicule haut d'un à deux pouces, épais, anguleux, ridé, blanchâtre, & qui soutient une tête ou une espèce de chapeau difforme, lobé & plié souvent en manière de mitre. On trouve cette plante en Provence, dans les prés & les bois.

II. Helvelle en trompette. *Helvella tubæformis.* Schœff. t. CLVII.

    Fungus gelatinus flavus. Vail. 58, tab. XIII, f. 7, 8, 9.

Il en naît souvent plusieurs ensemble, disposés en manière de faisceau; son pédicule est jaunâtre, sillonné, long presque d'un pouce & demi, grêle à sa base, & va en grossissant vers son sommet où il se termine par une espèce de chapeau roussâtre, orbiculaire, enfoncé dans son milieu, légèrement lobé, roulé en-dessous en ses bords, & enduit de viscosité. On trouve cette espèce en automne, dans les lieux couverts & les bois.

1287.

Péfise. *Peziza.*

Les péfises sont des fongosités droites, sessiles ou presque sessiles, rétrécies à leur base, concaves en-dessus, campanulées, & semblables à des vases ou des creusets de Chimiste.

Espèces.

I. Péfise à lentilles. *Peziza lentifera.* Linn. Sp. 1649.

    Fungoides infundibuli formâ, semine fœtum. Tournef. 560. Vail. t. XI, f. 6, 7.

    β. *Fungoides infundibuli formâ, semine fœtum, internè striatum externè hirsutum.* Vail. 56, t. XI, f. 4, 5. Schœf. t. CLXXVIII.

Cette espèce forme de petits creusets hauts de cinq ou six lignes, sessiles, coriaces, bruns ou grisâtres & velus en dehors, glabres & très-lisses en-dedans; au fond de ces creusets on trouve plusieurs corpuscules lenticulaires & séminiformes.

1287. La variété β a la surface interne de ses creusets, lisse, luisante, striée, & plombée ou argentée. On trouve cette plante dans les bois, sur la terre & sur les arbres morts.

II. Péfise corne d'abondance. *Peziza cornucopioides*. Linn. Sp. 1650.

> *Fungoides nigricans, majus, cornucopiæ formâ.* Vail. t. XIII, f. 2, 3.
> *Elvela.* Schœff. t. CLXV & CLXVI.

Cette fongosité est membraneuse, un peu coriace, va en s'élargissant vers son sommet, & ressemble à un entonnoir ; elle est creusée dans presque toute sa longueur, brune ou jaunâtre intérieurement, & repliée en ses bords, qui sont sinués ou lobés. On la trouve dans les bois au pied des arbres.

III. Péfise en ciboire. *Peziza acetabulum*. Linn. Sp. 1650.

> *Fungoides fuscum acetabuli formâ, externè ramificatum.* Vail. 57, t. XIII, f. 1.

Cette fongosité ressemble en quelque sorte à un ciboire, de couleur brune, garnie en-dehors de nervures rameuses, & plissée à sa base, qui est rétrécie & alongée en pédicule. On la trouve dans les bois.

IV. Péfise en cupule. *Peziza cupularis*. Linn. Sp. 1651.

> *Fungoides glandis cupulam referens, margine dentato.* Vail. 57, t. XI f. 1, 2, 3.

Cette espèce est d'un blanc-roussâtre, & ressemble à un calice de gland, dont les bords sont dentés ou frangés. On la trouve dans les bois.

V. Péfise en écusson. *Peziza scutellata*. Linn. Sp. 1651.

> *Fungoides, qui fungus minimus, scutellatus, coloris aurantii.* Vail. 57, tab XIII, f. 13, 14.

Cette espèce est fort petite, sessile, d'un blanc-jaunâtre ou rougeâtre, & ressemble à un petit écusson ou à un chaton de bague, velu en ses bords. On la trouve sur la terre, dans les bois & sur les murs.

1287.

VI. Péſiſe en coquille. *Peziza cochleata.* Linn. Sp. 1651.

Fungoides auriculam judæ referens, intùs rufeſcens, ex
candicans & quaſi farinoſum. Vail. 57, t. XI, f. 8.

Cette eſpèce eſt turbinée ou en coquille un peu irrégulièr
tendre, tranſparente, rouſſâtre en-dedans, blanchâtre,
comme farineuſe en-dehors. On la trouve dans les bois.

1288.

Clavaire. *Clavaria.*

Les clavaires ſont des fongoſités communément liſſes, alo
gées, droites, & ſimples ou rameuſes.

Eſpèces.

** Fongoſités ſimples.

I. Clavaire en pilon. *Clavaria piſtillaris.* Linn. Sp. 1651.

Clavaria alba, piſtilli formâ. Vail. 39, t. VII, f.
Mich. t. LXXXVII, f. 1.

Sa ſubſtance eſt ſpongieuſe, & forme un corps ſimple
élargi & obtus à ſon ſommet, reſſemblant à un pilon,
d'un blanc-jaunâtre ou rouſſâtre. On la trouve dans les bois.

II. Clavaire écailleuſe. *Clavaria ſquamoſa.*

Clavaria militaris, crocea. Vail. 39, t. VII, f. 4.
Clavaria militaris. Linn. Sp. 1652.

Je crois que cette plante n'eſt qu'une variété de celle q
précède ; elle forme une maſſue un peu grêle, d'une couleu
rouſſâtre ou ſafranée, & dont la tête eſt écailleuſe ou cha
grinée. On la trouve dans les bois.

III. Clavaire noire. *Clavaria nigra.*

Clavaria ophiogloſſoides, nigra. Vail. 39, t. VII, f. 3.
Clavaria ophiogloſſoides. Linn. Sp. 1652. Schœff. tab
CCCXXVII.

Cette eſpèce forme une maſſue haute d'un pouce ou u

1288.

peu plus, noire, grêle à sa base, & comprimée dans sa partie
inférieure. On la trouve dans les bois.

IV. Clavaire jaune. *Clavaria lutea.*

> *Clavaria lutea, minima.* Mich. gen. 208, t. LXXXVII,
> f. 5.

Cette fongosité est un corps simple, long de six à huit
lignes, fistuleux, pointu à son sommet, courbé en manière
de corne, lisse, tendre & d'un jaune-doré. J'ai trouvé cette
espèce sur les côtes sèches de Celloville, dans les environs
de Rouen.

** *Fongosités rameuses.*

V. Clavaire digitée. *Clavaria digitata.* Linn. Sp. 1652.

> *Agaricus digitatus, niger, (& apicibus albidis).* Tournef.
> 562.
> β. *Corallo-fungus candidissimus.* Vail. t. VIII. f. 2.

Cette fongosité est composée d'un paquet ou d'un faisceau
de massues noires dans leur plus grande partie, blanchâtres
à leur sommet, réunies & cohérentes à leur base, fragiles
& d'une consistance presque ligneuse. La variété β est moins
composée & presque tout-à-fait blanche. On trouve cette
plante dans les lieux couverts.

VI. Clavaire cornue. *Clavaria cornuta.*

> *Clavaria hypoxilon.* Linn. Sp. 1652. Mich. t. LV, f. 1.
> *Coralloïdes ramosa, nigra, compressa, apicibus albidis.*
> Tournef. 565.

Cette fongosité est ligneuse, simple, noire & quelquefois
velue dans sa partie inférieure, divisée comprimée & blanchâtre vers son sommet : ses divisions ressemblent en quelque
sorte à des cornes, & sont souvent tronquées à leur extrémité.
On la trouve sur le bois, dans les lieux humides.

1288. VII. Clavaire coralloïde. *Clavaria coralloides*. Linn. Sp. 16[...]

Corallo-fungus flavus. Vail. 41, t. VIII, f 4.
Coralloides flava. Tournef. 565. t. CCCXXXII, f.
Sch. t. CLXXV.
β. *Coralloides albida.* Tournef. 565. Sch. t. CLXX.
γ. *Coralloides dilutè purpurafcens.* Tournef. Ibid.

Cette efpèce eft molle, charnue, très-ramifiée, & form[...]
une efpèce de gazon jaunâtre, ou blanchâtre, ou rougeâtr[...]
fes ramifications font courtes & comme dentées à leur fomm[...]
On la trouve dans les bois.

1289. Vesse-loup. *Licoperdon.*

Les vesse-loups font des fongofités très-fimples, comm[...]
nément arrondies & qui contiennent la plupart dans leur dév[...]
loppement parfait, une pouffière abondante & comme far[...]
neufe; elles s'ouvrent ordinairement à leur fommet.

Efpèces.

* *Subftance folide, cachée fous la terre.*

I. Vesse-loup trufle. *Lycoperdon tuber.* Linn. Sp. 1653.

Tubera matth. Tournef. 565.
β. *Tubera tefticulorum formá.* Ibid.

Cette fongofité eft une fubftance charnue, arrondie, no[...]
râtre, dépourvue de racines, rude & comme hériffée en [...]
fuperficie, veinée, odorante, & cachée fous la terre. On [...]
trouve dans les lieux fablonneux: les friants en font beaucou[...]
de cas.

** *Subftance pulvérulente, difpofée fur la terre.*

II. Vesse-loup commune. *Lycoperdon vulgare.* Tournef. 563.

Fungus orbicularis. Dod. pempt. 484. Schœff. t. CXCI.
β. *Lycoperdon verrucofum.* Vail. t. XVI, f. 4, 5, 7 & 8; [...]
t. XII, f. 15, 16.
Lycoperdon bovifta. Linn. Sp. 1653. (α. β.).

Cette efpèce fournit un grand nombre de variétés que l'o[...]
trouve détaillées dans les Auteurs, mais qu'il feroit trop lon[...]
de citer ici. En général, cette fongofité eft arrondie o[...]

1289. turbinée, presque sessile, blanchâtre ou cendrée, glabre ou chargée de verrues plus ou moins saillantes & calléuses, convèxe ou applatie à son sommet, rétrécie & comme plissée à sa base, qui s'alonge quelquefois en pédicule ; sa substance est un peu solide & blanchâtre dans sa jeunesse ; mais elle s'amollit par la suite, & se change en une poussière d'un roux-noirâtre, qui paroît alors renfermée comme dans un sac ou une bourse membraneuse, formée par la peau de cette plante : cette bourse s'ouvre à son sommet, & laisse échapper, sur-tout lorsqu'on la presse, la poussière qu'elle contient, & qui sort en manière de fumée. On trouve cette plante dans les prés secs & sur les pelouses & les bords des bois.

III. Vesse-loup orangée. *Licoperdon aurantium.* Linn. Sp. 1653.

Lycoperdon aurantii coloris, ad basin rugosum. Vail. 123, t. XVI, f. 9, 10.

Cette espèce est arrondie, glabre, ridée ou froncée à sa base, légèrement pédiculée, & d'une couleur orangée obscure, ou tirant sur le brun ; elle s'ouvre à son sommet par des déchirures assez grandes & échancrées. On la trouve sur les couches des jardins.

IV. Vesse-loup étoilée. *Lycoperdon stellatum.* Linn. Sp. 1653.

Lycoperdon vesicarium, stellatum. Tournef. 564.

L'enveloppe extérieure de cette espèce est une membrane épaisse, coriace, qui se fend en cinq à dix parties pointues & ouvertes en étoilé : l'intérieure est un globule sphérique, glabre & remarquable par une petite ouverture à son sommet, formée par des déchirures courtes & pointues. On la trouve dans les bois.

V. Vesse-loup pédunculée. *Lycoperdon pedunculatum.* Linn. Sp. 1654.

Lycoperdon parisiense, minimum, pediculo donatum. Tournef. 563, tab. CCCXXI, f. E. F.

Son pédicule est grêle, haut presque d'un pouce, & porte une tête globuleuse, petite & blanchâtre ; l'ouverture de cette tête est un peu cylindrique & très-entière en ses bords. On trouve cette espèce dans les champs.

Moisissure.

Moisissure. *Mucor.*

1290.

Les moisissures sont des vésicules ovales ou sphériques, cellulaires, poudreuses, communément pédiculées, & qui s'ouvrent de différentes manières.

Espèces.

* *Moisissures persistantes ou vivaces.*

I. Moisissure à tête ronde. *Mucor spærocephalus.* Linn. Sp. 1655.

Trichia petiolata nigra, capitulo sphærico, villo ochroleuco. Hall. Hist. n°. 2161.

Son pédicule est noirâtre, haut d'une à deux lignes, & soutient une tête globuleuse, cendrée, & qui contient beaucoup de poils roussâtres ou noirâtres. On en trouve en quantité sur le bois pourri, sur les vieilles planches & dans les crevasses des écorces d'arbres.

II. Moisissure verte. *Mucor viridis.*

An mucor furfuraceus. Linn. Sp. 1655.

Cette espèce forme sur la terre & sur l'écorce des arbres une sorte de poussière verte, sur laquelle sont épars des pédicules assez nombreux, hauts d'une ligne & demie, très-menus, verdâtres, & chargés chacun d'un globule sphérique très-petit.

** *Moisissures très-passagères.*

III. Moisissure grisâtre. *Mucor cinereus.*

Mucor vulgaris, capitulo lucido, per maturitatem nigro, pediculo griseo. Mich. 215., t. XCV, f. 1.

Mucor mucedo. Linn. Sp. 1655.

Cette moisissure forme sur le pain, les fruits & la plupart des corps qui se pourissent, une espèce de barbe grisâtre composée de filamens nombreux, assez longs, très-fins, terminés chacun par un globule sphérique, lisse & très-simple.

1290.

IV. Moisissure glauque. *Mucor glaucus.* Linn. Sp. 1656.

Aspergillus capitatus, capitulo glauco, seminibus rotundis. Mich. 212, t. XCI, f. 1.

Ses pédicules sont des filamens chargés à leur sommet d'une tête sphérique, composée de globules nombreux & ramassés. On trouve cette espèce sur les pommes, les oranges, les melons, & autres fruits semblables qui commencent à se pourrir.

V. Moisissure crustacée. *Mucor crustaceus.* Linn. Sp. 1656.

Botrys non ramosa, alba, seminibus rotundis. Mich. 212, t. XCI, f. 3.

Cette espèce forme une barbe blanche, composée de filamens digités à leur sommet; chaque digitation est chargée de globules disposés en épi. On la trouve sur les fruits qui se pourrissent.

VI. Moisissure rameuse. *Mucor ramosus.*

Aspergillus terrestris, cespitosus ac ramosus, albus. Mich. 213, t. XCI, f. 4.
Mucor cespitosus. Linn. Sp. 1656.

Cette moisissure forme une barbe blanche, serrée, & composée de filamens rameux; les rameaux de ses filamens sont terminés par des épis globulifères, digités & ternés. On la trouve dans les jardins sur les feuilles & les autres corps qui se pourrissent.

Fin de la Cryptogamie.

ADDITION

A la page xxj *du Discours préliminaire, après
ces mots :* (& de les indiquer sans erreur),
ajoutez ce qui suit.

QUAND je dis qu'il ne faut pas avoir égard aux
rapports des plantes dans la formation des genres,
qui, selon moi, ne peuvent être qu'artificiels ; je ne
prétends pas pour cela donner comme genres des
assortimens bizarres, où la loi des rapports naturels
se trouveroit entièrement violée ; je veux dire seulement que les caractères à l'aide desquels on tracera
les limites qui détermineront les genres, ne doivent
être gênés par aucune des considérations qui entrent
dans la formation d'un rapprochement de rapports,
c'est-à-dire, d'un ordre naturel ; mais bien loin que
les espèces qui composeront un même genre soient
disparates, le caractère artificiel qui les unira, sera
choisi de manière à leur conserver les unes à l'égard
des autres, le rang même qu'elles occuperont dans la
série naturelle des plantes.

Ainsi, après avoir formé cette série d'après les
principes qui seront exposés dans la dernière partie
de ce Discours, il faudra tirer de distance en distance, des limites artificielles, qui détacheront autant
de petits grouppes, dont les plantes seront liées à
l'aide d'un caractère simple, ou de deux caractères

combinés, que l'on obtiendra d'une ou de deux parties quelconques, & non pas exclusivement, des parties de la fructification.

Ces grouppes feront les genres dont j'ai parlé, genres qui fe rapprocheront de la Nature autant que le peut l'ouvrage de l'art.

Il n'eft pas difficile de fentir l'avantage que ces mêmes genres auront à tous égards fur ceux qu'ont adopté la plupart des Botaniftes qui, pour fe rapprocher de la nature, les ont affujettis à des exceptions nombreufes par la préférence exclufive qu'ils ont donnée aux parties de la fructification.

De pareils genrés, &c. *Suivez à la même page.*

Avis concernant les Planches.

Les N^{os} qui fe trouvent fous les figures, renvoient aux N^{os} correfpondans des principes.

TABLE DES MATIÈRES

Contenues dans ce Volume.

Les chiffres romains indiquent les pages du Discours préliminaire. Le
caractères arabes renvoient aux numéros des Principes.

A

Z 4

T

TABLE DES TERMES LATINS

Usités en Botanique.

Les chiffres renvoient aux numéros des Principes.

A

D

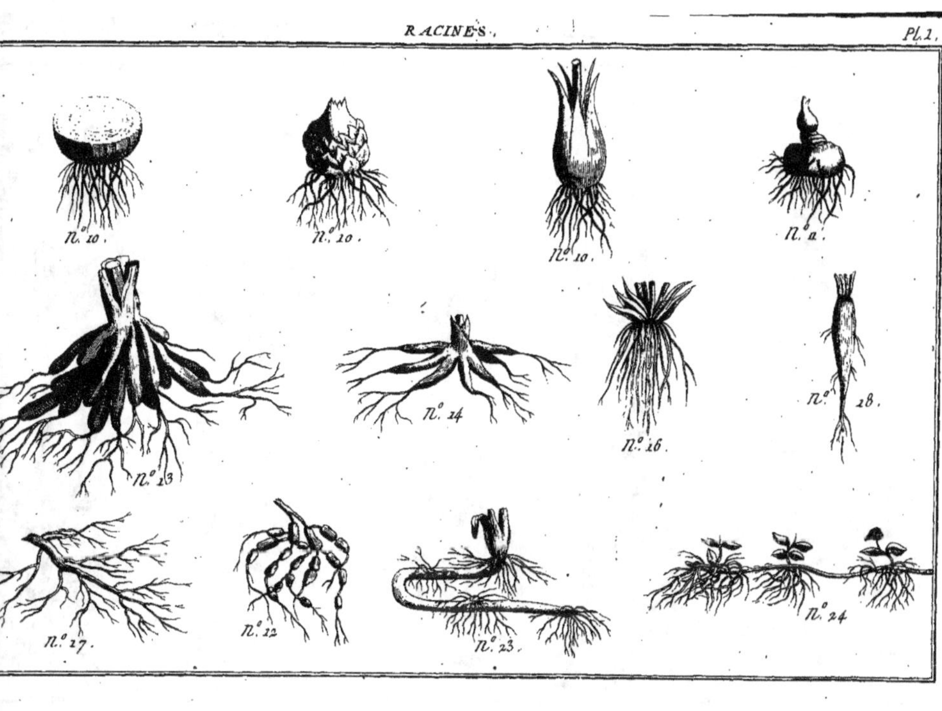

nº 10.
nº 10.
nº 10.
n. a.
nº 23.
nº 14
nº 16.
nº 28.
nº 17.
nº 12.
nº 23.
nº 24

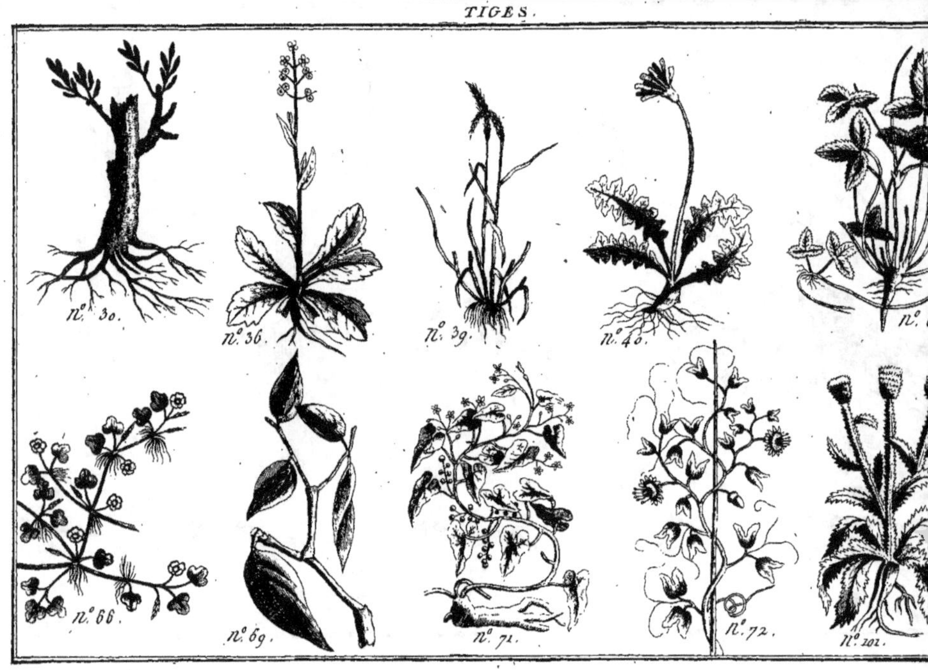

n.° 30.
n.° 36.
n.° 39.
n.° 40.
n.° 6
n.° 66.
n.° 69.
n.° 71.
n.° 72.
n.° 101.

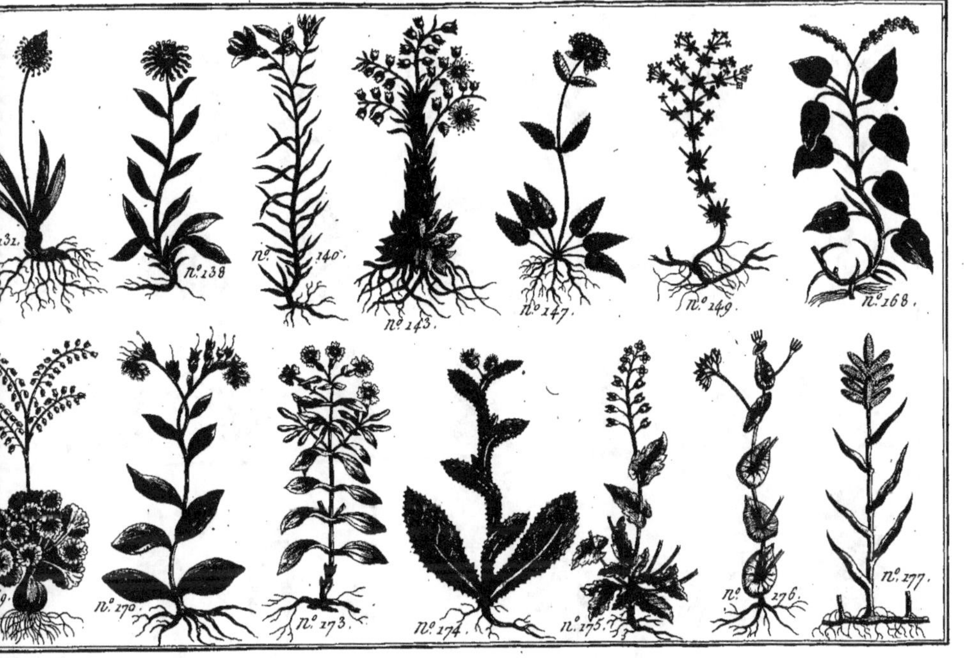
n.º 138
n.º 140.
n.º 143.
n.º 147.
n.º 149.
n.º 168.
n.º 170.
n.º 173.
n.º 174.
n.º 175.
n.º 276.
n.º 277.

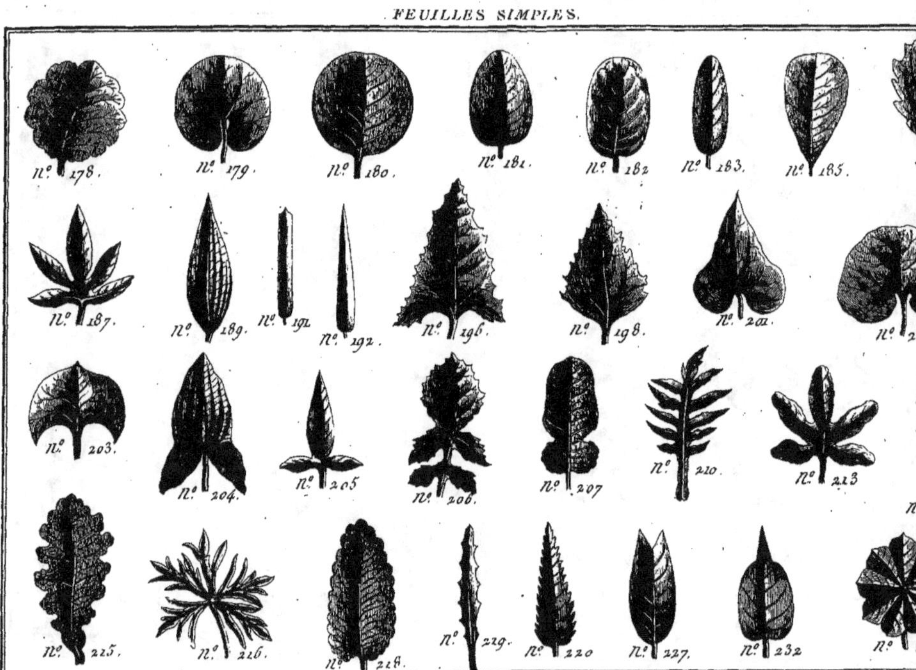

n.° 178.
n.° 179.
n.° 180.
n.° 181.
n.° 182.
n.° 183.
n.° 185.
n.° 187.
n.° 189.
n.° 191.
n.° 192.
n.° 196.
n.° 198.
n.° 201.
n.° 203.
n.° 204.
n.° 205.
n.° 206.
n.° 207.
n.° 210.
n.° 213.
n.° 215.
n.° 216.
n.° 218.
n.° 219.
n.° 220.
n.° 227.
n.° 232.

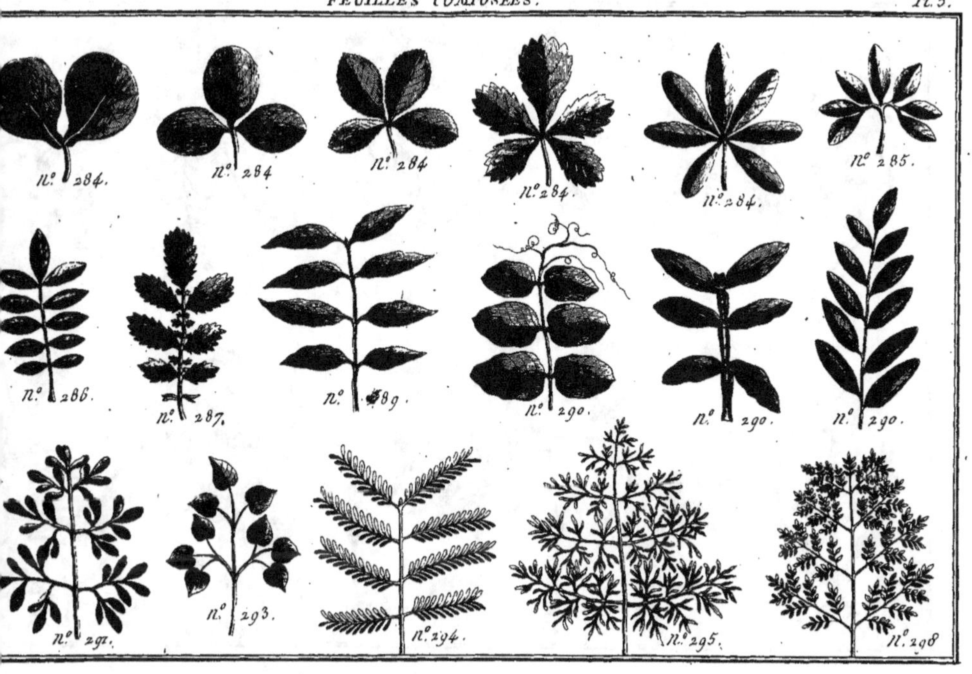

n.° 284.
n.° 284.
n.° 284.
n.° 284.
n.° 284.
n.° 285.
n.° 286.
n.° 287.
n.° 289.
n.° 290.
n.° 290.
n.° 290.
n.° 291.
n.° 293.
n.° 294.
n.° 295.
n.° 298.

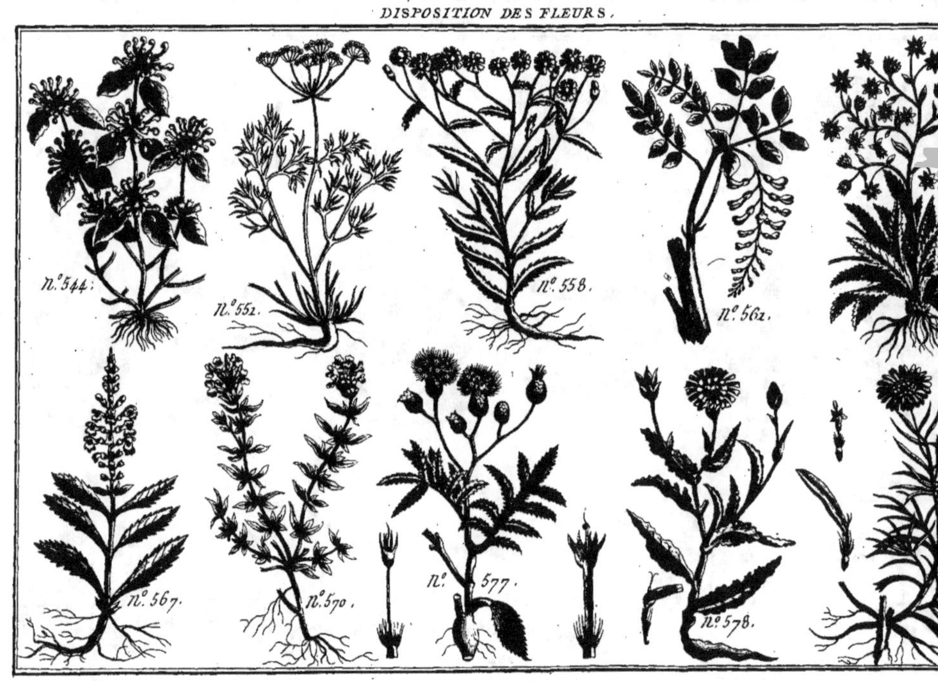

n.°544.
n.°551.
n.°558.
n.°561.
n.°567.
n.°570.
n.° 577.
n.°578.

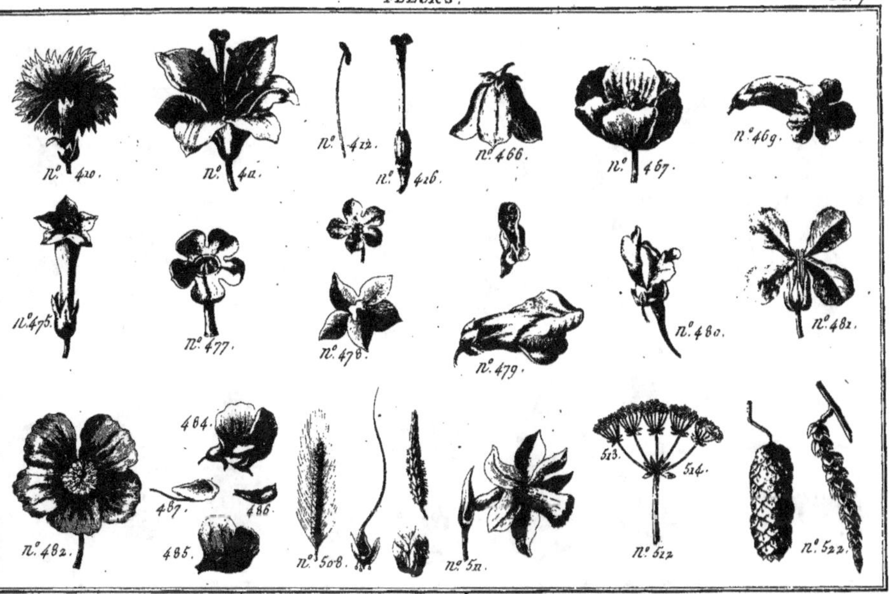
n.° 420.
n.° 411.
n.° 412.
n.° 416.
n.° 466.
n.° 467.
n.° 469.
n.° 475.
n.° 477.
n.° 478.
n.° 479.
n.° 480.
n.° 481.
n.° 482.
464.
487.
486.
485.
n.° 508.
n.° 511.
513.
514.
n.° 512.
n.° 522.

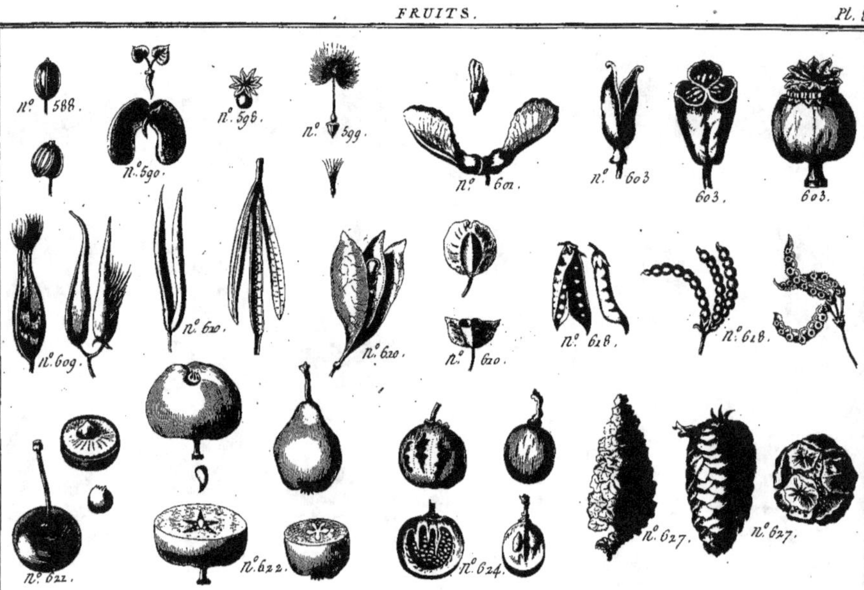

n.° 588.
n.° 590.
n.° 598.
n.° 599.
n.° 601.
n.° 603
603.
603.
n.° 609.
n.° 610.
n.° 620.
n.° 620.
n.° 618.
n.° 618.
n.° 622.
n.° 622.
n.° 624.
n.° 627.
n.° 627.